工业测量技术与数据处理

徐进军　编

U0250073

WUHAN UNIVERSITY PRESS
武汉大学出版社

图书在版编目(CIP)数据

工业测量技术与数据处理/徐进军编.—武汉:武汉大学出版社,2014.2
(2022.12重印)
高等学校测绘工程系列教材
ISBN 978-7-307-12812-5

Ⅰ.工…　Ⅱ.徐…　Ⅲ.工程测量—高等学校—教材　Ⅳ.TB22

中国版本图书馆 CIP 数据核字(2014)第 020639 号

责任编辑:李汉保　　　责任校对:汪欣怡　　　版式设计:马　佳

出版发行:**武汉大学出版社**　　(430072　武昌　珞珈山)
　　　　　(电子邮箱:cbs22@whu.edu.cn 网址:www.wdp.com.cn)
印刷:武汉邮科印务有限公司
开本:787×1092　1/16　印张:14.5　字数:354 千字
版次:2014 年 2 月第 1 版　　2022 年 12 月第 3 次印刷
ISBN 978-7-307-12812-5　　定价:30.00 元

版权所有,不得翻印;凡购买我社的图书,如有质量问题,请与当地图书销售部门联系调换。

前　言

　　经济和高效是现代工业的重要因素。一个企业的成功很大程度上依赖于产品的质量。而产品的几何特征在质量检验中占有重要地位。90%的质量检验都与几何形状参数有关，几何检验的相对精度都在 $10^{-7} \sim 10^{-5}$。对于高精度检测要求和流水线上快速的产品生产，要求测量技术和检验技术能够快速检测产品的质量，记录生产状况，尽快地提供改进生产流程的信息。测量技术除了广泛应用于工业产品的质量检验外，还用于解决大型机械和设备的安装（大型天线、水电站发电机组、核电站设施、离子加速器、吊车轨道、大型飞机等）过程中的技术问题。上述工业设备和部件在制造、安装、放样、质检、质量控制以及变形等方面，精度要求高、测量难度大、数据处理复杂，给测量工程人员都提出了巨大的挑战。要解决这些问题，需要多学科的结合，如机械制造、电子工程、电子技术、计算机技术、工程测量等领域方面的专业技术人员的通力合作，这就从工程测量学中产生了一个新的分支——工业测量。

　　工业测量的典型特点就是其研究的对象具有范围广、空间小、超常规形状、精度要求极高、自动化和实时性强等。激光技术、精密制造技术、通信技术和电子技术的飞速发展以及大量各种大型特种工程的建设，极大地促进了工业测量技术的进步，出现了一系列精密测量手段（系统），发展了相应的数据处理方法。为此，武汉大学测绘学院于 2008 年开始对本科生开设《工业测量技术》课程，并编写了此教材。教材的编写重点参考了 Willfried Schwarz *Vermessungsverfahren im Maschinen-und Anlagenbau*、Franz Löffler *Handbuch Ingenieurgeodäsie. Maschinen-und Anlagenbau*、冯文灏《近景摄影测量》、吴翼麟《特种精密工程测量》、李广云《工业测量系统原理与应用》等，同时收集和参考了最新大量的相关文献和研究成果。该教材在近几年的试用过程中，又进行了大量的修改、补充和完善。

　　本书第 1 章介绍了工业测量的基础，如工业测量的内容、要求、发展等；第 2 章给出了工业测量中常用的基本测量技术，包括长度测量、角度测量、高差测量、准直测量、倾斜测量等测量原理与设备；第 3 章介绍了经纬仪测量系统、全站仪测量系统、工业摄影测量系统、结构光工业测量系统、激光跟踪测量系统、激光扫描测量系统、关节臂式坐标测量系统、室内 GPS 测量系统和三坐标机测量系统等九类空间三维坐标的测量原理、方法和特点、误差分析及其典型应用领域。第 4 章紧扣工业测量数据的特点，介绍了机械制造中的形位误差概念、误差理论、曲线拟合理论、曲面拟合理论和坐标变换方法。希望通过此书，一方面可以使测量技术人员了解和熟悉当今用于工业测量领域的现代测量方法；另一方面也可以让其他领域的技术人员了解工程测量中的测量和数据处理方法。

　　本书的编写得到武汉大学测绘学院领导和同事的关心和支持。非常感谢徐亚明教授、张正禄教授、潘正风教授等为本教材的内容和结构提出的很好的意见和建议。由于编者知识和水平的限制，书中内容难免会有许多不妥之处，欢迎大家在使用过程中提出宝贵意见和建议。

编 者

2013 年 12 月

目　　录

第1章　工业测量概述

1.1　工业测量的任务与内容

1.1.1　工业测量的任务

工业测量是将各种测量理论、方法和技术应用于精密制造工业、精密机械安装工业和精密变形监测等，通过对部件、产品及构筑物的形体进行精密的一维到三维坐标的测量、数据处理与分析来解决设计、仿制(含仿真)、检测、放样、质量控制(含流水线和机器人运动轨迹测定)和动态目标的形状尺寸及运动状态等有关问题。

如在机械制造中，各种生产出来的机械零部件的几何形状误差必须满足设计尺寸才能被使用。一个系统的功能需要大量不同形状和大小的合格零部件共同实现。例如一架飞机有成千上万个零部件，这些零部件在不同的地方由不同的厂家生产出来，最后在总装车间进行装配。出厂时单个零部件的表面都作了封装，装配时，单个零部件是不允许重新加工的。如果这些零部件的实际形状和尺寸与其设计值偏差过大，就会使系统功能大打折扣，甚至使系统无法工作；如果过分追求无偏差，又会造成时间和经济的浪费。因此，只有所有加工零部件的形状和尺寸严格遵守设计要求，才能保证各个零部件的顺利装配。工业测量技术和手段可以求得这类偏差、评判制造质量、进行质量控制。将这些精密制造出来的零部件组成一个系统时，还需要对其精密地准确定位，便于安装，如导轨的直线度、零部件的平整度、垂直度以及零部件之间的相对几何关系(平行、垂直等)。安装后的运营过程中，由于外部温度变化、静载动载作用等，都会产生变形。变形会使零部件之间的相对关系和受力发生变化。如果变形过大，就会严重影响系统的正常运转。因此，还需要精密测量微小变形，便于进行及时校准。

显然，上述任何一项工作都包含了精度和经济性两个方面。以零件的制造工艺为例，如果从使用观点所提出的质量要求，即零件的形状、尺寸精度、表面质量以及物理机械性能满足设计所规定的技术要求。各种机械产品的零件，如轴承、齿轮、螺杆等，都是由不同的材料制成的，并且有一定的结构形状，使之能在系统中起到规定的作用并满足使用要求。这就需要各个环节的产品的质量得到保证。而产品的质量是通过几何参数(形状、尺寸、表面粗糙度)、物理—机械参数(强度、硬度、磁性等)以及其他参数(防腐、平衡性、密封性等)来决定。其中几何参数的检验就是工业测量的重要任务之一，也是测量工作者的首要任务。如果从经济的观点提出的效率要求，即要求生产时消耗的物质最少和劳动量最小，生产效率最高。在考虑费用问题时需要注意：费用不能仅仅考虑纯测量费用，还需要估计因为测量过程而中断机器运行或者生产过程所产生的费用。为此，时间因素也是非常重要的。因为许多隐性的费用无法计算，要准确计算合理费用难度很大。但总体原则是：既要考虑测量费用，还要考虑因为测量造成生产停顿、延期等出现的费用。这里不再深入讨论。

因此，工业对测量技术提出的要求可以主要分为精度和经济性。也就是说，用一种方法进行测量时，需要回答三个问题：

(1) 该测量方法能做什么？

(2) 采用该测量方法的费用是多少？

(3) 相对于其他测量方法可以节约多少成本？

每一种测量方法都有相应的测量精度。不论选用哪种测量方法，其基本出发点是：必要精度而不是尽量高的精度。一般而言，要求的必要精度不应该超过产品规定限差的 0.1 ~ 0.3 倍，许多情况下都是 0.1 ~ 0.2 倍。

评判和选择一种测量方法的步骤可以大致分解为：

(1) 分析测量任务；

(2) 选择合适的测量方法(测量精度 ≤0.1 ~ 0.3 倍限差)；

(3) 计算测量费用；

(4) 选定费用最小的测量方法。

在分析测量任务时，既要了解测量方法和测量仪器的性能特点，同时也需要考虑周围环境：机器和交通引起的抖动、测量仪器的稳定性、强温度场、电磁场、放射性、空气紊流、照射、反射、蒸汽、现场空间情况和测量对象的状态等。表1.1.1中列出的系列问题可供参考。

表1.1.1　　　　　　　　　　　　　测量任务分析

问　题	可能情形的问题分析
测量对象归结于哪类基本测量任务？	一维、二维还是三维？
测量对象的尺寸？	大型、中型还是小型？
精度要求？	根据限差取多大比例系数？
测量对象是否可以搬移？	是/否？
重复测量时间间隔是多少？	经常？很少？
如何测量对象上的特征点？	接触式/非接触式？
测量需要的时间？	长/短？
提交什么样的测量成果？	表格/图形/提供决策？
成果实时性要求？	高/低？
周围环境(温度、震动等)对精度的影响？	大/中/无影响？

1.1.2　工业测量的内容与特点

1. 工业测量的内容

工业测量目标繁多，其应用领域也相当广泛。主要有航空航天、汽车、飞机、船舶、离子加速器、大型天线、轨道交通等设备的高精度检测、安装、定位和变形监测等；测量精度要求至少在毫米级，亚毫米级，或者更高。主要对象包括：

（1）外形测量，如飞机外形测量；轿车外形测量；船体外形测量、工程管道等；

（2）工业设备、离子加速器、大型天线等的测量、放样、安装、变形测量等；

（3）风洞试验室、水工实验室中、汽车碰撞试验等目标的动力学参数测定；

（4）油船舱体容积的测定；

（5）大量人工构筑物内结构测量，如铁路公路隧道、城市地下铁道、海底隧道或水下隧道、矿山大型巷道和采空区、各类地下军事工程、地下防空工程、舰艇洞库、飞机洞库、油库与弹药库、水电站的排水泄水洞、排沙洞、机组叶片和坝内结构、各类运输车船的内结构等；

（6）文物测量，如窟室、雕塑及亭台楼阁等内外结构；

（7）质量检测：流水线机器人状态的检查、各类零部件参数检测等。

2．工业测量的特点

常规工程测量主要以土木建筑工程等露天目标的空间坐标和其他几何尺寸为主要测量目的，以常规测角仪器、测距仪器和 GPS 全球定位系统为主要设备，点位绝对精度较低和测量频率不高，作业距离较长，目标物尺寸较大。

工业测量主要以车间或实验室内的模型、工业产品或其零部件的几何量或其他物理量（如色彩等）及其之间的关系为测量目的，采用多种多样的测量理论、方法和设备，几何点位精度高、作业距离较短，目标几何尺寸较小，测量频率较高。

总之，工业测量具有工作空间小、精度要求高、尺寸差别大、技术手段多，数据处理复杂，成果除了提供坐标外，主要基于产品的几何特征，如长度、直线度等。

3．工业测量与邻近学科的关系

作为工程测量的一个分支，工业测量不仅与工程测量的理论与方法紧密联系，而且大量应用了大地测量、摄影测量、计算机技术与通讯、图像处理、物理学、数学分析和数据处理等学科的理论与方法。

工业测量中的一维、二维、三维坐标采集原理与方法就直接来自于工程测量、大地测量和摄影测量相关理论与方法；工业测量系统本身也是光学、精密机械、电子、图像分析、计算机处理、数据通讯等技术的集成。在后续数据处理中则用到大量的数学知识。同时，采用工业测量设备进行数据采集和随后的数据处理与分析过程中，了解和掌握仪器本身的结构特点、周围环境的物理特征及其与测量结果的关系等知识，对于工业测量工作者而言，则是非常重要的。

工业测量既是应用技术，又有自己的独特方法。只有在充分掌握了以上学科的基本知识的基础上，结合实际工程的特点，加以灵活运用，才能高效完成实际工业测量任务。

1.2 工业测量的技术与方法

工业测量一个总的特点就是测量对象范围小，精度要求高。因此，在工业测量中，按照几何量维数来分，可以分为一维测量、二维测量和三维测量。

一维测量主要通过相应的技术手段和方法对长度及其变化、高差及其变化以及方向（准直）和倾斜等方面的测量。这里用到的传感器有高精度电子经纬仪、工业型全站仪，准直仪、倾斜仪和位移计等。

二维测量主要通过相关技术与方法对物体的平面进行测量,如像片测量设备,绘图仪,二维激光扫描仪,全站仪角度等。二维测量可以通过一维测量的组合获得,也可以通过三维测量降维获得。

三维测量主要是采用相关的测量系统获取物方点三维坐标。这些测量系统分为经纬仪前方交会测量系统(主要通过至少两台经纬仪进行角度前方交会,并测量天顶距得到目标点的三维坐标)、全站仪测量系统(主要通过测量目标点的空间距离、水平角和垂直角来得到其三维坐标)、工业摄影测量系统(主要通过对数字立体像对进行同名点匹配测量和光束法平差计算得到目标点的三维坐标)、结构光测量系统(摄影测量与计算机视觉测量获取投影在物体表面光条的三维坐标)、激光扫描测量系统(获取目标点的三维坐标同于全站仪系统,但测量的方式不一样,全站仪系统一般是配合棱镜或反射膜片的单点测量,扫描仪系统则是无合作目标——物体表面的漫反射的点阵扫描式测量)、激光跟踪测量系统(获得坐标的原理也同于全站仪系统,但激光跟踪仪测距采用的是激光干涉模式。因此,测距精度极高,三维坐标的精度也极高)、三坐标测量系统(主要是测量触头在三个相互垂直的笛卡儿直角坐标系上的移动量确定测点的三维坐标)、关节臂式坐标测量系统(类似于空中支导线获取测点的三维坐标)和i—GPS系统(融合了GPS定位技术和角度前方交会技术的空间定位方法)。在这些测量系统中,三坐标测量系统是以机械或者光电的方式获取触头在三个相互垂直的轴上移动距离得到空间点的三维坐标,所以有时被称为硬性三坐标测量系统;而另外几种测量方式则是通过其他观测值经数学模型转换成空间三维坐标,如角度—距离的球坐标转换、像点坐标转换等,所以这些方法也被称为柔性三坐标测量系统。表1.2.1给出了这些方法的一个简单的对比。

表1.2.1 三维坐标测量系统的比较

系统	基本组成	单点定位原理	技术特点	精度	适用场合
经纬仪角度前方交会	经纬仪,基准尺	角度前方交会	价格低,灵活、测量速度慢,一般需要标志点	精度较高,分布不均	小空间,少量点人工逐个测量
全站仪测量系统	全站仪,棱镜	空间极坐标	价格较高,灵活,测量速度较快,需要合作棱镜	精度不高,分布均匀	较大空间,少量点逐个自动测量
摄影测量系统	数码相机,基准尺	角度前方交会	价格低,灵活,测量速度快,效率高,一般需要标志点	精度高,分布均匀	小空间,大批点同时测量
结构光测量系统	摄像机,投影器	角度前方交会	价格低,灵活,测量速度快,效率高,无须标志点	精度高,分布均匀	小空间,大批点同时测量
激光跟踪测量系统	跟踪仪,棱镜	空间极坐标	价格高,灵活,测量速度极快,需要合作棱镜	精度极高,分布均匀	小空间,大批点逐个测量

系统	基本组成	单点定位原理	技术特点	精度	适用场合
激光扫描测量系统	三维激光扫描仪	空间极坐标	价格高、灵活；测量速度极快，无标志，无合作棱镜	精度不高，分布均匀	较大空间，大批点准同时自动测量
关节臂坐标机测量系统	关节臂式坐标机	空间极坐标	价格高、灵活、测量速度较快，无标志，无合作目标	精度高，分布均匀	狭小空间内隐蔽点的测量
三坐标量测机	三坐标量测机	直线测长	价格高、灵活性差、测量速度快，无标志，无合作目标	精度高，分布均匀	小空间、多点逐一自动测量
I-GPS系统	发射器、接收器	角度前方交会	价格高、灵活、测量速度快，无标志，无合作目标	精度高，分布均匀	大范围、大量点同时独立测量

1.3 工业测量发展概述

1980年美国的Johnson首次介绍和应用了经纬仪工业测量系统，最先采用K&E公司生产的DT—1型电子经纬仪，进行双站系统的工业测量。随后，现代电子经纬仪、全站型电子速测仪及近景摄影测量的发展和应用，改变了以接触方式为主的传统工业三维坐标测量方法，出现了以空间前方交会原理为基础，以电子经纬仪及摄影相机为传感器的光学三维坐标无接触工业测量系统。

高性能电子计算机、电子经纬仪、全站仪、数码相机、激光技术的进步，为以计算机控制为特征的测量、存储、计算一体化的现代测量方法提供了硬件保障。世界上一些测量仪器生产厂家纷纷将电子经纬仪、全站仪、激光扫描仪、激光跟踪仪以及数字摄影测量技术等引入到工业测量领域，形成了对工业测量产生深刻影响的"工业测量系统"。如瑞士Wild的遥测系统RMS；瑞士Leica公司的电子坐标测量系统ECDS3、自动经纬仪测量系统ATMS；德国Zeiss公司的工业测量系统IMS；美国K&E公司的解析工业测量系统AIMS；日本Sokkia公司的三维测量流动工作站MONMOS，等等，都是比较成熟的商品化大尺寸三坐标测量系统。

瑞士Leica公司，将经纬仪测量系统(MTM)、全站仪极坐标测量系统(STM)、激光跟踪测量系统(LTM)及数字摄影测量系统(VGM)等工业测量系统都统一到最新的Axyz软件，可以对各种数据采集硬件作统一的管理，测量软件的界面一致，操作灵活方便，代表了工业三维坐标测量系统的最新进展。

目前，工业测量系统已广泛地用于制造业、工程建筑业等领域。如飞机、轮船、汽车制造中的质量检验和安装都用工业测量系统来完成。世界上著名的飞机和汽车生产，都已用工业测量系统成功地保证了质量，提高了生产效率。欧洲空间研究与技术中心于1986年使用RMS2000系统成功地对卫星通讯地面天线的精度及性能进行了测量；德国为保证水泥转炉滚筒圆心位于同一直线上，采用Zeiss IMS工业测量系统进行定线测量；日本采用三维流动测量工作站 MONMOS 系统，对船舶制造中船体合拢装配进行实时测量。

我国对经纬仪、全站仪工业测量系统的研究最早开始于 20 世纪 80 年代末期。解放军信息工程大学测绘学院 1994 年成功研制出 TSST 经纬仪三维坐标测量系统，推出基于多台经纬仪/全站仪/数码相机等作为传感器的三坐标测量系统 MetroIn。在工业测量系统的应用实践方面也取得大量成功的经验。

武汉大学潘正风教授、冯文灏教授等对工业测量的理论与方法做了非常系统和深入的研究，发展了工业测量系统和理论，在精密工程建设中发挥了重要作用。

西安交通大学经过多年研究，推出了具有自主知识产权的工业摄影测量实用化产品——"XJTUDP 三维光学点测量系统"，并推出了系列产品，用于测量各种静态变形、动态变形，性能指标达到国外同类产品水平。该技术已应用在汽车工业、航空航天工业、船舶工业、建筑工业等的质量检测、变形测量、逆向工程等。

近年来，随着科学技术的飞速进步和工业建设事业的迅猛发展，各种复杂的工业工程纷纷涌现。这些工程的兴建，对测量手段、测量精度以及数据处理方法等提出了更高的要求。其重要特点就是高精度、实时性、自动化。不同工业设备具有不同的安装特点和精度要求，如何充分利用现有的仪器和设备，研究有效的工业安装测量与检测技术，开发相应的数据处理和分析软件，或者针对不同的测量任务和对象，研究新的理论与方法，开发新的多用途或者专用的工业测量集成系统(硬件和软件)，都是目前工业测量的发展方向。

第2章　常用测量方法与测量仪器

本章介绍的常用测量方法和测量仪器主要是针对一维测量和二维测量的，主要包括距离及其变化测量、角度测量、倾斜测量、准直测量和高差测量。这些测量技术既可以在实际工作中独立使用，也是进行二维测量和三维测量的基础。

2.1　长度测量

目前在工业测量领域常用的长度测量方法大致分为三类：机械法、电磁波测距法和激光干涉法。

在机械制造业中最早应用的是采用机械原理的测长技术。1631 年发明游标细分原理；18 世纪中叶，人们已应用螺纹放大原理进行长度测量。机械测长技术能达到很高的精确度，迄今仍是工业测量中的基本测量技术之一。

应用光学原理的测长技术也出现较早。20 世纪 20 年代前后已应用自准直、望远镜、显微镜和光波干涉等原理测长，使工业测量进入不接触测量领域，解决了一些小型复杂形状工件，诸如螺纹的几何参数、样板的轮廓尺寸和大型工件的直线度、同轴度等形状和位置误差的测量问题。

应用电学原理测长技术是在 20 世纪 30 年代初期发展起来的。首先出现的是应用电感原理的测微仪。后来由于电子技术的发展，电学原理的测长技术发展很快。这项技术可以把微小误差放大到百万倍，也就是说 0.01 微米的误差值可以在 10 毫米的刻度间隔表示出来。电子线路实现了各种演算和自动测量。

20 世纪 60 年代中期以后，随着近代光学、电子学的进步和各种新颖光源（激光、红外光等）相继出现，电磁波测距技术得到迅速的发展，出现了以激光、红外光和其他光源为载波的光电测距仪和以微波为载波的微波测距仪。因为光波和微波均属于电磁波的范畴，故这类仪器又被统称为电磁波测距仪。由于光电测距仪不断地向自动化、数字化和小型轻便化方向发展，大大地减轻了测量工作者的劳动强度，加快了工作速度，所以在各种工程测量中得到广泛使用。

2.1.1　机械法测距

在超短距离测量中，最常用的就是游标卡尺和千分尺等。游标卡尺由主尺和附在主尺上能滑动的游标两部分构成。主尺一般以毫米为单位，而游标上则有 10、20 或 50 个分格，根据分格的不同，游标卡尺可以分为十分度游标卡尺、二十分度游标卡尺、五十分度格游标卡尺等。游标卡尺的主尺和游标上有两副活动量爪，分别是内测量爪和外测量爪，内测量爪通常用来测量内径，外测量爪通常用来测量长度和外径。如图 2.1.1、图 2.1.2 所示。

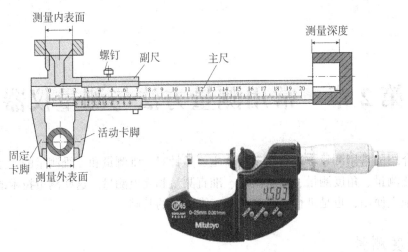

图 2.1.1　游标卡尺和千分尺

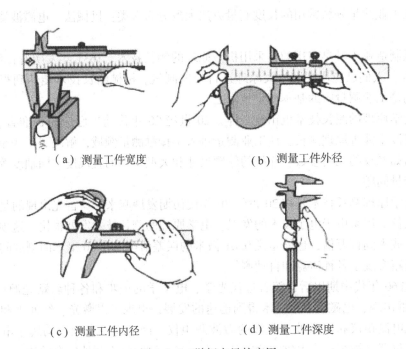

（a）测量工件宽度　　　　　　　　　（b）测量工件外径

（c）测量工件内径　　　　　　　　　（d）测量工件深度

图 2.1.2　游标卡尺的应用

　　游标卡尺主要用于测量孔、轴的内直径、外直径或者物体的厚度，对于电子读数的分辨率达到几个微米。

　　对于较长距离测量，CERN 于 1962 年研制的自动化铟瓦测距 Distinvar。如图 2.1.3 所示，该仪器由三部分构成：

　　(1)直径为 1.65mm 带尺夹的铟瓦线尺，该线尺被引张在两个控制点之间；

　　(2)带有标准插销的测距仪；

　　(3)固定插销尾座。

　　后两者安插于控制点的标准插座内。这些标准插座的几何中心位于控制点中心。如图 2.1.3 所示。

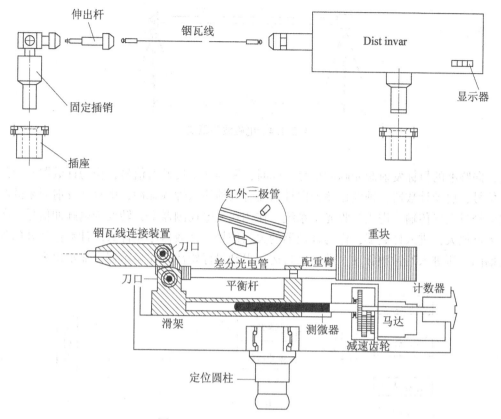

图 2.1.3　Distinvar 组成与工作原理

测量时，设备的第(2)、第(3)部分安装在控制点上的插座内，且将钢瓦丝的夹头塞进尾座和仪器的夹孔中锁定。测距开始后，马达转动带动丝杆转动，同时记数盘开始计数，丝杆的转动带动整个滑架平移，钢瓦丝逐渐被拉紧，当达到预定拉力时，光电传感器使马达停转，待线尺稳定和计数器读数数字微小波动停止以后，在计数盘读数，可以估读到 0.005mm。测量过程中要加入温度改正和尺长改正。

该仪器使用的钢瓦线尺的长度在 0.4～50m 之间，滑架的总行程是 50mm，读数内符合精度为±0.01mm，测量中误差在±0.03～0.05mm。

2.1.2　电磁波测距

1. 基本原理

如图 2.1.4 所示，电磁波测距仪发射电磁波，经过棱镜返回到测距仪的接收系统。电磁波测距是直接(脉冲测距法)或间接(相位测距法)测得电磁波在待测距离两点之间往返一次的传播时间 t。若实际光速为 v，可以按式(2.1.1)求得距离 D。

$$D = \frac{1}{2}v \cdot t = \frac{1}{2}\frac{c}{f}t \tag{2.1.1}$$

(1)直接法测量时间(脉冲测量法)基本原理

如图 2.1.5 所示，首先瞄准目标，然后接通激光电源，启动激光器，通过发射光学系

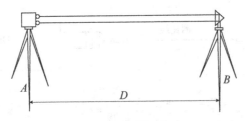

图 2.1.4　电磁波测距仪

统，向瞄准的目标发射激光脉冲信号。同时，采样器采集发射信号，作为计数器开门的脉冲信号，启动计数器，钟频振荡器向计数器有效地输入钟频脉冲，由目标反射回来的激光回波经过大气传输，进入接收光学系统，作用在光电探测器上，转变为电脉冲信号，经过放大器放大，进入计数器，作为计数器的关门信号，计数器停止计数。计数器从开门到关门期间，所进入的钟频脉冲个数，经过运算得到目标距离，在显示器上显示出来。

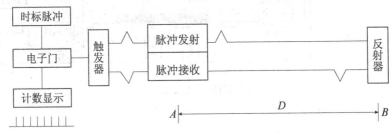

图 2.1.5　脉冲式测量时间

（2）间接法测量时间（相位测量法）基本原理

如图 2.1.6(a)所示，测定 A，B 两点之间的距离 D。将相位式测距仪置于 A 点，反射器置于 B 点。测距仪发射出连续的调制光波，调制光波通过测线到达反射器，经反射后被仪器接收器接收，如图 2.1.6(b)所示。调制光波在经过往返距离 $2D$ 后，相位延迟了 Φ。我们将 A，B 两点之间调制光波的往程和返程展开在一直线上，用波形示意图将发射波与接收波的相位差表示出来，如图 2.1.6(c)所示。

设调制光波的调制频率为 f，其周期 $T = \dfrac{1}{f}$，相应的调制波长 $\lambda = cT = \dfrac{c}{f}$。由图 2.1.6(c)可知，调制光波往返于测线传播过程所产生的总相位变化 Φ 中，包括 N 个整周变化 $N \times 2\pi$ 和不足一周的相位尾数 $\Delta\Phi$，即

$$\Phi = N \times 2\pi + \Delta\Phi$$

根据相位 Φ 和时间 t_{2D} 的关系式：$\Phi = \omega t_{2D}$，其中 ω 为角频率，则

$$t_{2D} = \frac{\Phi}{\omega} = \frac{1}{2\pi f}(N \times 2\pi + \Delta\Phi) \tag{2.1.2}$$

将上式代入式(2.1.1)中，得

$$D = \frac{1}{2}\frac{c}{f}\left(N + \frac{\Delta\Phi}{2\pi}\right) = \frac{1}{2}\lambda(N + \Delta N) \tag{2.1.3}$$

$$= L(N + \Delta N) = LN + \Delta L$$

10

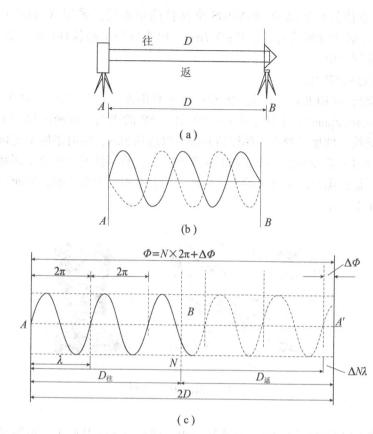

图 2.1.6　相位式测量时间

式中 $L = \dfrac{c}{2f} = \dfrac{\lambda}{2}$ ，为测尺长度；N 为整周数；$\Delta N = \dfrac{\Delta\Phi}{2\pi}$ ，为不足一周的尾数。式(2.1.3)为相位式光电测距的基本公式。由此可以看出，这种测距方法同钢尺量距相类似，用一把长度为 $\dfrac{\lambda}{2}$ 的"尺子"来丈量距离，式中 N 为整尺段数，而 $\Delta N \times \dfrac{\lambda}{2}$ 等于 ΔL 为不足一尺段的余长。则

$$D = NL + \Delta L \tag{2.1.4}$$

式中，L 为已知值，ΔL 为测定值。

　　由于测相器只能测定 $\Delta\Phi$（或 ΔL），而不能测出整周数 N，因此使相位式测距公式式(2.1.3)或式(2.1.4)产生多值解。为此，需借助于若干个调制光波的测量结果（ΔN_1，ΔN_2，… 或 ΔL_1，ΔL_2，…）推算出 N 值，从而计算出待测距离 D。这种方法也称为小数重合法。就像用不同长度的几把"尺子"去量同一个距离，只要得到各次测量值的尾数，即可推导出实际长度。因此，利用若干单波长组成长度逐级增加的"合成波长链"，根据初测值及各级合成波长对应的尾数，从最高级合成波长开始，逐级求解被测长度使之逼近真值。"尺长"最短的波确定测距精度，"尺长"最长的波确定范围。

　　为了克服外界大气因素的影响，测量更高精度的距离，比如说亚毫米级，则需在测距仪内部设计上采取许多独特的方法。

　　目前，Leica TDA5005，在 120m 范围内使用精密角偶棱镜（CCR）的测距精度能达到

±0.2mm；日本索佳公司推出的 MONMOS 全站仪测量系统，采用 NET1200 全站仪，在 100m 范围内对反射片的测量精度达到±0.7mm。由于这种全站仪性能高，操作方便，已广泛应用于工业测量中。

（3）高精度远程测距仪

原瑞士科恩公司(KERN)生产的 ME5000 精密测距仪，测程为 20~8000m，测量标称精度为±(0.2mm+0.2ppm)，采用了高功率的 HE—NE 激光器，该测距仪产生的 632.8nm 的偏振光作为载波，增加了测程，单棱镜测程可以达到 5km；同时采用了变频原理的测距方式，即仪器通过一定步频依次改变调制频率和波长，直至使测距成为半调制波长的整数倍。因此，只要能准确地测出这时的零点频率，就会有很高的分辨率，从而使测距达到高精度。如图 2.1.7 所示。

(a)   (b)

图 2.1.7　ME5000 测距仪

ME5000 测距仪的测距原理建立在变频测距原理和方法的基础上：由频率合成器产生 470~500MHz 的调制频率在带宽 15MHz 范围内，由微处理器控制，以确定的固定频率 161.7Hz 依序变化，直至被测距离成为半调制波长的整数倍。假定相应的零点频率为 f_1，整波数为 N_1，则被测距离为

$$D = \frac{1}{2}\lambda_1 N_1 = \frac{1}{2}\frac{C_0}{n_0}\frac{1}{f_1}N_1 \qquad (2.1.5)$$

式中，C_0 为真空光速，n_0 为参考气象条件(温度 15℃，大气压 760mmHg，CO_2 含量 0.03% 以及干燥大气)下的大气折射率。

再探测一个零点频率 f_i，此时的整波数为 N_i，则有距离

$$D = \frac{1}{2}\lambda_i N_i = \frac{1}{2}\frac{C_0}{n_0}\frac{1}{f_i}N_i \qquad (2.1.6)$$

由式(2.1.5)、式(2.1.6)得

$$N_1 = \frac{N_i - N_1}{f_i - f_1}\cdot f_1, \quad N_i = \frac{N_i - N_1}{f_i - f_1}\cdot f_i \qquad (2.1.7)$$

$N_i - N_1$ 表示频率由 f_i 变化到 f_1 的过程中所经过的半波长的个数，其值可以由频率变化过程中指示器指零的次数得到。f_i、f_1 可以由数字频率计读得；N_i、N_1 可以按式(2.1.7)算得，距离值就由式(2.1.5)、式(2.1.6))求得。当然，上述计数、计算均是由仪器内部的微机自动完成的。

美国生产的双色测距仪 Terrameter，采用了红光和蓝光同时测量距离，并通过相应的处理有效消除大气影响，测距相对精度达 10^{-7}。其基本原理如下：

由于在长距离大气路程内，折射率是逐点变化的。但大气对不同波长具有色散作用。因此，沿路径用不同频率波同时测量光程，就可以比较准确地根据光程差计算大气改正数，从而较好地消除温度、气压和水汽的一阶影响，显著提高测距精度。

假定 D 为待测距离，用红光和蓝光同时测量距离分别为 D_R 和 D_B。n_R、n_B 分别是红光和蓝光在光路上的平均折射率，显然有

$$D = D(n_R - (n_R - 1)) = D\left(n_R - \frac{n_R - 1}{n_B - n_R}(n_B - n_R)\right) = Dn_R - \frac{n_R - 1}{n_B - n_R}(Dn_B - Dn_R)$$

$$(2.1.8)$$

因为 $D = \dfrac{D_R}{n_R} = \dfrac{D_B}{n_B}$，并令 $A = \dfrac{n_R - 1}{n_B - n_R}$，一并带入式(2.1.8)得

$$D = D_R - A(D_B - D_R) \qquad (2.1.9)$$

D_R 和 D_B 都是测量值，而 A 又是一个基本上不太依存于大气条件的参数。故双色载波测距可以自动消除温度、气压和湿度的一阶影响。因此，在实际测距过程中，仅用两端的气象元素代替整条测线的气象元素便可以把测距精度提高一个数量级。

(4)测距影响因素

①仪器本身的误差：加常数、乘常数、周期误差。

仪器的加常数：主要是指测距仪的机械中心与调制波发射接收的等效面不一致、测距仪的机械中心与内光路等效面不一致，致使测距产生的误差，仪器的加常数是一个与测程无关的常数。通过定期的仪器检校可以得到。如图2.1.8所示。

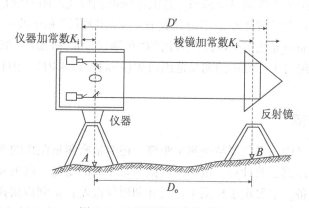

图2.1.8　测距仪加常数意义

仪器的乘常数：主要是调制频率偏离设计值所引起的尺度变化，仪器的乘常数是比例误差，与测量的距离成正比，通过定期的仪器检校可以得到。

在测距中存在加常数误差和乘常数误差的影响。对于短距离而言，乘常数误差的影响可以忽略不计。但加常数误差的影响在工业测量中往往是必须顾及的。

仪器的周期误差：仪器的周期误差是指以仪器检测尺长为周期重复出现的误差。无论现在仪器精度如何提高，在仪器发射光中加入调制信号的技术却没变。而调制光波像其他光波一样在传播过程中会受到其他(内部和外部)电磁波的干扰，在不考虑外部影响时，同一台仪器在某一时间段，其调制光波受到的内部干扰具有周期性。当周期误差振幅大于测距中误差绝对值的2倍时，应作周期误差改正。周期误差可以通过对电测距仪检定

得到。

②大气折光引起的误差：温度、湿度、气压。

电磁波测距时，调制波波长采用的是假定大气状态下的大气折射率。而实际测量时，大气温度、湿度、气压的变化，会导致折射率变化，与假定大气状态下的大气折射率不一致。而折射率变换会导致光速变化。因此在测量中，必须采集测距时刻的气象元素，并进行相应的距离改正 ΔD。

首先根据调制光的波长计算光波在标准大气状态下的群折射率，然后根据假定条件的大气参数和实际大气测量参数(大气压，干温，湿温，湿度)计算大气折射率差 Δn，进而计算距离改正 ΔD

$$\Delta D = \Delta n \cdot D' \qquad (2.1.10)$$

式中，D' 为实测距离。

现代测距仪中许多都内置了改正，也就是说，仪器内部的传感器实时测量温度和气压等，实时改正测量的距离。

2.1.3 激光绝对干涉测距

激光干涉测量是一种高精度的长度测量方法。采用激光干涉测量一段测距时，需要利用精密导轨来测量两点之间的相对距离(见下述激光干涉法测距)。由于测量过程不能中断，使其应用范围受到了限制。但采用多波长的绝对距离干涉测量则可以脱离导轨，精密测距更加灵活方便。

多波长的绝对距离干涉测量原理与上述的电磁波相位式测距原理是一样的，即为小数重合法。不同的是：电磁波测距采用的合成波——"粗测尺"和单波——"精测尺"都是以调制波为基础的，而激光绝对干涉测距采用的"粗测尺"和"精测尺"都是以激光干涉波为基础。因此，激光绝对干涉测距的测量范围较短(一般在百米内)，但精度更高(亚毫米或以上)。

2.1.4 距离变化测量

在精密工业测量中，不仅要精确测量距离，还要精密测量距离的变化。距离的变化可以利用两次测量的距离之差计算，也可以直接测量距离的变化。这里介绍几种常用的直接测量距离变化的设备。主要用于检测工件尺寸和形位误差；检测检测孔和轴的同轴度及跳动度；检测工件的平行度和直线度或用做某些测量装置的测量元件以及进行一维变形监测。

1. 机械式测量

如图2.1.9所示，基于机械式距离变化测量的仪器是机械式的千分表，机械式的千分表利用齿条齿轮传动，将测杆的直线位移变为指针的角位移的计量器具。分度值为0.01mm，测量范围为0~3mm、0~5mm、0~10mm。

千分表的工作原理是：被测尺寸的变化所引起的测杆微小直线移动，经过齿轮传动放大，变为指计在刻度盘上的转动，从而读出被测尺寸的变化大小。千分表的构造主要由三个部件组成：表体部分、传动系统、读数装置。

2. 电感式位移传感器

电感式位移传感器是一种建立在电磁感应基础上，利用被测量的变化引起线圈的自感

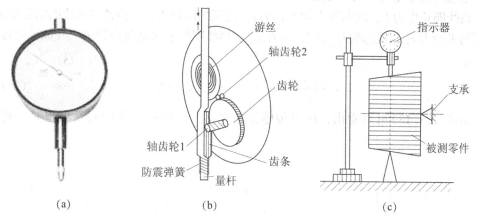

图 2.1.9 机械千分表、结构与应用

系数或互感系数变化，从而引起线圈磁感量的原理来实现位移量电测的传感器。当传感器测头检测到被测物体的位移，通过测杆带动铁芯产生移动，从而使线圈的电感或互感系数发生变化，电感或互感信号再通过引线接入测量电路进行测量，将电感或互感信号转换成电压或电流的变化量输出，实现非电量到电量的转换。

根据转换原理，电感式传感器可以分为自感式和互感式两大类。

(1) 自感式传感器

当电感传感器采用自感原理时，首先把被测量的变化转化为自感系数 L 的变化，L 接入不同的测量电路就可以转换成电信号输出。可以分为变间隙型、变面积型和螺管型三类。

① 变间隙型：如图 2.1.10(a) 所示为变间隙型自感式传感器结构示意图。传感器由线圈、衔铁和铁芯组成。工作时，衔铁与被测物体连接，被测物体位移将引起空气隙的长度发生变化。由于气隙磁阻的变化，导致了线圈电感的变化。

一般情况下，导磁体的磁阻与空气隙磁阻相比较是很小的。线圈的电感值可以近似地表示为

$$L = \frac{N^2 \cdot A \cdot \mu_0}{2\delta} \tag{2.1.11}$$

式中，A 为截面积，μ_0 为空气磁导率，δ 为气隙值，N 为感应线圈匝数比。由此可以看出，传感器的灵敏度随气隙的增大而减小。为了保持线形，气隙的相对变化要很小，但过小又限制测程，所以在设计和制作时需要兼顾上述两个方面。

② 变面积型：由式 (2.1.11) 可知，若保持气隙长度不变，而变化铁芯与衔铁之间的覆盖面积，同样会导致线圈的电感发生变化，而且这种变化是线性变化。其结构示意图如图 2.1.10(b) 所示。

$$L = \frac{N^2}{R_m} = \frac{N^2 \cdot a \cdot b \cdot \mu_0}{2\delta} \tag{2.1.12}$$

式中，a、b 为有效面积的长和宽。

③ 螺管式：如图 2.1.10(c) 所示为螺管式自感传感器结构示意图。螺管式自感传感器的衔铁随被测对象移动，线圈磁力线路径上的磁阻发生变化，线圈的电感量也因此发生变

化。电感量的变化与插入的深度有关。

设线圈长度为 l，线圈的平均半径为 r，线圈的匝数为 n，衔铁进入线圈的长度为 l_a，衔铁的半径为 r_a，铁芯的有效磁导率为 μ_m，则线圈的电感量与衔铁进入线圈的长度有以下关系

$$L = \frac{4\pi \cdot N^2}{l^2}[l \cdot r^2 + (\mu_m - 1) \cdot l_a \cdot r_a^2] \tag{2.1.13}$$

由式(2.1.13)可以看出，这类传感器的电感与衔铁进入线圈的长度也是一种线性关系。

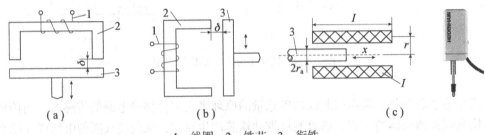

1—线圈；2—铁芯；3—衔铁

图2.1.10　自感式传感器结构示意图

④差动式传感器：在实际应用中，常采用两个相同传感器线圈公用一个衔铁，构成差动式传感器，这样可以提高传感器的灵敏度，减少测量误差，补偿温度变化、电源频率变化等外界影响造成的误差。差动式传感器的结构要求两个导磁体的几何尺寸及材料完全一致，两个线圈的电气参数和几何尺寸完全相同。如图2.1.11所示。

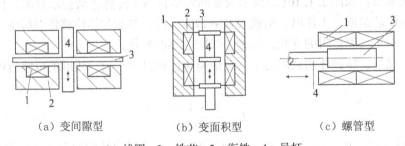

（a）变间隙型　　　　（b）变面积型　　　　（c）螺管型

1—线圈；2—铁芯；3—衔铁；4—导杆

图2.1.11　差动式自感传感器结构示意图

（2）互感式传感器(差动变压器)

差动变压器是把被测的非电量换成线圈互感量的变化。这种传感器是根据变压器的基本原理制成的。因次级绕组用差动的形式连接，故称之为差动变压器式传感器。

①变间隙式：如图2.1.12所示为变间隙式传感器的基本结构和电路示意图。左侧是两个初级绕组(一次侧线圈)，其同名端顺向串联，右侧是两个次级绕组(二次侧线圈)，其同名端则反向串联。当一次侧线圈接入激励 U_1 以后，二次侧线圈将产生感应电压输出。互感变化时，输出电压 U_2 也作相应的变化。

当没有位移时，衔铁处于平衡位置，衔铁与两个铁芯的间隙相等，即 $\delta_a = \delta_b$。两个

16

次级绕组的互感电势相等；当被测物体有位移时，与被测物体连接的衔铁位置发生变化，两个次级绕组的互感电势不相等而出现一个输出的差动电压 U_2，且

$$U_2 = \frac{\delta_b - \delta_a}{\delta_b - \delta_a} \cdot \frac{W_2}{W_1} U_1 \qquad (2.1.14)$$

式中，W_1 和 W_2 是初级线圈和次级线圈的匝数。由此可知，输出电压的大小反映了被测位移的大小，通过相敏检波电路处理，是最终输出电压的极性能反映位移的方向。

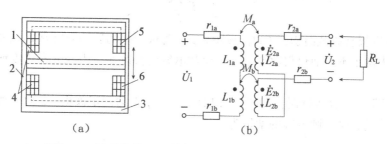

1—衔铁；2—导磁外壳；3—骨架；4—初级绕组；5、6—次级绕组

图 2.1.12　变间隙差动式互感传感器结构示意图

　　②螺线管式：螺线管式传感器的基本组成部分包括一个线框和一个铁芯。在线框上设置一个原绕组和两个对称的副绕组，铁芯安置在线框中央的圆柱形孔中。在原绕组中施加交流电压时，两个副绕组中就会分别产生感应电动势 e_1 和 e_2。当两个副绕组反向串联时，其总输出电压 $U_0 = e_2 - e_1$。当铁芯处在中央位置时，由于对称关系，$e_1 = e_2$，输出电压 U_2 为零。如果铁芯移动，则穿过副绕组 2 的磁通和穿过副绕组 1 的磁通发生变化，于是有感应电动势差，差动变压器输出电压 U_0 为

$$U_0 = \frac{\omega(M_2 - M_1)}{\sqrt{r_1^2 + (\omega L_1)^2}} \cdot U \qquad (2.1.15)$$

式中，M 为互感，r 为原有效电阻，L 为电感。因输出电压 U_0 的大小与铁芯位移 x 之间基本呈线性关系。由电路得到的输出电压即可得到位移值。

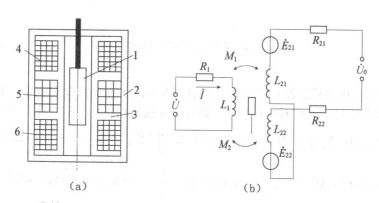

1—衔铁；2—导磁外壳；3—骨架；4—初级绕组；5、6—次级绕组

图 2.1.13　螺管差动式互感传感器结构示意图

17

3. 电容式传感器

电容式传感器是利用电容器原理，将非电量转化为电容量，进而转化为便于测量和传输的电压或电流量的器件。电容式传感器与其他类型的传感器相比较，具有测量范围大、精度高、动态响应时间短、适应性强等优点，在位移、压力、厚度、振幅、液位、成分分析等测量方面得到了非常广泛的应用。

由物理学可知，两个平行金属板组成的电容器如果忽略了边缘效应，其电容为

$$C_0 = \frac{\varepsilon \cdot S}{d} \tag{2.1.16}$$

式中，S 为两极板有效截面积，d 为极板距离，ε 为极板间物质的介电常数。可见在三种参数中保持其中两个不变而仅仅改变第三个参数电容就会改变。为此电容式传感器可以分为三种类型。

（1）变间距型电容传感器：如图 2.1.14(a) 所示，1 为固定极板，2 为可动极板。当可动极板向上移动 x 时，则电容的增量为

$$\Delta C = \frac{\varepsilon \cdot S}{d - x} - \frac{\varepsilon \cdot S}{d} = \frac{\varepsilon \cdot S}{d}\left(\frac{x}{d - x}\right) = \frac{C_0}{d}\left(\frac{x}{1 - \dfrac{x}{d}}\right) \tag{2.1.17}$$

灵敏度：
$$k = \frac{\Delta C}{x} = \frac{C_0}{d}\left(1 + \frac{x}{d} + \cdots\right) \, 。$$

从式(2.1.17)中可以看出，电容的变化量与极板移动的位移有关，而且当 $x \ll d$ 时，可以近似地认为 ΔC 与 x 呈线性关系。为了提高灵敏度可以适当减小电容器初始间距和增大初始电容值。

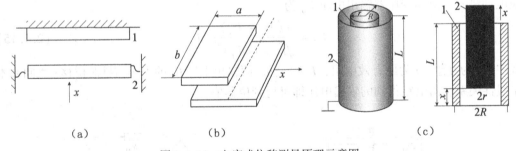

图 2.1.14　电容式位移测量原理示意图

（2）变面积型电容传感器：如图 2.1.14(b) 所示，下面的极板为动片，上面的极板为定片。当动片与定片有一相对线位移时，两片金属极板的正对面积变化，引起电容量的变化。当线位移 $x=0$ 时，设初始电容量为 $C_0 = \dfrac{\varepsilon \cdot a \cdot b}{d}$；当 $x \neq 0$ 时，$C = \dfrac{\varepsilon \cdot (a+x) \cdot b}{d}$。因此，电容的变化量 $\Delta C = -C_0 \dfrac{x}{a}$，灵敏度 $k = -\dfrac{C_0}{a}$。可见变面积型传感器是线性传感器，增大初始电容可以提高灵敏度。另外这种传感器还可以制作成其他形式，用来测角位移等。

（3）变介电常数型电容传感器：如图 2.1.14(c) 所示的圆柱体电容器，动极 2 由绝缘

材料制成，动极 2 在两电极之间起隔绝作用，使电极之间电容量为零。则电容 $C = \dfrac{2\pi \cdot x}{\ln(r/R)}$。显然，电容的变化与位移变化则是一种比例关系。为提高测量精度，这种传感器常常设计成差动式结构。

4. 光电测长

光电测长仪是一种增量式编码器，是利用光栅尺形成的莫尔条纹，通过光电转换、辨向和细分等环节实现长度对象的数字计数测量。

光栅由标尺光栅和光栅读数头两部分组成。标尺光栅一般固定在活动部件上(工作台上)，光栅读数头安装在固定部件上。光栅读数头又称为光电转换器，光电转换器把光栅莫尔条纹变成电信号。如图 2.1.15(a)所示为垂直入射读数头。最简单的光栅读数头由光源、聚光镜、指示光栅和光电元件等组成。标尺光栅不属于读数头，但标尺光栅要穿过光栅读数头，且保证与指示光栅有准确的相互位置关系。

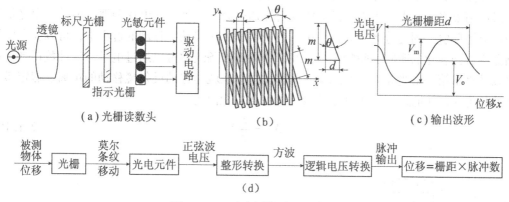

图 2.1.15 光电测长过程示意图

标尺光栅和指示光栅，是用真空镀膜的方法在表面光刻上均匀密集线纹，线纹相互平行，线纹之间的距离(栅距) d 相等，刻线的密度根据所需精度决定，常用的为每毫米 50 条刻线和 100 条刻线。标尺光栅与指示光栅可以相对移动，它们的刻线面相对，两块光栅之间保持均匀的间隙 D。当有效光的波长为 λ 时，为了获得较强的反差，两块光栅之间间隙 $D = \dfrac{d^2}{\lambda}$。

指示光栅和标尺光栅栅距 d 相同，黑白宽度相同，其刻线表面彼此平行、相距较近，且沿刻线方向保持一个很小的夹角 θ。由于遮光效应和光的衍射作用，从而在指示光栅上出现 n 条较粗的明暗条纹，称为莫尔条纹，如图 2.1.15(b)所示。明暗条纹方向与刻线方向近似垂直，故称为横向莫尔条纹。当改变夹角 θ 时，条纹宽度 m 将发生变化，减少 θ，将使 m 增大，即

$$m = \frac{d}{2\sin\left(\dfrac{\theta}{2}\right)} \approx \frac{d}{\theta} \qquad (2.1.18)$$

莫尔条纹的移动与栅距之间的移动一一对应。当光栅移动一个栅距 d 时，莫尔条纹也相应移动一个莫尔条纹宽度 m；若光栅作反向移动时，莫尔条纹也随之反向移动。莫尔

条纹移动的方向与光栅移动方向垂直。这样测量光栅水平方向的微小位移就用检测垂直方向的宽大的莫尔条纹的变化来代替。

用平行光束照射光栅时，莫尔条纹由亮带到暗带，再由暗带到亮带，透过的光强分布近似余弦函数，输出波形也接近正弦曲线。如图 2.1.15(c)所示为光栅的实际输出波形图。

光栅移动时产生的莫尔条纹由光电元件接收，然后经过位移数字转换电路形成正走时的正向脉冲或反走时的反向脉冲，由可逆计数器接收计数，通过位移—数字转换，测量光栅的实际位移。

光栅位移传感器具有分辨率高(1μm 或者更小)，测量范围大，动态范围宽等优点，易于实现数字化测量和自动控制，是数控机床和精密测量中应用广泛的检测元件。其缺点是对环境要求高，在现场时要求密封，以防止油污、灰尘和铁屑等的污染。

5. 激光干涉测量

如图 2.1.16 所示，是 Micheloson 干涉仪原理：高相干性的 He—Ne 激光通过一个分光块形成两束光，一束光由固定反射镜反射并通过分光块到达光电探测器；另外一束光被移动反射镜反射，到达分光块后，与第一束光叠加。在移动镜移动的过程中，可以在光电探测器中看到变化的明暗相间的干涉条纹。如果干涉条纹数可以通过电子方法计数得到，就可以计算出第一束光相对于第二束光的移动量，也就是移动反射镜移动的距离。假定激光的波长为 λ，并记到 N 个干涉条纹数，则变化的距离为

$$\Delta S = \frac{\lambda}{2}N \tag{2.1.19}$$

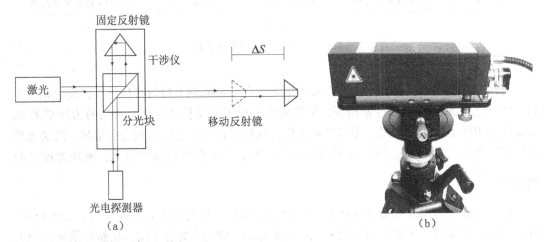

图 2.1.16　Micheloson 干涉仪原理图

这种单频激光仪的一个根本弱点就是受环境影响严重，在测试环境恶劣，测量距离较长时，这一缺点十分突出。其原因在于该仪器是一种直流测量系统，必然具有直流光平和电平零漂的弊端。激光干涉仪的可动反光镜移动时，光电接收器会输出信号，如果信号超过了计数器的触发电平，则会被记录下来，而如果激光束强度发生变化，就有可能使光电信号低于计数器的触发电平而使计数器停止计数。使激光器强度或干涉信号强度变化的主要原因是空气湍流、机床油雾、切削屑对光束的影响，导致光束发生偏移或波面扭曲。这

种无规则的变化较难通过触发电平的自动调整来补偿，因而限制了单频干涉仪的应用范围，而且干涉仪在测量过程中光路不能被中断。双频激光干涉仪测距就可以很好地克服单频干涉测距的不足。

如图 2.1.17 所示，单模激光器 1 置于纵向磁场 2 中，由于塞曼效应使输出激光分裂为具有一定频差(1~2MHz)、旋转方向相反的左右圆偏振光。双频激光干涉仪就是以这两个具有不同频率(f_1、f_2)的圆偏振光作为光源。右圆偏振光通过 $\frac{\lambda}{4}$ 波片 3 后成为相互垂直的线偏振光(f_1 垂直于纸面，f_2 平行于纸面)，析光镜 4 将一小部分光反射，经过主截面 45°倾角放置的检偏器 6，在 C 处由光电探测器接收，接收信号经前置放大整形电路 8 处理后，作为后续电路处理的基准信号。

通过析光镜 4 的光经扩束器 5 扩束后射向偏振分光镜 9，偏振分光镜按照偏振光方向将 f_1 和 f_2 分离，偏振方向平行于纸面的 f_2 光透过偏振分光镜到测量反射镜 11。当测量反射镜移动时，产生多普勒效应，返回光频率变为 $f_2 \pm \Delta f$。Δf 为多普勒频移量，Δf 包含了测量反射镜的位移信息。

返回的 f_1、$f_2 \pm \Delta f$ 光在偏振分光镜 9 再度汇合，经反射镜 12、主截面 45°倾角放置的检偏器 13 在 A 处由光电探测器 14 接收，接收信号经前置放大整形电路 15 处理后，作为系统的测量信号。

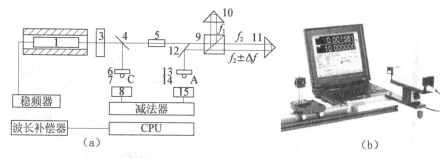

图 2.1.17 双频激光干涉仪测量原理图

假定两束光的波动方程为

$$\begin{cases} E_1 = A_1\cos2\pi f_1 t \\ E_2 = A_2\cos2\pi f_2 t \end{cases} \tag{2.1.20}$$

两束光在 C 处合成后，光电探测器实际接收光强为

$$Ic = \frac{1}{2}(A_1^2 + A_2^2) + A_1A_2\cos2\pi(f_2 - f_1)t \tag{2.1.21}$$

同样在 A 处光电探测器实际接收光强为

$$I_A = \frac{1}{2}(A_1^2 + A_2^2) + A_1A_2\cos2\pi(f_2 - f_1 \pm \Delta f)t \tag{2.1.22}$$

从式(2.1.21)和式(2.1.22)可见：两处的接收信号为一直流分量和一交流信号叠加。该信号经由交流放大器和过零触发器组成的前置放大整形电路处理后，两处各输出一组频率为($f_2 - f_1$)和($f_2 - f_1 \pm \Delta f$)的连续脉冲。图 2.1.17 中的减法器实现这两组连续脉冲的相减而获得频率差 $\pm \Delta f$。

在激光干涉仪中，测量光束的光程变化为测量反射镜位移的2倍，多普勒效应可以用下式表示

$$\Delta f = \frac{2V}{C}f_2 \qquad (2.1.23)$$

式中，C 为光速，V 为测量反射镜的移动速度，f 为光频。

设测量长度为 L，则有

$$L = \int_0^t V \mathrm{d}t = \int_0^t \frac{\Delta f \cdot C}{2f_2} \mathrm{d}t = \frac{\lambda}{2} \int_0^t \Delta f \mathrm{d}t = \frac{\lambda}{2} \cdot N \qquad (2.1.24)$$

式(2.1.24)即为双频激光干涉仪的原理公式。其中 N 为条纹数，由仪器中的 CPU 单元完成运算。为了保证 N 的连续性，需要在整个位移检测过程中，必须铺设平滑导轨而且测量过程不能中断。

从式(2.1.22)可见，双频激光干涉仪的测量信息是叠加在一个固定频差 $(f_2 - f_1)$ 上的，属于交流信号，具有很大的增益和高信噪比，完全克服了单频激光干涉因光强变动造成直流电平漂移，使系统无法正常工作的弊端。具有很强的抗干扰能力，因而特别适合现场条件下使用。

6. 激光三角法测距

激光三角法测距的基本原理是基于平面三角几何，如图 2.1.18 所示。其方法是让一

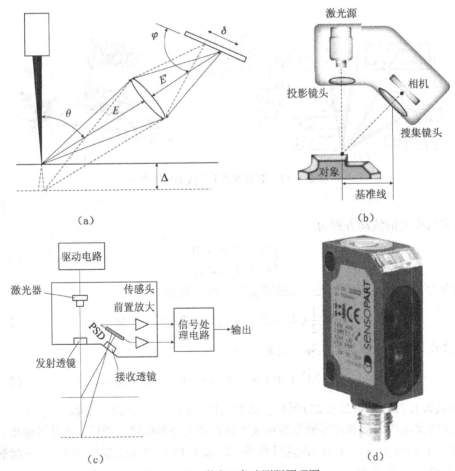

图 2.1.18　激光三角法测距原理图

束激光经发射透镜准直后照射到被测物体表面上，由物体表面散射的光线通过接收透镜汇聚到高分辨率的光电检测器件上，形成一个散射光斑，该散射光斑的中心位置由传感器与被测物体表面之间的距离决定。而光电检测器件输出的电信号与光斑的中心位置有关。因此，通过对光电检测器件输出的电信号进行运算处理就可以获得传感器与被测物体表面之间的距离信息。为了达到精确的聚焦，发射光束和光电检测器件受光面以及接收透镜平面必须相交于一点。在图 2.1.18 中，假设发射光束和接收透镜光轴之间的夹角为 θ，光电检测器件的受光面和接收透镜光轴之间的夹角为 φ，接收透镜在基准距离处的物距和像距分别为 E 和 E'，不难推导出被测物体的距离变化 Δ 和光电检测器件上散射光斑像点的位置变化 δ 之间的关系为

$$\Delta = \frac{E\sin\varphi \cdot \delta}{E'\sin\theta - \delta\sin(\theta + \varphi)} = \frac{D_1 \cdot \delta}{D_2 - \delta} \tag{2.1.25}$$

式中

$$D_1 = \frac{E \cdot \sin\varphi}{\sin(\theta + \varphi)}, \qquad D_2 = \frac{E' \cdot \sin\theta}{\sin(\theta + \varphi)}$$

D_1，D_2 为三角测量系统固定参数。

由于式(2.1.25)的推导不带任何先行假设或近似，因此这一关系是严格精确的，式(2.1.25)对任何距离的变化都成立。基于这一关系进行运算处理，便可实现激光三角法测距传感器的高分辨率和大量程。由于受到光电接收器尺寸的限制，其测量的距离及其变化范围不会很大。

2.2 角度测量

角度测量被广泛应用于航空、航天、雷达、坦克和地炮火控等军事装备，也可以用于数控机床和机器人等民用控制系统和机器人系统、机械工具、汽车、电力、冶金、纺织、印刷等领域。这些领域都需要高精度、高分辨率的角度测量控制系统。

2.2.1 编码法

当编码器轴带动光栅圆盘旋转时，发光元件发出的光被光栅盘的狭缝切割成断续光线且被接受元件接收产生初始信号，该信号经后继电路处理后，输出脉冲信号。

1. 绝对编码法

绝对编码法是直接将度盘按二进制制成多道环码，用光电的方法或磁感应的方法读出其编码，根据其编码直接换算成角度值。编码的方法很多，图 2.2.1(a)列出的是由 8 条码道组成的编码方案。沿度盘径向将发光二极管与接收光电二极管组成的角度传感器排列成一线，测角时传感器对度盘作相对旋转，即进行"角度扫描"，当传感器停留在一个码区上时，接收光电二极管接收来自发光二极管的光信号。当有光信号通过码道时，相应的接收光电二极管产生一电信号，否则输出 0。这样的一组信号可以形成一确定的二进制码。将这组二进制编码送入微处理器，微处理器根据码盘设计时的换算关系，直接换算成角度值显示出来。按照码道的组合，每一个度盘位置均可以获得一确定的角度值。因而编码法亦可以称为"绝对法"测角。

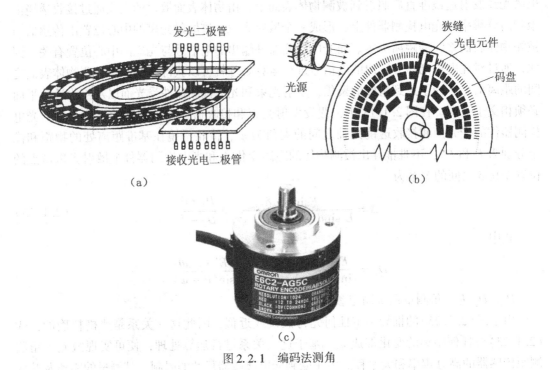

（a）　　　　　　　　　　　　　　　　（b）

（c）

图 2.2.1　编码法测角

2. 增量编码法

与绝对编码法相比较，增量编码法使用光栅度盘，所测得角值是照准部所旋转过的角值，因此增量法亦可以称为相对法。图 2.2.2 表明了增量法测角的原理。

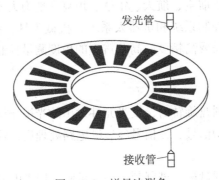

图 2.2.2　增量法测角

在度盘的周边上刻有节距相等的辐射状窄缝，制成均匀分布的透明区和不透明区——光栅度盘。当由一发光二极管和一接收二极管构成的传感器相对于光栅度盘旋转时，接收二极管将接收到的光信号变成电信号送入计数器，从而确定其角值。其测角精度与栅线数量有关。栅线越多，则分辨率越高。

2.2.2　圆光栅测量法

圆光栅测角的出发点就是利用莫尔条纹原理：当两光栅常数相等的光栅叠合在一起，

且相交一小夹角时，产生亮暗相间的莫尔条纹。当两光栅每相对移动一个栅距时，莫尔条纹亮暗变化一次。配以光电元件，即可得到周期变化的电信号。莫尔条纹的宽度 D、栅距 W 和夹角 θ (当 θ 很小时) 之间有关系式：$D = \dfrac{W}{\theta}$。W 或 θ 的变化将使条纹宽度变化，其电信号也产生相应变化。另外，在光栅测角仪器中，因需判断方向故要求光栅角度传感器产生两路相位差90°信号。

圆光栅按线栅的刻线方式可以分为径向光栅、切向光栅和环形光栅。在工作时两两配对使用。

(1) 径向光栅就是所有的栅线(或者其延长线)通过圆心的光栅。当两块栅距角相同的径向圆光栅偏心叠合时，在不同区域栅线的交角不同，出现不同曲率的半径圆弧；条纹宽度不是定值，随位置不同而不同。如图 2.2.3(a) 所示。

(2) 切向光栅就是所有的栅线(或者其延长线)与同心的一小圆(基圆)相切的光栅。当两块切向相同、栅距角相同、基圆半径不同的切向光栅的栅线面相对同心叠合时，产生以光栅中心为圆心的同心圆簇条纹，条纹宽度也不是定值，随位置不同而不同。如图 2.2.3(b) 所示。

(3) 环形光栅就是所有栅线都是同心圆，如图 2.2.3(c) 所示。当两块完全相同的环形光栅偏心叠合时，产生近似直线且成辐射方向的辐射形莫尔条纹。

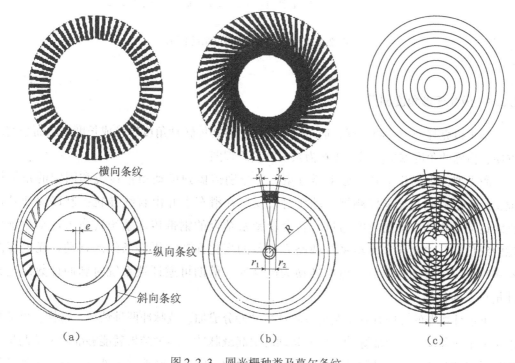

图 2.2.3 圆光栅种类及莫尔条纹

图 2.2.4 显示了圆光栅编码器的部件组成：动光栅，定光栅，LED，光敏三极管，主轴，轴承，接收及放大电路板等元件。

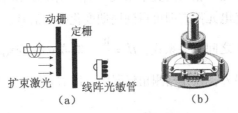

图 2.2.4　圆光栅结构图

其测量过程为：光源经过光路系统变为平行光，投射在圆光栅的动栅（指示光栅）和定栅（标尺光栅）上。测量时，外部运动物体旋转带动动栅一起旋转，而定栅不动，则透过的光线可以形成莫尔条纹。光敏管检测到透射过来的光信号，由光敏管输出近似正弦电压信号，该信号经过放大、整形、微分电路后形成脉冲信号。通过计量工作过程中总的脉冲数，则可获得运动物体的角度，如图 2.2.5 所示

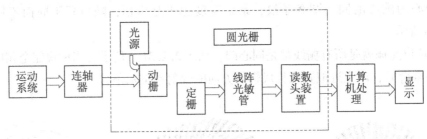

图 2.2.5　圆光栅角度测量系统框图

2.2.3　激光干涉角度测量

基于迈克耳逊干涉测长仪，通过一个转台，将物体转动角度转换成长度，从而来实现方便、精确的角度测量。图 2.2.6 为系统测量原理图。

激光器发射的相干光经分束器分束后，分别传播到可动角锥棱镜和固定的角锥棱镜，经反射后到达光电探测器。动反射镜安装在滑车上并由直线导轨控制以保证其作直线运动。物体转动的角度通过与转台轮紧密结合的钢带传动系统转换为可动角锥棱镜的线位移，由此导致干涉系统两路光程差的变化而产生干涉条纹的移动。光电探测器接收条纹的移动并由后级电路转换为电脉冲，借助可逆计数系统对脉冲计数以达到计量角度的目的。

可逆计数器的方向判别电路可以将计数脉冲分成加、减脉冲两种情况。这样，可动角锥棱镜正向移动时引起加脉冲，反向移动时引起减脉冲，测量结果就能够准确反映测量镜的实际移动距离。可逆计数器对角度脉冲进行计数，能够很好地克服外界震动、干涉仪的机械传动不平稳等因素的影响以及由此可能产生的随机反向运动。尽管这种反向运动有时非常小，但足以影响干涉仪的测量精度。

在图 2.2.6 中，设转台轮的半径为 R，其转角为 θ，滑车移动的距离为 L，探测器的干

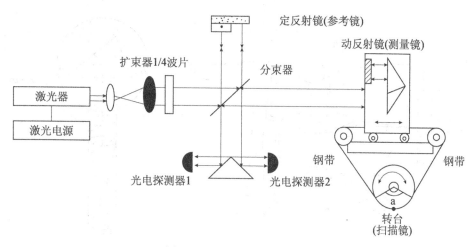

图 2.2.6　干涉法测角原理图

涉条纹数为 N，空气折射率为 n，激光波长为 λ，电路细分数为 k，不考虑机械热胀冷缩的影响，则转台转过的角度可以表示为

$$\theta = \frac{N \cdot \lambda}{2R \cdot n \cdot k} \qquad (2.2.1)$$

由式（2.2.1）可知：在激光波长一定的条件下，测角系统单位脉冲数所代表的转角大小只与转台轮半径有关，转台轮半径越大，角分辨率越高。如 $R=4$cm，$\lambda=632.8$nm，$N=1$，$n=1$，$k=20$，则系统的分辨率约为 8.2×10^{-2}s。

2.2.4　测角仪法

测角仪就是利用望远镜或自准直仪以及内装的精密度盘直接测量平面之间夹角的设备。目前广泛使用的全站仪和经纬仪就是一种测角仪。如图 2.2.7 所示，要测量一个三角形工件的夹角，可以将工件固定在工作台 1 上，采用自准直光管 4 对准一条边的侧面，通过调整光管位置，使光管光线垂直于测面，读取度盘方向值 α_1，转动准直望远镜，使之垂直对准另外一条边的测面，读取度盘方向值 α_2，这时，工件的两条边的夹角即为 $180 - \alpha_1 - \alpha_2$。

2.2.5　自准直仪法

如图 2.2.8 所示，将与被测角度块角度设计值相同的标准角度块放置在专用工作台上，并使其一个工作面紧靠在两个鼓形定位销上。将光学自准直仪对准角度块的另一个工作面，从其读数装置上读取第 1 个读数 α_1。然后取下标准角度块，换上被测角度块，并以同样方法定位。在自准直仪上读取第 2 个读数 α_2。若已知标准角度块角度为 α_0，则工件角度为：$\alpha_0 + (\alpha_2 - \alpha_1)$。因为自准直测量的是小角度，因此，这种方法主要测量加工件的角度是否与标准件相符合。

2.2.6　正弦规测量

利用正弦定义测量角度和锥度等的量规，也称为正弦尺。这种量规主要由一钢制长方

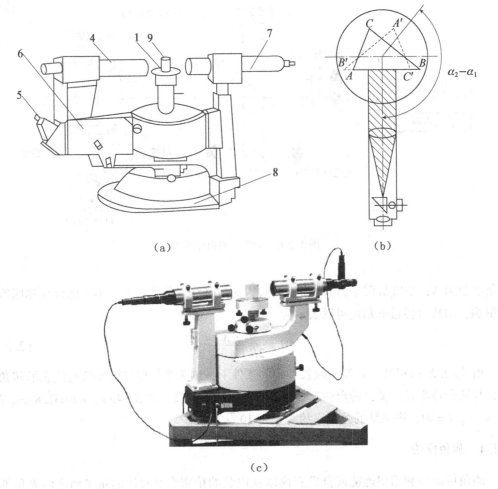

（a）　　　　　　　　　　　　　　　　（b）

（c）

图 2.2.7　测角仪测角原理图

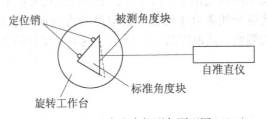

图 2.2.8　自准直仪测角原理图

体和固定在其两端的两个相同直径的钢圆柱体组成。两圆柱的轴心线距离 L 一般为100mm 或 200mm。如图 2.2.9 所示为利用正弦规测量圆锥量规的情况。在直角三角形中，$\sin\alpha = \dfrac{H}{L}$，式中 H 为量块组尺寸。将被测工件一面放置在正弦规上，另一面上放置测微仪。若由测微仪测得的角度为 $\Delta\alpha$，则工件两面夹角为 $\alpha + \Delta\alpha$。正弦规一般用于测量小于45°的角度，在测量小于30°的角度时，精确度可达 $3'' \sim 5''$。

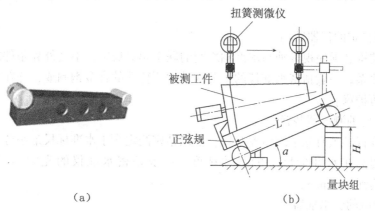

扭簧测微仪

被测工件

正弦规

量块组

（a）

（b）

图 2.2.9　正弦规测角原理图

2.3　高程测量

2.3.1　几何水准测量

1. 基本原理

几何水准测量是利用水平视线来测量两点之间的高差。水准测量的精度较高，是高程测量中最主要的方法。

如图 2.3.1 所示，A、B 两点之间的高差为

$$h_{AB} = \Delta H_{AB} = H_B - H_A = a - b = -\Delta H_{BA} = -h_{BA} \qquad (2.3.1)$$

高差具有方向性，其值可正可负。一般后视尺值减去前视尺值。

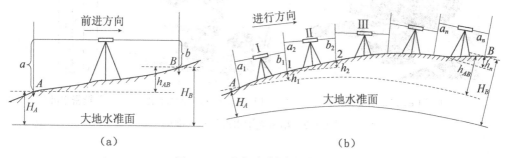

（a）

（b）

图 2.3.1　几何水准测量原理图

在机械制造测量中，高差的标准差为几十个微米，因此，水准仪和水准尺都必须是精密的，要严格检验。对于精密水准测量的精度而言，除一些外界因素的影响外，观测仪器结构上的精确性与可靠性是具有重要意义的。为此，对精密水准仪必须具备的一些条件提出下列要求。

（1）高质量的望远镜光学系统

为了在望远镜中能获得水准标尺上分划线的清晰影像，望远镜必须具有足够的放大倍

率和较大的物镜孔径。一般精密水准仪的放大倍率应大于 40 倍，物镜的孔径应大于 50mm。

（2）坚固稳定的仪器结构

仪器的结构必须使视准轴与水准轴之间的联系相对稳定，不受外界条件的变化而改变它们之间的关系。一般精密水准仪的主要构件均用特殊的合金钢制成，并在仪器上套有起隔热作用的防护罩。

（3）高精度的测微器装置

精密水准仪必须有光学测微器装置，借以精密测定小于水准标尺最小分划线间格值的尾数，从而提高在水准标尺上的读数精度。一般精密水准仪的光学测微器可以读到 0.1mm，估读到 0.01mm。

（4）高灵敏的管水准器

一般精密水准仪的管水准器的格值为 $10''/2mm$。由于水准器的灵敏度愈高，观测时要使水准器气泡迅速置中也就愈困难，为此，在精密水准仪上必须有倾斜螺旋（又称微倾螺旋）的装置，借之可以使视准轴与水准轴同时产生微量变化，从而使水准气泡较为容易地精确置中以达到视准轴的精确整平。

2. 几种精密水准仪

（1）微倾式精密水准仪

Leica N3 水准仪，通过调焦棱镜可以保证视准线的直线度。其光学放大技术可以在短视线达到很高的精度。这种仪器测量速度慢，但不受电磁场影响。即使轻微的地面抖动也能获得很好的结果。如图 2.3.2（a）所示。

（a）Leica N3 水准仪　　　（b）Zieiss Ni 002 水准仪　　　（c）精密水准尺

图 2.3.2　精密光学水准仪与水准尺

（2）自动安平水准仪

Zeiss Ni002 水准仪，其主要特点是对热影响的感应较小，即当外界温度变化时，水准轴与视准轴之间的交角 i 的变化很小，这是因为望远镜、管状水准器和平行玻璃板的倾斜设备等部件，都装在一个附有绝热层的金属套筒内，这样就保证了水准仪上这些部件的温度迅速达到平衡。如图 2.3.2（b）所示。

（3）数字（电子）水准仪

数字水准仪是 20 世纪 90 年代初出现的新型几何水准测量仪器，该仪器的出现解决了水准仪数字化读数的难题。数字水准仪克服了传统水准测量的诸多弊端，具有读数客观、精度高、速度快、能够减轻作业强度、测量结果便于输入计算机和容易实现水准测量内外业一体化的特点，如图 2.3.3 所示是目前常用的几款数字水准仪的型号及其配套的水准尺。

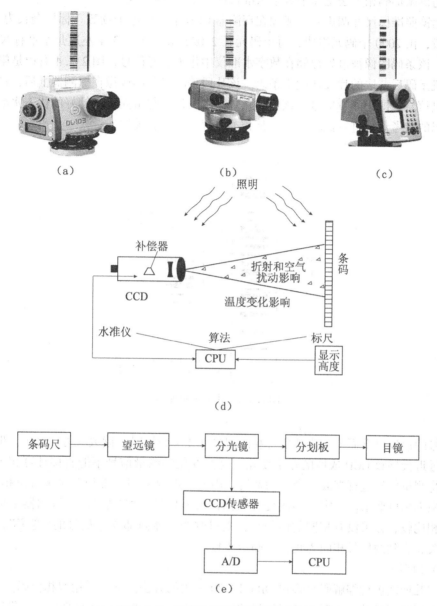

图 2.3.3　数字水准仪及其测量过程图

3. 数字水准仪读数基本原理

数字水准仪能读出条码尺的主要过程有三步：

(1)水准尺上进行编码；

(2)通过望远镜将水准尺成像在仪器的 CCD 上；

(3)对 CCD 上的水准尺的编码进行解码。

目前主要有五种编码—解码方法：相关法、几何法、相位法、随机双面码（RAB）和载码相位法。这里主要就前面三种方法的基本思路进行介绍。

（1）相关法

伪随机条形码相关法是徕卡数字水准仪所采用的解码方法。

望远镜照准标尺并调焦后，成像在探测器 CCD 上，供电子读数。标尺全长为 4.05m，分为三段，由 2000 个码元组成，每个码元长 2.025mm。图 2.3.4 左边是水准标尺的伪随机条码，该条码图像被事先存储在数字水准仪中作为参考信号，图 2.3.4 右边是望远镜照准伪随机条码后截取的片段伪随机条码。该片段伪随机条码成像在探测器上后，被探测器转换成电信号，即为测量信号。该信号在数字水准仪中与事先已存储好的代表水准标尺伪随机条码的参考信号进行比较，这就是相关过程，称为相关法。

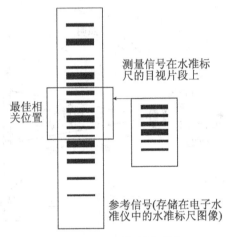

图 2.3.4　相关法原理图

信号的比较自下而上。当两信号相同即最佳相关位置时，读数就可以确定。但由于水准尺的远近会导致 CCD 成像的宽窄变化。这些变化的测量信号不能直接计算相关，而需要首先将测量信号进行缩放到合适的宽度。因此，需要采用二维相关法来解决相关问题，也就是根据精度要求以一定步距改变仪器内部参考信号的"宽窄"，与探测器采集到的测量信号相比较，如果没有相同的两信号，则再改变仪器内部参考信号的"宽窄"，再进行一维相关，直到两信号相同为止，并确定读数。

（2）几何法

采用几何法进行编解码是蔡司 DiLi 10/20 采用的方法。标尺采用双相位码。

人工照准标尺并调焦后，条码标尺的像经分光镜，一路成像在分划板上，供通过目视观测，一路成像在 CCD 行阵上，供电子读数。标尺每 2cm 划分为一个测量间距，其中的码条构成一个码词，每个测量间距的边界由黑白过渡线构成，其下边界到标尺底部的高度，可以由该测量间距中的码词判读出来，就像区格式标尺上的注记一样。

几何法计算原理如图 2.3.5 所示。图中 G_i 为某测量间距的下边界，G_{i+1} 为上边界，它们在 CCD 行阵上的成像为 B_i 和 B_{i+1}，到光轴（中丝）的距离分别用 b_i 及 b_{i+1} 表示。CCD 上像素的宽度是已知的，这两距离在 CCD 上所占像素的个数可以由 CCD 输出的信号得知，因此可以算出 b_i 和 b_{i+1}，也就是说 b_i 和 b_{i+1} 是计算视距和视线高的已知数。b_i 和 b_{i+1} 在光轴之上为负值，在光轴之下取正值。如果在标尺上看，则是在光轴之上为正，反之为负。

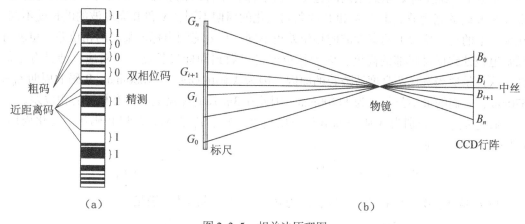

图 2.3.5　相关法原理图

设 g 为测量间距长(2cm)，用第 i 个测量间距来测量时，则物像比 A(测量间距与该间距在 CCD 上成像之比)为

$$A = \frac{g}{b_{i+1} - b_i} \qquad (2.3.2)$$

可以由图 2.3.5 中的相似三角形得出视线高读数为

$$H_i = g\left(G_i + \frac{1}{2}\right) - \frac{A \cdot (b_{i+1} + b_i)}{2} \qquad (2.3.3)$$

式中 G_i 是第 i 个测量间距从标尺底部数起的序号，可以由所属码词判读出来。$g\left(G_i + \frac{1}{2}\right)$ 是标尺上第 i 个测量间距的中点到标尺地面的距离。$\frac{A \cdot (b_{i+1} + b_i)}{2}$ 是标尺上第 i 个测量间距的中点到仪器光轴(视准轴)的距离。

为了提高测量精度，DiLi 10/20 系列测量时，采用了取多个测量间距计算平均值来计算高度。也就是标尺中丝的上下各 15cm 的标尺截距，即 15 个测量间距来计算视距和视线高。

(3)相位法

拓普康 DL101C/102C 采用相位法进行编解码。

同样，标尺的条码像经望远镜、物镜、调焦镜、补偿器的光学零件和分光镜后，分成两路，一路成像在 CCD 线阵上，用于进行光电转换，另一路成像在分划板上，供目视观测。

在图 2.3.6 中表示了标尺上部分条码的图案，其中有三种不同的码条。R 表示参考码，用于提高读数精度和测量视距。它有三条 2mm 宽的黑色码条，每两条黑色码条之间是一条 1mm 宽的黄色码条。以中间的黑码条的中心线为准，每隔 30mm 就有一组 R 码条重复出现。在每组 R 码条左边 10mm 处有一道黑色的 B 码条。在每组参考码 R 的右边 10mm 处为一道黑色的 A 码条。每组 R 码条两边的 A 码条和 B 码条的宽窄不相同，设计时安排它们的宽度按正弦规律在 0 到 10mm 之间变化。其中，A 码的周期为 600mm，B 码的周期为 570mm。当然，R 码条组两边黄码条宽度也是按正弦规律变化的，这样在标尺长度方向上就形成了亮暗强度按正弦规律周期变化的亮度波。在图 2.3.6 中条码的下面绘制出了波形。纵坐标表示黑条码的宽度，横坐标表示标尺的长度。实线为 A 码的亮度波，虚线为 B 码的亮度波。由于 A 和 B 两条码变化的周期不同，A 和 B 亮度波的波长就不同，在标尺上的每一位置上两亮度波的相位差也不同。只要能测出标尺某处的相位差，也就可以知道该处到标尺底部的高度，因为相位差可以做到和标尺长度一一对应，即具有单值性，这也是适当选择两亮度波波长的原因。因为 A 码的周期 $L_A = 600mm$，B 码的周期 $L_B = 570mm$，它们的最小公倍数为 11400mm，因此在 3m 长的标尺上不会有相同的相位差。

假定 d_A、d_B 分别为 A 码和 B 码条的宽度，T_A、T_B 是 A 码条和 B 码条的变化周期，x 为视线高度，则

$$d_A = h + A\cos\frac{2\pi x}{T_A} + \varphi_A, \qquad d_B = h + A\cos\frac{2\pi x}{T_B} + \varphi_B$$

设 D 是 A、B 条码的最大宽度，因为 d_A、d_B 是 x 的函数，满足

$$\frac{2\pi}{T_A}x + \Phi_A = \frac{d_A}{D} \cdot 2\pi, \qquad \frac{2\pi}{T_B}x + \Phi_B = \frac{d_B}{D} \cdot 2\pi \qquad (2.3.4)$$

由式(2.3.4)中两式相减可得到视线高度值为

$$x = \frac{2\pi(d_A - d_B) - D \cdot (\Phi_A - \Phi_B)}{2\pi \cdot D \cdot (T_B - T_A)} \cdot T_A \cdot T_B \qquad (2.3.5)$$

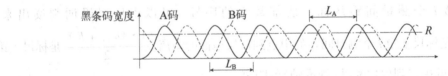

图 2.3.6　相位法原理图

4. 影响水准测量精度的因素

影响几何水准测量精度的因素，主要在于视线的水平度。概括起来，就是两类：一类与仪器自身结构有关；一类是与外界环境及其变化有关。

(1)仪器本身的误差

①水准气泡误差(自动安平不完善)引起的视线不水平；

②望远镜放大倍数和标志形状引起的照准误差；

③水准标尺误差(刻画、零点等)。

(2)受外界因素的影响

①温度变化对仪器 i 角的影响；

②温度变化对标尺长度的影响；

③温度梯度产生的垂直折光对水平视线的影响；

④外界电磁场对水准视线和补偿器的影响；

⑤起潮力对水平视线的影响。

2.3.2 三角高程测量

虽然水准测量精度高，但水准测量容易受到现场空间条件和时间的限制。而全站仪在测量位置的同时可以测量高程。因此在一些特殊情况下，采取有效措施后，采用三角高程可以显著缩短高程测量时间，提高工作效率。

1. 三角高程计算公式

三角高程测量是利用全站仪测量两点之间的水平距离(或斜距)和竖直角(或天顶距)，然后利用三角函数公式计算出两点之间的高差。一般而言，三角高程测量精度较低，但采取得当的措施后也可以达到很高的精度。

如图2.3.7所示，已知 A 点的高程 H_A，要测定 B 点的高程 H_B，安置全站仪于 A 点，量取仪器 i_A；在 B 点安置棱镜，量取棱镜高 v_B；用测距仪中丝瞄准棱镜中心，测定竖直角 α 和 A、B 两点之间的斜距 S，则 A、B 两点之间的高差计算公式为

$$h_{AB} = S\sin\alpha + i_A - v_B \qquad (2.3.6)$$

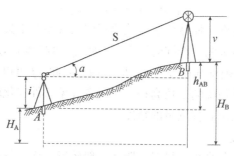

图 2.3.7　三角高程测量原理图

在三角高程测量公式(2.3.6)中，假设了大地水准面是平面(见图2.3.7)，但事实上大地水准面是一曲面，因此，由三角高程测量公式(2.3.6)计算的高差应进行如图2.3.8所示的地球曲率影响的改正，称为球差改正 f_1，即

$$f_1 = \Delta h = \frac{D^2}{2R} \qquad (2.3.7)$$

式中，R 为地球平均曲率半径，一般取 $R = 6371\text{km}$，D 为水平距离。

另外，由于视线受大气垂直折光影响而成为一条向上凸的曲线，使视线的切线方向向上抬高，测得竖直角偏大。因此，还应进行如图2.3.8所示的大气折光影响的改正，称为气差改正 f_2，即

$$f_2 = -k \cdot \frac{D^2}{2R} \qquad (2.3.8)$$

式中，k 为大气垂直折光系数，f_2 恒为负值。球差改正和气差改正合称为球气差改正 f，则 f 应为

$$f = f_1 + f_2 = (1 - k) \cdot \frac{D^2}{2R} \qquad (2.3.9)$$

大气垂直折光系数 k 随气温、气压、日照、时间、地面情况和视线高度等因素而改变，一般取其平均值0.14。由于 $f_1 > f_2$，故 f 恒为正值。

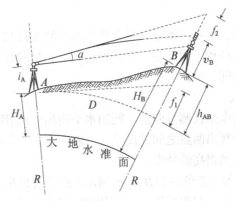

图 2.3.8　地球曲率及大气折光影响示意图

考虑球差、气差改正时，三角高程测量的高差计算公式为

$$h_{AB} = S\sin\alpha + i_A - v_B + f \qquad (2.3.10)$$

由于折光系数的不定性，使球差、气差改正中的气差改正具有较大的误差。但是如果在两点之间进行同时对向观测，即同时测定 h_{AB} 及 h_{BA} 而取其平均值，则由于 f 在短时间内不会改变，而高差 h_{BA} 必须反其符号与 h_{AB} 取平均，因此，f 可以抵消，故 f 的误差也就不起作用。因此，对于较长距离的三角高程测量或者气象条件变化较大的三角高程测量，同时对向观测能显著提高三角高程测量的精度。

2. 短程三角测量精度

在工业测量中采用三角高程测量时，距离一般较近，而且气象条件比较稳定，因此分析短程三角高程测量的精度更具有实际意义。

对式(2.3.6)进行中误差推导，得

$$m_{h_{AB}} = \pm\sqrt{(\sin\alpha)^2 \cdot m_S^2 + \left(\frac{S}{\rho}\cos\alpha\right)^2 \cdot m_\alpha^2 + m_i^2 + m_v^2} \qquad (2.3.11)$$

式中，影响三角高程测量精度的因素主要有：距离及其测量精度、垂直角大小及其测量精度、仪高、镜高高度的测量精度。

以目前精密全站仪如 TDM5000 为例，垂直角一测回测量精度为 $\pm0.5''$，测距精度为 $\pm0.5\text{mm}$。

（1）不考虑仪高和镜高的测量误差，即 $m_i = m_v = 0$，当垂直角为 $10°$，距离为 $10\sim80\text{m}$ 时的高差精度为 $\pm0.09\sim\pm0.21\text{mm}$；当垂直角为 $50°$，距离为 $10\sim80\text{m}$ 时的高差精度为 $\pm0.38\sim\pm0.40\text{mm}$。

（2）考虑仪高和镜高的测量误差，即 $m_i = m_v = 0.5\text{mm}$，当垂直角为 $10°$，距离为 $10\sim80\text{m}$ 时的高差精度为 $\pm0.71\sim\pm0.74\text{mm}$；当垂直角为 $50°$，距离为 $10\sim80\text{m}$ 时的高差精度为 $\pm0.80\sim\pm0.81\text{mm}$。

由此可见，在短程三角高程测量中，应该特别注意提高仪器高和目标高的测量精度（如采用同一根膨胀系数小的棱镜杆作为前后目标杆，可以有效消除仪器高和目标高测量不精确造成的影响），减少垂直角。除此之外，虽然短距离三角高程测量不考虑气差，但球差在一定范围内还是必须考虑的。以式(2.3.7)为例，取 $R = 6371\text{km}$，当 $D = 80\text{m}$ 时产生的球差达 0.5mm。这是必须注意的。

2.3.3 流体静力水准测量

1. 基本原理

一个可以自由流动的静止液面上各个点的重力影响是相同的，或者说液面是等高的。在古代，许多工程的高程测量都应用了这一方法作为高程参考面。如图2.3.9所示，当两个盛有液体的容器用一根橡皮管连接起来后，静止状态下，两个容器中液面的高度是相同的，这就是流通管原理，也是流体静力水准测量系统的基础。

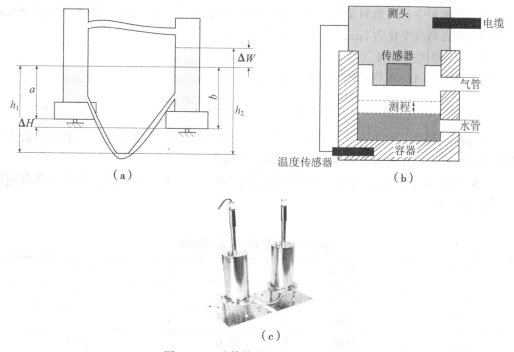

图2.3.9　流体静力水准测量原理图

流体静力水准测量的物理基础就是伯努利方程，即

$$p + \rho \cdot g \cdot h = \text{const} \tag{2.3.12}$$

如图2.3.9所示，当两容器液体达到平衡时有

$$p_1 + \rho_1 \cdot g_1 \cdot h_1 = p_2 + \rho_2 \cdot g_2 \cdot h_2 \tag{2.3.13}$$

式中，p是空气压强；ρ为液体密度，g为重力加速度；h为液体柱相对于最低点的高程。

图2.3.9中，两个盛有液体的规格一致的密封容器，用一根橡皮管连通液体，用一根橡皮管连通空气(使两个容器的空气压相等)。如果两个容器中液体温度一致，则两容器的液面高就一致。这样，两个容器放置面之间的高差可以通过直接读取液面高度确定。最简单的就是读取液面在容器上的毫米分划线位置相减就能得到高差。

2. 外部因素的影响分析

从式(2.3.13)可以看出，影响流体静力水准测高的因素有空气压力、液体密度和重力加速度。显然，两个容器中不同的压力差、重力差和液面密度会导致液面高度的不相同。

（1）压力差影响

在其他条件相同的情况下，压力差 0.13hPa 会带来的水面相差 1.36mm。因此，精密的连通管容器都是封闭的，且用一根橡皮管连接两容器空气端，以保证两个容器内的空气压力一致。这样空气压力就不会受到外部干扰。

（2）重力差影响

根据式(2.3.13)可得重力差影响液面高度差

$$\Delta W = h_1 - h_2 = (g_2 - g_1)\frac{h_2}{g_1} \tag{2.3.14}$$

在工业测量中，一般测量范围都有限，例如，重力差为 20 毫伽、液面高度为 50mm 时引起的液面高度变化为 $1\mu m$。因此，可以忽略其影响。

（3）液体密度差影响

根据式(2.3.13)可得液体密度差引起液面之差

$$\Delta W = h_1 - h_2 = (\rho_2 - \rho_1)\frac{h_2}{\rho_1} \tag{2.3.15}$$

在容器截面积一致的前提下(如圆柱体)，液体密度与高度成反比。而液体的密度与温度密切相关。这里先看看温度变化对液面高度的影响。

一般填充的液体主要是膨胀系数较小的水。表 2.3.1 中给出了因温度的变化引起的 1m 水柱高度的变化。

表 2.3.1　　　　　　　　　　温度变化引起的水柱高度变化

$T/℃$	$\Delta H/mm$	$T/℃$	$\Delta H/mm$
1.0	0.073	20.0	1.771
2.5	0.018	22.5	2.320
4.0	0.000	25.0	2.931
5.0	0.008	27.5	3.601
7.5	0.096	30.0	4.329
10.0	0.274	32.5	5.111
12.5	0.535	35.0	5.946
15.0	0.875	37.5	6.649
17.5	1.288	40.0	7.762

在 3~5℃时，水柱高度变化在 0.01mm 以下，可以忽略不计；随着温度的增加，水柱高度变化也加速。15℃时变化 0.875mm，25℃时变化 2.931mm，35℃时变化 5.946mm。由此可见，温度的变化对流体静力水准的高程测量影响是非常大的。

为了减少温度变化对水面高程的影响，简单的方法就是保持两个容器的液面高度尽可能小，即液体连通管尽可能呈水平铺设。同时设计时降低容器的设计高度，比如液面高差减少到几个厘米。在这些前提条件下，温差变化就不大，只测量两个容器的温度就可以进行温度改正。事实上，在用连通管进行精密高程测量时，监测的高差都很小，主要安装在室内。因此，上述条件在实际中是容易满足的。

3. 流体静力水准测量系统分类

就目前而言，流体静力水准测量系统可以分为两大类，其基本原理如图2.3.10所示。

①连通管测量系统：各个容器液体是连通的，存在液体交换。通过测量两个容器中液面高度计算两点高差；

②压力测量系统：各个容器液体通过金属膜片分断，不存在液体间的相互交换；两端的压力差通过金属膜片的变形转换成液面高度差。

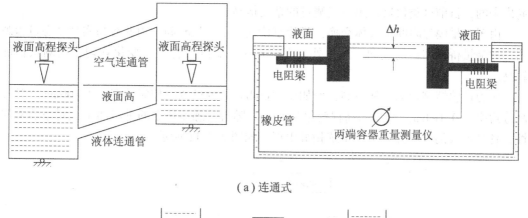

（a）连通式

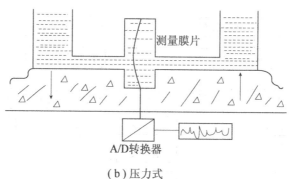

（b）压力式

图2.3.10　连通式测量系统和压力式测量系统示意图

（1）连通管测量系统

一个简单的连通管系统至少有一根橡皮管和由之连接起来的两个容器，一个空气平衡管，整平设备和液面高度测量传感器（见图2.3.10（a））。对于一个简单的连通管测量系统，通过测量两个容器的液面高度就可以直接计算高差，即

$$\Delta h = h_1 - h_2 \tag{2.3.14}$$

测定液面的高度可以分为"接触式"（如探针、浮筒等）和"非接触式"（如超声波、电容等）。一般而言，非接触式的测量精度要高于接触式的测量精度。因此，目前的这类静力水准仪都采用了非接触式的测量方式。

这类连通管测量系统还有另外一种类型——重量测量式流体静力水准系统，该系统是一种通过测量液体重量变化来获得高差变化的系统，其基本原理见图2.3.10（a）。

如果测点两端高程发生变化，则液体通过连通管会重新分配。测量两端容器中液体重量的变化可以获得高差变化，液体重量的变化又是通过容器下面安装的梁的弯曲变化来反映的。梁弯曲的程度通过电阻应变片测量。梁的弯曲必须很小，而且最好要引入温度改正来调整温度对电阻应变片的影响。

（2）压力式测量系统

如果将连通管用压力测量膜片阻断，就构成了压力式测量系统（见图2.3.10（b））。当两端的高度发生变化后，会使两端液体产生压力差，该压力差会使测量膜片产生弯曲，弯曲偏移量可以通过感应式、电容式或光电式传感器等测量出来，再按比例转变成为电流信号，由此获得两端的高差变化。第一台高精度的此类仪器是1977年由英国剑桥大学研究出来的，目前这类仪器以感应式测量的精度最高。

由于测量膜片阻断了液体交换，膜片复位缩短了摇晃时间，由此容易实现动态过程观测，如测量桥梁结构的震动。其另外一个优点是，温度变化小，变化均匀，使测量精度较高。

压力传感器测量的压强不高，例如0～10mbar的测量范围相应的高差为100mm。其最高分辨率为0.1mbar。测量的高程变化为1mm。随着传感器技术的进步和工程对象的多样性，各种形式的流体静力水准系统相继出现，如图2.3.11所示。

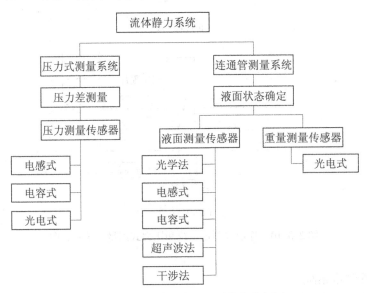

图2.3.11　流体静力水准系统分类框图

4. 流体静力水准测量的特点与影响因素

与其他高程测量方法（几何水准测量和全站仪三角高程测量）相比较，流体静力水准测量优点和缺点如下：

（1）高精度（一般可优于1/100mm）；

（2）不需要各个点相互通视，多点可同时测量；

（3）测量频率高，易于实现自动化测量，适用于对变形体的长期连续监测；

（4）测程短，一般能测量的最大高差就几个厘米或更小；

（5）范围小，仅适用于小范围的高程测量。

如表2.3.2、表2.3.3所示，比较连通管测量系统与压力式测量系统两类流体静力水准测量系统，则压力式测量系统的优点在于：

表2.3.2　　　　　　　　　两类流体静力水准测量系统的特点比较

项目	连通管测量系统	压力式测量系统
结构	连通管原理，容器间有液体交换	静力原理，不存在液体交换
安装	精确地安装并整平	安装在支架上；整平
测量值	液面测量；重量测量	压力测量
高程确定	测量容器液面高	建立压力变化和高差的线性关系
测量方法	光学式、电容式、光电式	光电式、电容式、感应式传感器
时间常数	长期摆动，低通特征	短期摆动
误差源	读数误差，毛细误差	液体损失

表2.3.3　　　　　　　　　　　误差源影响及其改正方法

误差源	连通管系统		压力系统	
	影响方式	消除或减弱方法	影响方式	消除或减弱方法
温度	密度改变；体积改变	温度测量与改正；水平放置橡皮管。	密度改变/体积改变	影响小
气压	不同压力导致液面高度值错误	空气连接管	不同压力导致液面高度值错误	空气连接管
重力	高差小、距离短，影响不大	不顾及	高差小、距离短，影响不大	不顾及
毛细作用	读数出错	传感器置于液面正中	不存在	不顾及
液面震动	围绕真值晃动	长时间测量取平均	围绕真值晃动	适合动态测量
零点	零点误差	两个位置测量—交换容器/交换传感器	零点误差	影响小——后检校
倾斜	精确置平		不重要(粗平)	不顾及
读数误差		重复读数		正-反向测量
液体损失	影响小	不顾及	影响大	重新补充
内部气泡	改变压力体积	避免	改变重量	避免

（1）安装简单；

（2）反应快，压力管系统比流通管快8倍，用于短周期高差测量；

（3）高差变化与测量的压力直接相关；

（4）测程大（与传感器测程有关）；

（5）偏差小；

（6）因为液体不交换，受到的外界因素少。

5. 测量精度与应用

连通管系统中液面的扫描精度可达±1μm。干涉法测量、电容式测量以及超声波测量等基本上都可以达到这个精度。压力系统则应用力学测量压力，将物理信号转换为电信号输出的方法。对于两种测量系统，外部因素的影响起着重要作用。对于高精度测量，误差的消除或者计算补偿要依据精度要求进行。图2.3.12给出了不同扫描方法、精度及其应用领域。

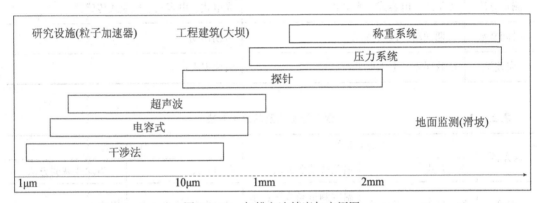

图2.3.12　扫描方法精度与应用图

相对其他高程测量而言，流体静力水准系统具有上述独有的特点，其应用范围相当广泛。

流体静力水准系统特别适合于有辐射危险、爆炸危险或者蒸汽、尘埃等污染的情况下监视设备的稳定性；或者当空间狭小、点不通视；或者因为空气紊流等的影响导致光学测量不能进行等特殊条件下的水准测量，如车间内或吊车轨道上几何水准受限制的地方就可以用流体静力水准方法进行设备的沉降和倾斜观测。同时，流体静力水准特别适用于多点高程变形的长期、自动化、静态或动态的同时连续监测，如工业设备的沉降和倾斜监测；高能粒子加速器的精密高程测量；高层建筑和桥梁结构振动、沉降、倾斜和文物建筑的沉降等。与岩土工程测量设备一起监测如大坝等土木建筑物的变化；滑坡与岩崩变形监测等。

2.4　准直测量

准直测量的任务是：沿着一条参考直线校准各测点或者测量各点与参考直线的偏差，也可以用于测量基线附近点沿垂直于基线方向的变形量。准直测量的距离范围在数米到数百米，精度在亚毫米到数微米。参考直线可以是机械式的引张线或者光学视线。准直测量主要应用于角度测量、机床导轨的平直度，平行度、垂直度测量、台面的平面度测量以及变形测量等。

2.4.1 光学准直法

1. 平行光管结构原理

根据几何光学原理，无限远处的物体经过透镜后将成像在焦平面上；反之，从透镜焦平面上发出的光线，经透镜后将成为一束平行光。如果将一个物体放在透镜的焦平面上，那么该物体将成像在无限远处。图2.4.1为平行光管的结构原理图。该结构由物镜及置于物镜焦平面上的分划板，光源以及为使分划板被均匀照亮而设置的毛玻璃组成。由于分划板置于物镜的焦平面上，因此，当光源照亮分划板后，分划板上每一点发出的光经过透镜后，都成为一束平行光。又由于分划板上有根据需要而刻制成的分划线或图案，这些刻线或图案将成像在无限远处。这样，对观察者来说，分划板又相当于一个无限远距离的目标。

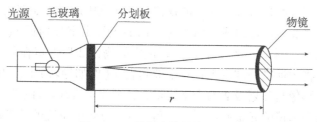

图2.4.1 平行光管结构原理图

2. 平行光管的分划板

（1）分划板的形式

根据平行光管要求的不同，分划板可以刻制有各种各样的图案。图2.4.2是几种常见的分划板图案形式。图2.4.2（a）是刻有十字线的分划板，常用于仪器光轴的校正；图2.4.2（b）是带角度分划的分划板，常用在角度测量上；图2.4.2（c）是中心有一个小孔的分划板，又被称为星点板；图2.4.2（d）是鉴别率板，常用于检验光学系统的成像质量。鉴别率板的图样有许多种，这里只是其中的一种；图2.4.2（e）是带有几组一定间隔线条的分划板，通常又称它为玻罗板，常用在测量透镜焦距的平行光管上。

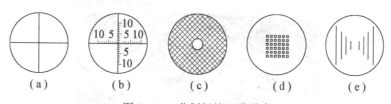

图2.4.2 分划板的几种形式

（2）平行光管分划板的计算

测量角度的平行光管分划板上刻制有角度刻线，如图2.4.3所示，根据刻线到分划板中心的距离可以计算角度，即

$$b = \arctan\left(\frac{y}{f}\right) \qquad\qquad (2.4.1)$$

式中，y 为刻线至分划板中心的距离，f 为平行光管的物镜焦距，b 为分划线对物镜光轴的夹角。

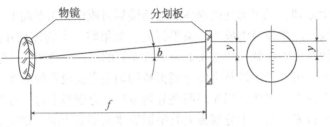

图 2.4.3　分划板角值刻线

3. 准直望远镜

应用光学准直原理测量直线度误差的仪器称为准直望远镜，如图 2.4.4 所示。准直望远镜系统由准直光管和望远镜组成。由光源发出的光经十字分划板 1（位于物镜 1 的焦平面上）和物镜 1 后，以平行光射出，再经望远镜中的物镜 2 后汇聚在位于其焦平面上的十字分划板 2 上。若将望远镜和准直光管置于被测表面（例如导轨）上，当移动准直光管时，若其射出的十字线影像与分划板 2 的十字线重合，则表示直线度好；若有偏离，则表示准直光管的光轴相对望远镜的光轴倾斜了一个角度 α。将各个位置的偏离值经过数据处理后即可得到直线度误差。这种准直望远镜也可以用于测量大型机器（如图 2.4.5 所示的汽轮机）上的各支承孔的同轴度误差。

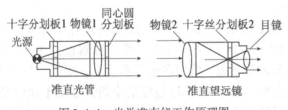

图 2.4.4　光学准直仪工作原理图

图 2.4.5　同轴度测量

44

4. 自准直光学系统

自准直法最适用于检验 10m 范围内的机械部件准直度，待检直线需通过一条测轨来实现。

图 2.4.6 表示了光学自准直原理：光线通过位于物镜焦平面的分划板后，经物镜。平行光被垂直于光轴的反射镜反射回来，再通过物镜后在焦平面上形成分划板标线像与标线重合。

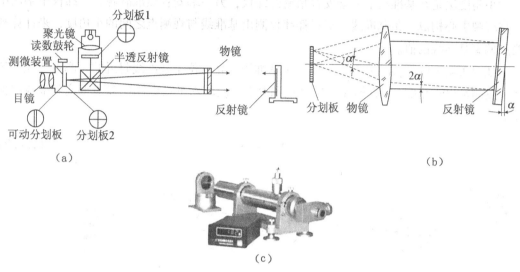

图 2.4.6　自准直仪构成与工作原理图

图 2.4.6 是自准直仪光学系统。由光源发出的光经分划板 1、半透反射镜和物镜后形成平行光，射到反射镜上。若反射镜倾斜，则反射回来的十字标线像偏离分划板 2 上的零位。利用测微装置和可动分划板可以分别从分划板 2 和读数鼓轮上读出 α 角的分值和秒值。当反射镜倾斜一个微小角度 α 角时，反射回来的光束就倾斜 2α 角。自准直仪的分度值有 0.1″、0.2″ 和 1″ 若干种。当以斜率(例如 1/200)表示分度值时，通常称这种自准直仪为平面度测量仪；当以光电瞄准对线代替人工瞄准对线时，称为光电自准直仪。图 2.4.7 是其在轨道形状测量中的应用实例。

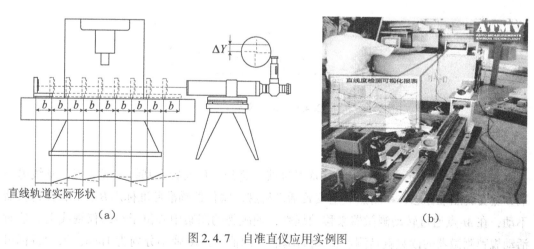

图 2.4.7　自准直仪应用实例图

5. 经纬仪准直

经纬仪准直主要是利用经纬仪望远镜十字丝和觇牌中心组成一条基准视线，进行准直测量。根据作业方法的不同，可以分为小角度法、活动觇牌法和导线法。但无论采用哪种方法，通常都需要强制对中，以消除对中误差影响。

(1) 小角度法

小角度法是在基准线上一端安置精密经纬仪，另一端安置照准觇牌，经纬仪十字丝中心与觇牌中心构成一条基准线。通过经纬仪测出基准线与观测点之间的小角度，来计算观测点偏离基准线的值。

如图 2.4.8 所示，A、B 两点构成一条基准线。M 为位于基准线附近的一测点。经纬仪在 A 点测量出小角度 α。根据 A 点与 M 点和 B 点之间的水平距离计算 M 点偏离基准线的偏差为

$$\Delta_i = \frac{\alpha_i}{\rho''}S_i \qquad (2.4.2)$$

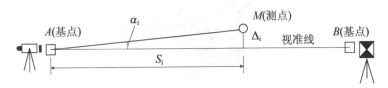

图 2.4.8　小角度法准直

(2) 经纬仪导线法（中间设站法）

如图 2.4.9 所示，AB 为基准线。在 A、B 两点之间的基准线附近 M 点架设经纬仪。测量 M 点与两基准点 A、B 之间的转折角 γ。通过导线转折角 γ 和三个点之间的水平距离（$S_{AM} = a$，$S_{BM} = b$，$S_{AB} = c$）计算 M 点相对于基线的偏移量 q，即

$$q = \frac{a \cdot b}{c}\sin\gamma \qquad (2.4.3)$$

当基线较长时，这种方法的准直精度优于小角度法。

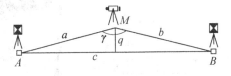

图 2.4.9　经纬仪导线准直

(3) 活动觇牌法

如图 2.4.10 所示，A、B 两点构成基准线。将经纬仪安置在基线一端 A 点，基线另一端 B 点安放照准标志，在测点 M 上安置活动觇牌。将仪器瞄准照准标志 B 点后，保持仪器不动，在 M 点通过转动测微器来移动觇牌，使觇牌的图案中心位于经纬仪视线上。这时活动觇牌测微器的读数就是测点 M 偏离基准线的值。活动牌小分划为 1mm，采用游标可

以读到 0.1mm。这种方法等同于小角度法。

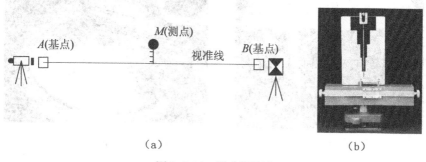

（a）　　　　　　　　　　（b）

图 2.4.10　活动觇牌法

6. 光学照准标志和对中装置

在光学测量过程中，光学照准标志的图案、形状、尺寸及颜色将直接影响照准误差的大小。标志的设计一般要求对称，具有足够且适当的对比面积和反差。通常以白色为底，黑色、黄色或者红色做图案。标志的大小要根据测量距离的远近合理设置。以获得高精度的照准精度。如图 2.4.11 所示。

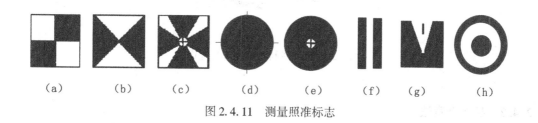

（a）　　（b）　　（c）　　（d）　　（e）　　（f）　　（g）　　（h）

图 2.4.11　测量照准标志

另外，地面点标志也是精密测量的一个重要方面。地面测量标志就是点位埋设标志。许多测量规范对不同类型、不同等级的点的埋设深度、形状、尺寸、材质等都有明确的规定。例如对于水准测量点，一般用铜或者不锈钢制作成光滑圆形标志；对于平面位置测量，一般都采用强制对中装置，对中精度一般可以达到 $0.1 \sim 0.2$mm。如图 2.4.12、图 2.4.13 所示。

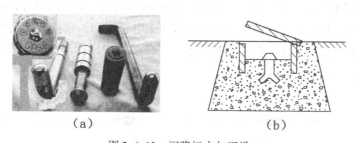

（a）　　　　　　　　　　（b）

图 2.4.12　沉降标志与埋设

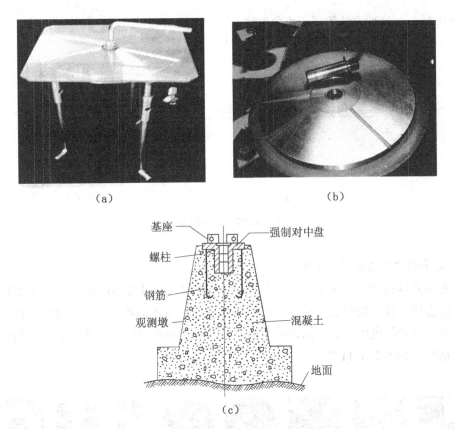

(a)　　　　　　　　　　　　　　　(b)

基座　　　　　　　　　　强制对中盘
螺柱
钢筋
观测墩　　　　　　　　　　混凝土
　　　　　　　　　　　　　地面

(c)

图 2.4.13　强制对中设备与埋设

2.4.2　机械准直法

机械准直法测量是在给定的两个基准点直接安置一条引张线，利用垂直投影测量各个中间点偏离引张线轴线的偏离值。根据实际情况，引张线主要采用钢丝和尼龙丝。这种方法常常用于机械设备安装和大坝水平位移测量。

引张线准直测量的精度，除了自身的误差外，主要受到气流影响。因此，为了减少这种误差影响，一般安置在无风的室内；或者把引张线布设在防风筒内；或者采用有阻尼的浮托装置等。

对于变形监测的场合，也可以设计成自动化测量系统。如图 2.4.14 所示，每个测点处有一个无接触点电感位移传感器，该装置有两个电感线圈，连接成差接电路，电感线圈与建筑物固定在一起，中间铁芯与钢丝固连，并在油箱中用浮子托起，使整条钢丝水平。

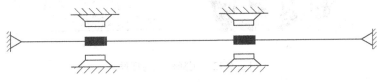

图 2.4.14　自动化准直系统示意图

当铁芯位于中间时，没有信号输出；如果产生垂直于引张线的位移，线圈就相对于铁芯发生了移动，则根据电信号的量值可以确定位移大小和方向。

2.4.3 激光准直法

激光准直就是利用激光的优良特性，将激光束作为基准线。按测量原理，激光准直测量可以分为激光束准直测量和波带板激光准直测量。激光测量系统一般由激光发射器、激光接收器、显示单元和安装夹具组成。激光发射器一般采用半导体激光器，激光接收器一般采用 PSD 器件。PSD 器件是一种位置探测器，在其感应面的两端加适当电压，激光打到感应面的不同位置则会在两端产生不同的电流，通过 A/D 转换，显示测量值。

在工业设备检测中常用激光束准直仪，可以用于大型机械的直线度测量、平面度测量和同心度测量。

1. 激光束准直

激光束准直就是直接利用激光束的直线性。因此，准直测量精度受激光束本身的漂移影响，测量距离越远测量精度就越低，一般用于短距离准直测量。如图 2.4.15 所示。

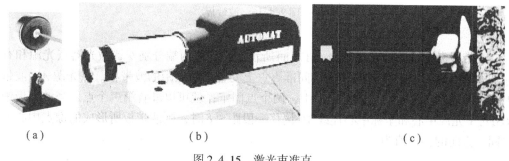

（a）　　　　　　　　　（b）　　　　　　　　　（c）

图 2.4.15　激光束准直

在机械化建筑施工中，采用光电探测激光光斑能量中心，可以实现施工机械的自动导向。

2. 波带板激光准直

波带板激光准直是利用激光的相干性，采用三点准直方法，激光只作为点光源，而不作为准直线，因此避免了对激光束高稳定性的要求。但波带板激光准直的波带板需按测量距离预先设计制作好，这对一般场合下使用受到限制。波带板激光准直主要用于长距离高精度准直测量，如长距离基准线测量、直线加速器安装测量等。例如，美国利用波带板激光准直系统安装了三公里长的斯坦福直线加速器，准直在抽空的直径 600mm 的铝管中进行，准直精度达到 10^{-7} 以上。英国国家物理实验室利用波带板激光准直对数百米长的大坝进行变形观测，测定大坝的水平位移，准直在大气中进行，精度达到 10^{-6} 以上。原武汉测绘科技大学工程测量研究所将波带板激光准直应用于大坝变形观测、大型汽轮机组的安装和离子加速器直线放样，取得了重大成果。

（1）系统组成与测量

波带板激光准直系统主要由三部分组成：

①激光器电光源：采用小功率单模 He—Ne 立体激光器，输出高斯光束，并在一般情

况下有针孔光栏。

②波带板：波带板是一种衍射光栅，也称为聂菲耳透镜，该装置是在遮光屏上将菲涅尔半周期带交替地做成通光带和遮光带，如图2.4.16所示。当通光带被激光点光源发出的一束可见的单色相干光照射时，相当于一块聚焦透镜，在光源和波带板中心延长线上的一定距离处，形成一个中心特别明亮的衍射图像——圆形光点。光点周围是模糊的明暗相间的环。

③光电接收器：具有很高放大倍率的电子线路，一般采用调制光源以及带有选频放大光电接收装置。

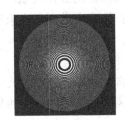

(a)方形波带板　　(b)条形波带板　　(c)聂菲耳圆形波带板

图2.4.16　波带板

波带板激光准直原理如图2.4.17(a)所示，在准直两端分别安置激光器点光源和有坐标轴的观测屏(光电探测器)，在中间准直点上安置相应焦距的波带板。点光源A、波带板中心B和观测屏坐标中心C三个点中，两个点固定，就可以准直第三个点。当波带板中心B相对于光源中心和坐标中心连线AC偏移一段距离δ时，则波带板所形成的像点中心C将向同一方向的偏移值为

$$\Delta = \delta \frac{L}{P} \tag{2.4.4}$$

在实际使用波带板激光准直系统时，可以根据当地条件和要求来进行布设。如图2.4.17(b)所示，若要测定I点偏离直线AB的偏离值δ_i，可以在M点安置激光器点光源，N点为自动跟踪接收器的零点。分别在A点、B点和I点上逐次安置相应焦距的波带板，接收器将会在AB直线的垂直方向上自动寻找光束通过波带板后形成的亮点，而显示出亮点中心到N点的距离Δ_A、Δ_B和Δ_i。由图可推出下列求i点相对于AB直线的偏离值δ_i的公式，即

$$\delta_i = \frac{S_i}{L}\left(\frac{S_B}{S_B - S_A}\Delta_B - \frac{S_A}{S_B - S_A}\Delta_i - \Delta_i\right) + \frac{S \cdot S_B}{L \cdot (S_B - S_A)}(\Delta_A - \Delta_B) \tag{2.4.5}$$

(2)主要误差来源

波带板激光准直系统不但在制造和安装时，不可避免地产生种种误差，而且在实地施测时，还要受到外界条件的影响。例如：在大型水电枢纽的大坝上进行精密准直这个特定的环境下，由于大坝是庞大的混凝土构筑物，受到日晒后，坝体和坝面上的建筑物(如发电厂房)将产生热辐射，测线上下游水位差引起水平方向上的横向温差和周围大气空间微气候分布不均匀，空气流动不稳定，等等，这些原因必将影响精密准直的精度。现结合一些具体实验，叙述影响准直精度的主要误差来源，进行精度分析。

①波带板调零和置中误差。

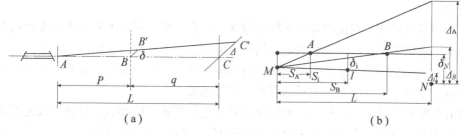

图2.4.17　波带板激光准直

施测前要进行波带板几何中心位于插杆的中心线上的检验校正。一般是用T3经纬仪的竖丝严格与波带板中心重合的方法进行检校。若设T3经纬仪照准误差为$60''/40$，那么，当校正的距离为6m时，校正后的误差为$m \leqslant \pm 0.1\text{mm}$。

②波带板强制对中误差。

波带板是利用强制对中杆安置在测点上的。插杆和插座的连接部分，可以是圆柱形或圆锥形。尽管采用膨胀系数相同的金属精密制成，但仍存在加工误差，造成波带板中心与测点中心不一致，给测量成果带来误差。根据机械加工精度分析，这种误差一般可以限制在$\pm 0.1 \sim 0.2\text{mm}$范围内。

③大气湍流影响和接收器读数误差。

激光在大气中传输，由于受到大气湍流(温度、湿度和气压的变化)的影响，将产生抖动、漂移，给光斑的接收带来困难，引起读数误差。这个问题比较复杂，难以进行定量分析。据中国科学院安徽光机所的实验表明：在一般大气条件下，激光的漂移量统计分布服从正态随机分布(短周期误差)。波带板激光准直由于接收的光斑较小，故其漂移引起的短周期偶然误差也较小。若在仪器设计时，采取一定的方法，增强探测器的分辨力，并采用自动跟踪的探测装置，将有效地减少大气湍流对准直精度的影响。原武汉测绘科技大学利用自行设计带有自动跟踪装置的波带板激光准直进行的实验表明：在500m测线上取10次读数平均值，计算的探测器读数引起的测点中误差为$\pm 0.1\text{mm}$。

④激光束漂移和光束照准误差。

点光源通过发射器的处理，形成一股足够发散的高斯光束。此光束在波带板上形成光斑，其中心应与波带板中心重合。但由于各测点点位设置时不可能严格在一条直线上，以及激光漂移、点位的移动等原因，使得各测点不可能完全位于高斯光束的光轴上，造成光束照准误差。为了使这种误差的影响最小，必须使光束足够发散。但发散过大，能量损失就大，造成光强太弱，必然会影响接收器的探测灵敏度，增大了读数误差。有学者提出选择的光束发散度使得光束在最近一块波带板上光斑的直径为该板的最大通光孔径的3倍为宜。

2.5　倾斜测量

倾斜测量是通过相应的技术手段测量一个面或者一条线相对于水平面和垂直面的偏离角度。在工业测量中，主要用于测量机床或其他设备导轨的直线度和工件面的平面度外，也常用在安装机床或其他设备时检验其水平和垂直位置的正确与否以及短距离高程变形。

倾斜测量可以分为直接测量和间接测量两种。在一个观测点上对工程基准面或者基准线偏离水平面的测量，称为直接测量，所使用的仪器称为倾斜传感器；在多于一个测点进行相对高差测量求解偏离水平面的角度，称为间接测量，所使用的仪器有水准仪和流体静力水准仪。本节主要介绍直接测量倾斜的倾斜传感器。

现有的倾角传感器种类很多，如电介液式、电位器式、电容式、电感式及陀螺地平仪等复合式倾角传感器，检测精度可以达到"角分"、"角秒"甚至"千分之一角秒"。按其工作原理可以分为三大类：

(1) 利用重力加速度的摆式倾角传感器；

(2) 利用角速度积分的倾角传感器；

(3) 复合式倾角传感器。

摆式倾角传感器用于长时间的倾角测量，具有很高的精度，但不适于动态倾角的测量；动态倾角测量需要使用复合式倾角传感器。这里主要介绍静态倾角测量传感器。

目前的大多数倾角传感器都是利用重力加速度来工作的，主要是根据"摆"在重力场内试图保持其铅垂方向的特性来设计的。根据摆的不同将其分为固体摆、液体摆和气体摆三大类。

2.5.1 固体摆式倾角传感器

1. 应变式倾角传感器

应变式倾角传感器的结构原理图如图 2.5.1(a) 所示，应变梁下端是摆锤，构成悬挂式摆。应变梁上对称贴有四片应变片，构成全桥。应变梁周围灌满硅油，形成阻尼，使摆稳定。电缆引出端充满防水绝缘胶。应变梁如图 2.5.1(b) 所示，在铅垂方向时，各应变片阻值相等，电桥平衡；若传感器倾斜 α 角，应变梁受力变形，应变片敏感栅也随同变形，应变 ε 与倾角 α 有关系式

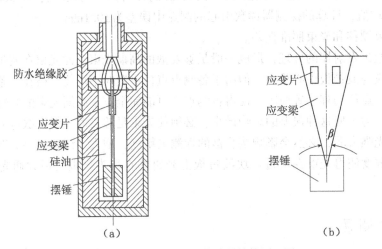

图 2.5.1　应变式倾角传感器结构原理图

$$\varepsilon = \frac{3 \cdot W \cdot \sin\alpha}{E \cdot h^2 \cdot \tan\left(\frac{\beta}{2}\right)} \tag{2.5.1}$$

式中，W 为摆锤重量，E 为应变梁材料的弹性模量，β 为梁的夹角，h 为梁的厚度。当传感器倾斜时，四个应变片组成的电桥失去平衡，输出电压与应变成正比。当 α 较小时，输出电压与倾角 α 成正比。这样就可以由输出电压计算出倾斜角。

应变式倾角传感器具有结构简单、尺寸小、响应迅速(电阻应变式传感器响应时间为 10^{-7}s，半导体应变式传感器响应时间可达 10^{-11}s)，易于实现小型化、固态化及成本低等特点。但也存在一些缺点，如在大应变状态具有明显的非线性，测角范围较小($\pm 10°$)、输出信号微弱，故抗干扰能力较差，因此信号线需采取屏蔽措施，等等。

2. 电位器式倾角传感器

电位器式倾角传感器的工作原理如图 2.5.2 所示。传感器壳体中悬挂一摆锤，电位器 R 固定在壳体上，电刷与摆锤相连。当传感器壳体倾斜时，摆锤由于惯性力图保持铅垂方向，相对壳体便有倾角 α，与其相连的电刷把电位器分成不等的两部分。这两部分电阻与控制盒内的精密电位器 W 构成惠斯登电桥。调整电位器 W 使电桥平衡，与其相连的刻度盘计数正比于倾斜角。在这种传感器中，作为敏感元件的电位器 R 宜采用金属膜蒸镀或碳素膜以获得连续变化的电阻值，若采用电阻丝则会影响到传感器的分辨能力，而且电阻值不连续。此外，采用电刷直接接触，腐蚀生锈或灰尘的存在都会引起接触电阻的变化；接点与电阻丝由不同的材料构成时，会产生热电动势，也必须引起注意。由于电位器存在这些缺点，一般只用于较大位移量的测量。倾角传感器中该线位移与倾角的正弦呈线性关系，只有当倾角较小时，传感器的输出才与倾角成正比。动态范围也比较小，一般为 $\pm 12°$。

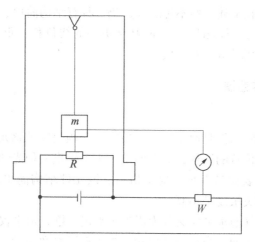

图 2.5.2　电位器式倾角传感器示意图

3. 电感式倾角传感器

如图 2.5.3 所示为电感式倾角传感器的结构原理图。一对参数相同的带圆柱形铁芯的螺管电感线圈对称地固定在吊架上，并作为电桥的相邻两臂。摆锤悬挂在两铁芯中间位置，与铁芯形成磁路。当传感器处于水平位置时，摆锤在两线圈之间中心位置，电桥平

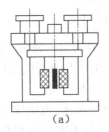

(a)   (b)

图 2.5.3 电感式倾角传感器结构原理图

衡；当传感器壳体倾斜时，由于重力作用摆锤仍保持铅垂方向，引起摆锤与两铁芯间的间隙一增一减。电桥失去平衡，相应检波电路输出与倾角大小成正比。而极性产生与倾斜方向有关的直流电压。

由于电感式传感器的电感输出特性呈非线性，其非线性程度随气隙相对变化的增大而增加，气隙增加或减小引起的电感值变化大小也不相等。其差值随气隙的增加而增大。转换原理的非线性和衔铁正、反方向移动时电感量的均匀性，决定了变气隙式电感传感器只能工作在很小的区域，才能保证一定的线性精度。差动变气隙式电感传感器，可以有效提高其灵敏度，减小非线性失真。

采用两个电气参数和磁路完全相同的线圈构成交流电桥是电感传感器的主要测量电路，通常都接成差动形式，以提高其灵敏度，改善线性度。这类传感器都不可避免地存在交流零位信号，即零点残余电压，可以通过从设计和工艺上保证结构对称性，采用适当的补偿电路和测量电路来消除。如测量时采用相敏检波电路不仅可以鉴别衔铁移动方向，而且可以把衔铁在中间位置时因为高次谐波引起的零点残余电压消除掉。

这类传感器尽管存在上述一些不足之处，仍然具有结构简单、可靠、分辨力高，能感受 0.1 角秒的微小角位移，能测量 0.1μm 甚至更小的线位移；重复性好，线性度在一定范围内较好等特点。常用做电子水平仪。

2.5.2 液体摆式倾角传感器

1. 气泡水平仪

有格值的长形玻璃管水泡是使用最早、最广泛的倾斜度敏感元件。该元件根据气泡在充液管内总要寻求最高位置的原理，对表面是否水平提供一种光学指标。如果放在合适的框架中，还可以用来对表面是否垂直提供指示。该元件结构简单，可靠耐用，但只能直读，不能数显，精度和灵敏度都不高。

如图 2.5.4 所示，气泡水平仪又分为钳工水平仪、框式水平仪、合像水平仪等。将玻璃管一侧内壁磨制成一定曲率半径的圆弧状，装入粘滞系数小的酒精、乙醚等液体，留有一个气泡，气泡随玻璃管倾斜而移动。从玻璃管上的刻度可以读出倾斜的角度。钳工水平仪的底面是测量面，该仪器仅能测量被测面相对于水平面的角度偏差。框式水平仪有两个相互垂直的测量面，因此可以在水平和垂直两个位置上测量。合像水平仪是利用光学双像重合的方法来提高读数精度。

一般用分度值表征气泡水平仪的精度指标。分度值是以 1m 为基长的倾斜值，相当于水平仪气泡移动一个分划时，工作面所倾斜的角度，以 mm/m 表示。例如分度值为

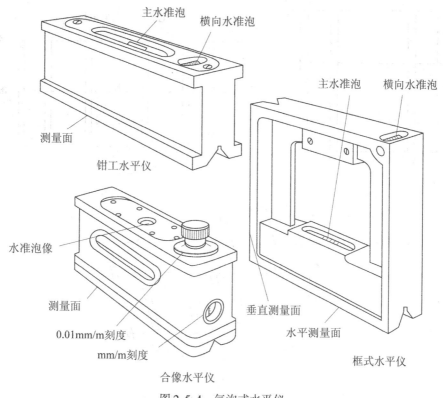

图 2.5.4　气泡式水平仪

0.01mm/1m 就相当于 2″/格。也称为气泡水平仪的灵敏度。对于一定的倾斜角，而欲使气泡的移动量大（即所谓灵敏度良好），需增大圆弧半径。

　　如需测量长度为 L 的实际倾斜，则计算公式为

$$实际倾斜值″ = 分度值 \times L \times 偏差格数 \times \rho″$$

　　使用水平仪应先行检查，先将水平仪放在平板上，读取气泡的刻度大小，然后将水平仪反转置于同一位置，再读取其刻度大小。若读数相同，即表示水平仪底座与气泡管之间的关系是正确的。否则，需用微调螺丝调整直到读数完全相同。若想检查水平仪精度，可以用正弦杆和量块组成的已知角度进行。同时，欲测量较大倾斜角也可以共同使用正弦杆与水平仪（见图 2.2.9）。

　　2. 电解液式倾角传感器

　　电解液式倾角传感器通常采用电解质溶液作为工作液，工作时电极浸入液体的深度改变会导致电容的改变，从而测量传感器的倾斜角度。如图 2.5.5 所示。

　　如图 2.5.5(a) 所示，在液体电介质中放入两个同心圆筒形极板，电容量 C 为

$$C = \frac{2\pi L \varepsilon_0}{\ln\left(\dfrac{R}{r}\right)} + \frac{2\pi L_1 (\varepsilon_1 - \varepsilon_0)}{\ln\left(\dfrac{R}{r}\right)} = m + n \cdot L_1 \tag{2.5.2}$$

式中，ε_0 为空气介电常数；ε_1 为液体介质介电常数；L 为传感器总长度；L_1 为传感器浸入液体介质深度；R 为外极板内径；r 为内极板外径。

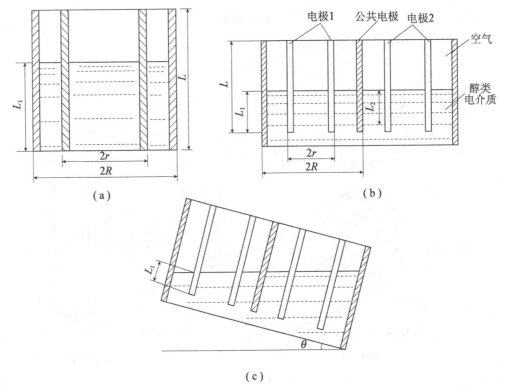

图 2.5.5　传感器结构原理示意图

$$m = \frac{2\pi L\varepsilon_0}{\ln\left(\dfrac{R}{r}\right)} , \quad n = \frac{2\pi(\varepsilon_1 - \varepsilon_0)}{\ln\left(\dfrac{R}{r}\right)} ,$$

均可视为常数。由此可见，电容量与电极板浸入液体电介质的深度呈线性关系。

当被测液体的液面在两同心圆筒之间变化时，引起极板之间不同介电常数介质的高度发生变化。因而导致电容产生变化。

敏感元件结构示意图如图 2.5.5(b)所示，在陶瓷材质的小容器里填装部分有一定黏度的液体电介质，通常采用醇类混合物，如丙三醇与乙醇的混合液。其相对介电常数为47；上部充气体，气体一般的介电常数为1。这样设计，即可增加两种质的介电常数差值，较明显地反映出敏感元件角度的变化，又可使传感器的工作温度范围大大提高。

在敏感元件中设有两对电极，电极 1 和电极 2，它们的长度、间距及与公共电极的间距都相同。采用差动式设计，可以将其灵敏度增加一倍。当敏感元件处于水平位时，电极 1 及电极 2 浸入液体电介质的深度相同，由式(2.5.2)可知，两电极所产生的电容量 C_1、C_2 的关系为

$$C_1 = C_2 = m + nL_1$$

当产生角度变化 θ 时(见图 2.5.5(c))，对于电极 1 和电极 2 所产生的电容为

$$C_1 = m + n \cdot (L_1 - 2r \cdot \sin\theta) \quad C_2 = m + n \cdot (L_1 + 2r \cdot \sin\theta)$$

由此产生的角度变化所引起的电容的变化量为

$$\Delta C = C_2 - C_1 = 4nr \cdot \sin\theta \tag{2.5.3}$$

由此可见，敏感元件所产生的电容的变化量和角度变化值呈线性关系，即角度变化可以通过电容式角度传感器利用电容量的变化反映出来。

3. 液体摆倾角传感器

图2.5.6中双轴液体摆气泡角度传感器的上盖是一个凹球面，其曲率半径按不同的使用要求而设计。在凹球面上，左右各刻一条铂电极，作为左、右电极，底坐标板面上镀上铂作为公共极。

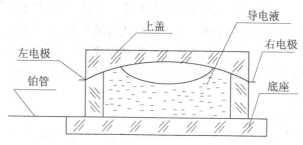

图2.5.6　传感器结构工作原理图

图2.5.6中左下端的铂管作为灌注导电液通口和公共极引出端。根据不同的阻值要求灌注不同的导电液，如较为常用的3.5mol/L浓度的氯化钾盐液。并留有一定体积的气泡空间，上盖的左右铂电极与底座公共极间所形成两个电阻值 R_x、R_0 与导电液的电阻率 ρ、上下电极之间所形成的液体电阻等效面积 S_x、等效导电距离 L_x 有关，即

$$R_x = \rho \frac{L_x}{S_x} \tag{2.5.4}$$

当传感器气泡居中时，表示水平，左右两电阻值相等，此时 $R_x = R_0$，称为水平电阻；一旦传感器倾斜，由于导电液在电极上覆盖面积发生变化，S_x 和 L_x 也相应发生变化，此时 $R_x \neq R_0$，电桥失去平衡，有电压差输出。而 dU_x 与倾斜角成正比。通过外接电路测量出电压差，从而获得倾斜角值。

2.5.3　其他类型倾角测量传感器

1. 利用角速度积分的倾角传感器

对角速度传感器的输出进行积分可以得到相应积分时间内的角度输出，因此角速度传感器经过适当改进可以成为倾角传感器，但是必须限定角速度的漂移，还要进行初始对准，因此这种倾角传感器不适于作长时间静态测量，其应用也有待进一步研究。

2. 复合式倾角传感器

复合式倾角传感器是由多个传感器组合起来的，如陀螺地平仪、沃森(Watson)倾斜仪及捷联方式的倾斜仪等。

(1)陀螺地平仪

陀螺地平仪又称为垂直陀螺仪，该仪器通常由一个两自由度陀螺仪和一个修正装置构成。修正装置多采用液体摆。在需要测量飞机等运动体的倾斜角的场合，必须在运动体上

建立一个铅垂线或水平线基准。摆具有铅垂线的方向选择性，但对加速度的抗干扰差；陀螺仪的自转轴具有很高的方位稳定性，但不具有敏感垂线的方向选择性。因此，单独使用摆或陀螺仪来指示铅垂线都将产生很大的误差。如果利用陀螺仪方向稳定性的长处，对陀螺地平仪进行修正，就能获得敏感垂线的方向。陀螺地平仪就是将两自由度陀螺仪和摆组合在一起，利用摆对陀螺仪的修正原理构成的精密倾斜传感器。其受加速度的干扰要比摆小得多，故其自转轴能够在飞机等运动体上精确而稳定地重现铅垂线。

（2）沃森（Watson）倾斜仪

沃森（Watson）倾斜仪是由精密摆、沃森角速度传感器和积分电路组成。积分角速度输出即得到角度信号。角速度输出的漂移也被积分，会产生随时间积累的误差。另外，积分角速度得到的角度输出没有铅垂线基准，不能进行惯性测量。因此，采用摆来作为铅垂线基准，补偿角度信号作为参考信号所产生的角速度漂移。这样不仅使角度输出信号长期稳定性好，而且还消除了角速度传感器的偏置误差，使短时间动态测量及长时间静态测量成为可能。

（3）捷联方式的倾斜仪

捷联方式的倾斜仪由三轴陀螺、三轴加速度计、方位传感器及计算机组成，该仪器以陀螺、加速度计、方位传感器的输出信号为基础，利用计算机进行快速运算，实时输出地球坐标系的方位角、滚动角、俯仰角和运动坐标系 x、y、z 各轴的加速度和角速度信号。捷联式倾斜传感器适用于三维运动体的姿态测量及控制。

第3章 三维工业测量技术与方法

三维坐标是确定物体几何参数(位置、形状、尺寸、变化等)的基础。三维坐标的获取元素主要来自第 2 章中介绍的测量技术与方法。目前已有多种直接获取三维坐标的技术手段,如经纬仪测量系统、全站仪测量系统、摄影测量系统、激光测量系统、结构光测量系统、三坐标量测机、关节臂坐标测量系统和 Indoor GPS 测量系统等。各种技术手段的测量精度、应用场合、数据处理、测量费用、测量速度、系统灵活性等各有其特点,有些情况下也是不可替代的。实际应用于工业测量时,可以是单一的方法,也可能需要多种方法联合使用。因此,需根据工程所要求的测量限差或测量精度、成果要求以及具体现场情况,合理选择。

3.1 经纬仪测量系统

3.1.1 系统组成与基本原理

1. 基本组成与功能

如图 3.1.1 所示,最简单的经纬仪测量系统由一根检验过的标准尺、两台电子经纬仪以及直接与之连接的计算机组成。安置好两台电子经纬仪,确定系统的坐标原点和坐标轴方向,再通过标准尺确定经纬仪坐标系统的尺度。最后,通过前方交会的方式将测量值在线/离线送入计算机进行解算物方空间三维坐标。

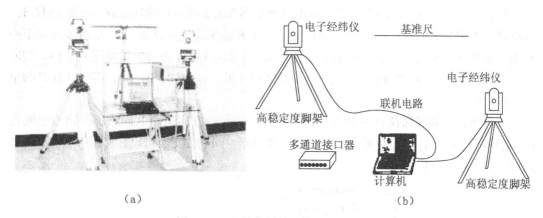

图 3.1.1 经纬仪测量系统基本组成图

(1)高精度的电子经纬仪:用于获取角度观测数据。经纬仪工业测量系统采用空间前方角度交会原理,要构成空间前方角度交会,一般至少需要两台电子经纬仪。Leica 的

T3000、TM5100A、TM6100A 都是典型的工业经纬仪。

对于需要多位置测量的情况(如飞机、汽车整体形状的检测),则需多台仪器。这时需要布设一个统一的控制网(见 3.1.5),在各控制网点上进行交会测量,得到统一坐标值。另外,电子经纬仪的望远镜中最好有内觇,以便获得高精度的定向方向值。为了便于对大垂直角度的目标进行观测,还要配有转折目镜。

(2)基准尺:由于经纬仪交会是一个角度交会系统,故需要至少一根基准尺作为系统测量的尺度基准。基准尺的长度一般为 1m 或 2m,其精度优于±20μm,通常采用高精度钢瓦或碳素等膨胀系数极小的材料制成。有时也可以采用高精度的钢瓦带尺来作为基准尺。如 Leiac Axyz 工业测量系统,所配套的基准尺为碳纤维尺,长度为 900.045mm,检测误差为±0.003mm。

(3)计算机:主要用于控制测量过程,存储并处理观测数据。对于较固定的工业测量系统,一般采用台式微机;对于经常要移动或用于野外的工业测量系统,采用便携式微机。

(4)多通道接口器及联机电缆:用于连接计算机与电子经纬仪,实现数据的通讯与控制。

(5)高稳定度的脚架:高稳定度的脚架用于保证仪器稳定,使整个测量过程中参考系保持不变,提高解算精度。

(6)其他附件:除了以上基本硬件配置之外,为提高测量效率,往往还需要配备激光目镜、隐藏杆及特制的照准标志等。激光目镜可以在被测物体上投影激光点,用做两台或多台仪器同步观测的照准标志。隐藏杆是带有若干瞄准标志的装置,这些瞄准标志之间存在固定的几何关系。当被测物体上某个标志点由于视线遮挡而无法直接交会测量时,可以应用隐藏杆,通过观测隐藏杆上的瞄准装置及它们之间的几何关系,解算隐藏点在测量坐标系中的坐标。当被测物体没有可供精确瞄准的特征点时,往往需要特制的照准标志,将其粘贴在被测物体上作为瞄准对象。

2. 空间前方交会的基本原理

两台经纬仪进行空间前方交会的基本原理如图 3.1.2 所示:假定 A 站上的经纬仪 A,其仪器中心视为坐标原点(经纬仪三轴交点);在 B 站架设经纬仪 B。A、B 两经纬仪中心连线的水平投影作为 X 轴,且该水平长度为 b,经过经纬仪 A 中心的铅垂线为 Z 轴,构成一右手坐标系。A、B 之间的高差为 h。设经纬仪 A 的坐标为(0,0,0),则经纬仪 B 的坐标为(b,0,h)。

在经纬仪 A 和经纬仪 B 互瞄后,各自得到一个起始方向值。共同照准一物方空间点 P,测量出水平角 α_A、α_B 和垂直角 β_A、β_B。则根据空间前方交会可以计算出 P 点的三维坐标(X_P,Y_P,Z_P)为

$$\begin{cases} X_P = \dfrac{\sin\alpha_B\cos\alpha_A}{\sin(\alpha_A+\alpha_B)} \cdot b \\[2mm] Y_P = \dfrac{\sin\alpha_B\sin\alpha_A}{\sin(\alpha_A+\alpha_B)} \cdot b \\[2mm] Z_P = \dfrac{1}{2}\left(\dfrac{\sin\alpha_B\tan\beta_A+\sin\alpha_A\tan\beta_B}{\sin(\alpha_A+\alpha_B)} \cdot b + h\right) \end{cases} \quad (3.1.1)$$

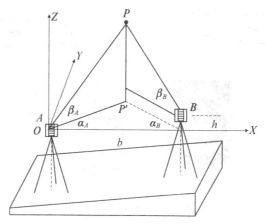

图 3.1.2　空间前方交会基本原理图

3.1.2　相对定向和绝对定向

在式(3.1.1)中，α_A，α_B，β_A，β_B 为观测值。要采用式(3.1.1)计算未知点的三维坐标，首先需要确定：

(1) A、B 经纬仪之间水平角起始方向值(相对定向)，以确定水平角 α_A，α_B；

(2) A、B 之间的高差 h；

(3) A、B 两经纬仪之间的水平边长(绝对定向)b。

1．相对定向

相对定向就是要准确地确定两经纬仪之间的起始方向值，为水平角计算提供基准。下面是几种常用的相对定向方法：

(1)互瞄十字丝法(见图3.1.3(a))：没有内觇标时，可以直接采用互瞄对方经纬仪的十字丝。将两仪器的望远镜焦距调至无穷远处，相互照准对方望远镜分划板的十字丝。由平行光管原理，此时两望远镜视准轴已相互平行，但并不重合，它们与度盘零方向相差一个极小角度。这种互瞄方法需要多次反复进行，精度在 2 秒左右。

(2)内觇标法(见图3.1.3(b))：新型的电子经纬仪(如 Leica T2002、T3000、TM5100A 等)中安装了高精度内觇标，一般安装精度在±4″之内(与视准轴偏差)。通过照准内觇标来直接确定起始方向的相对定向方法称为内觇标法。一般用经纬仪的两个度盘位置对内觇标进行观测，取中数，可以消除安装偏差的影响。这种方法的相对定向精度可达±(0.5″~1″)，是精度最高的相对定向方法。

(3)旋转标志法(见图3.1.3(c))：在两台经纬仪的照准部支架上或者望远镜中间设置一照准标志。大致进行互瞄后，首先用经纬仪 A 瞄准经纬仪 B 上的标志，读取水平方向值；接着将经纬仪 B 旋转180°，用经纬仪 A 再照准标志，读取水平方向值。经纬仪 A 的两次水平读数取平均值即得到 A 的起始方向值。同样过程求得经纬仪 B 照准 A 的起始水平方向值。这种方法与标志偏心无关。最后将两台经纬仪望远镜的水平读数调整到各自的平均值，实现相对定向。同样需要多次反复进行。

2．绝对定向

绝对定向实际上是给出工业测量系统的尺度基准，即确定基线 b 的值。由于工业测量

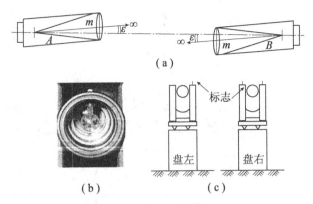

（a）

（b）　　　　　　　（c）

图 3.1.3　相对定向方法

要求精度高（一般要求精度优于±0.1mm），测距仪无法达到如此高精度的测距。若用激光干涉仪，虽具有高的测量精度，但价格过高。因此，在工业测量中采用以下方式实现。

（1）基于前方交会的绝对定向

① 基线长 b 的确定：该方法是用电子经纬仪对一鉴定的基准尺通过角度前方交会来计算经纬仪之间的基线长。

如图 3.1.4 所示，在仪器前方适当位置水平放置一长度为 d 的基准尺。在 A 站和 B 站的经纬仪完成相对定向后，再瞄准基准尺的两端标志 1 和 2，测量出水平方向，由此计算前方交会角。

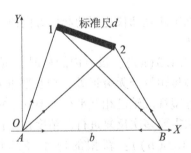

图 3.1.4　绝对定向基本原理图

假定 A 站的平面坐标为 $(0, 0)$，B 站的平面坐标为 $(1, 0)$，则按照前方交会公式 (3.1.1) 可以分别计算出基准尺两端 1 和 2 的平面坐标分别为 (X_1', Y_1') 和 (X_2', Y_2')。根据相似比原理，可以得到 A、B 之间的实际长度为

$$b = \frac{d}{\sqrt{(X_1' - X_2')^2 + (Y_1' - Y_2')^2}} \tag{3.1.2}$$

② A、B 之间高差 h 的确定：在获得了 A、B 之间的基线长 b 后，就可以按尺度比重新计算 1 点的平面坐标 (X_1, Y_1)，进而计算出水平边长，即

$$S_{A-1} = \sqrt{X_1^2 + Y_1^2}, \quad S_{B-1} = \sqrt{(X_1 - b)^2 + Y_1^2} \tag{3.1.3}$$

如果在 A 和 B 同时测量了 1 点的垂直角 β_{A1}、β_{B1}，则按照三角高程测量原理，可以计

算得到 A 到 B 的高差 h 为

$$h = S_{A-1} \cdot \tan\beta_{A1} - S_{B-1} \cdot \tan\beta_{B1} \qquad (3.1.4)$$

按照这种方式测量点 2，可以得到第二个 A、B 之间的高差。还可以测量其他点得到多个 A、B 之间的高差，然后将各高差取平均值即可。

（2）基于光束法平差的绝对定向

将经纬仪测量系统模拟成摄影测量系统（事实上，经纬仪前方交会与摄影测量前方交会原理是一样的），把经纬仪水平角和垂直角观测值换算为虚拟像点坐标观测值，按摄影测量光束法平差进行两台或多台经纬仪间的系统定向和空间坐标解算。

首先建立虚拟像平面坐标系，把经纬仪的水平角观测值 α、垂直角观测值 β 换算为像平面坐标 (x, z)，如图 3.1.5 所示。

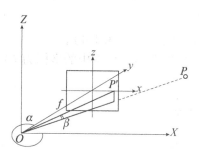

图 3.1.5　虚拟像平面坐标系

选取经纬仪的水平度盘为 $O{-}XY$ 平面，X 轴为度盘零方向，Y 轴为 $270°$ 方向，Z 轴为垂直轴方向，虚拟像平面与 Y 轴垂直，设焦距为 f，则

$$\begin{cases} x = f \cdot \tan(\alpha - 270) \\ z = \dfrac{f \cdot \tan\beta}{\cos(\alpha - 270)} \end{cases} \qquad (3.1.5)$$

物方空间测量坐标系用于确定空间物点的位置，可以定义为与左测站的经纬仪坐标系 $O{-}XYZ$ 相一致。事实上，当两台经纬仪整平时，也不能保证两仪器的垂直轴互相平行的几何关系，因此，测量坐标系与右测站经纬仪坐标系 $O_1{-}X'Y'Z'$ 的关系如图 3.1.6 所示。此时右测站的坐标系相对于左测站坐标系存在 6 个定向参数：3 个平移参数 (X_S, Y_S, Z_S) 和 3 个旋转参数 $(\phi \quad \omega \quad \kappa)$。引入角分量 τ，γ，并设两台仪器中心之间的距离为 S，则

$$\begin{cases} X_S = S \cdot \cos\nu \cdot \cos\tau \\ Y_S = S \cdot \cos\nu \cdot \sin\tau \\ Z_S = S \cdot \sin\nu \end{cases} \qquad (3.1.6)$$

此时称 $(\phi \ \omega \ \kappa \ \tau \ \gamma)$ 为相对定向参数，S 为绝对定向参数。

设物点 P 在空间测量坐标系中的坐标为 (X, Y, Z)，对应于左、右虚拟像点坐标为 (x_1, z_1)、(x_2, z_2)。设右测站经纬仪坐标系相对于空间测量坐标系的角度旋转元素为 (ϕ, ω, κ)。因而旋转矩阵为

$$\boldsymbol{R} = \begin{bmatrix} a_1 & a_2 & a_3 \\ b_1 & b_2 & b_3 \\ c_1 & c_2 & c_3 \end{bmatrix}$$

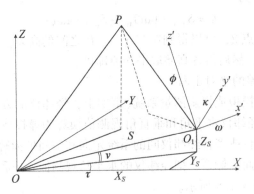

图 3.1.6　经纬仪坐标系

式中，a_i，b_i，c_i 为(ϕ，ω，κ)的函数(见 3.4.4)。

右测站经纬仪坐标系的原点在测量坐标系中的坐标为 (X_S, Y_S, Z_S)，故左、右测站的共线方程为

$$\begin{cases} x_1 = f \cdot \dfrac{X}{Y} \\[2mm] z_1 = f \cdot \dfrac{Z}{Y} \\[2mm] x_2 = f \dfrac{a_1(X - X_S) + b_1(Y - Y_S) + c_1(Z - Z_S)}{a_2(X - X_S) + b_2(Y - Y_S) + c_2(Z - Z_S)} \\[2mm] z_2 = f \dfrac{a_3(X - X_S) + b_3(Y - Y_S) + c_3(Z - Z_S)}{a_2(X - X_S) + b_2(Y - Y_S) + c_2(Z - Z_S)} \end{cases} \tag{3.1.7}$$

式(3.1.7)中 f 可以任意选定，是已知值。由此可知，两台经纬仪组成的测量系统每观测一个物点，就可以列出 4 个共线方程，而物点坐标的未知数为 3 个，因此有一个多余观测。不考虑坐标的尺度参数得相对定向未知数为 5 个，理论上讲，仅需观测 5 个点就能完成相对定向工作。设在物方观测了 n 个点，据式(3.1.6)、式(3.1.7)二式列出的线性化误差方程的矩阵形式为

$$V = A \cdot X + B \cdot Y - L \tag{3.1.8}$$

式中，$X = (\mathrm{d}\tau \quad \mathrm{d}\nu \quad \mathrm{d}\varphi \quad \mathrm{d}\omega \quad \mathrm{d}\kappa)$ 为定向参数改正数；

$Y = (\mathrm{d}X_1 \quad \mathrm{d}Y_1 \quad \mathrm{d}Z_1 \quad \mathrm{d}X_2 \quad \mathrm{d}Y_2 \quad \mathrm{d}Z_2 \quad \cdots \quad \mathrm{d}X_n \quad \mathrm{d}Y_n \quad \mathrm{d}Z_n)$ 为物方点坐标改正数；

V 为虚拟像点坐标改正数。

由式(3.1.8)按最小二乘平差可以解算出定向参数和物方点坐标。

当物方两点之间有一已知距离(如基准尺) L_0 时，即可实现绝对定向(尺度)。在相对定向时可以认为 s 为已知，但实际上存在一个尺度比 K。利用式(3.1.8)解算出来的已知距离的二个端点的坐标，反算出边长 L，进而可以解算出 K 值，即

$$K = \frac{L_0}{L} \tag{3.1.9}$$

经尺度改正后所有与长度量纲有关的参数乘以该尺度比，即可得到绝对定向后的结果。

(3)基于后方交会法的绝对定向

如果在测量区域设置一个控制点域。通过空间后方交会或者自由设站可以得到站点的三维坐标，从而实现绝对定向。对每个测站点至少需要3个控制点。多于3个点可以采取三维控制网平差，坐标系来自控制点坐标系统。

图3.1.7描述了采用基准尺进行绝对定向的过程：将基准尺水平放置，以基准尺长度方向作为 Y 轴(或者 X 轴)，垂直方向为 Z 轴，形成直角坐标系。基准尺上两端和中间的标志点就构成三个已知坐标的控制点。整平仪器后测量三个点的水平方向、天顶距，由水平角 α_1 和 α_2 得到测站点的平面坐标，进而由垂直角计算测站高程。

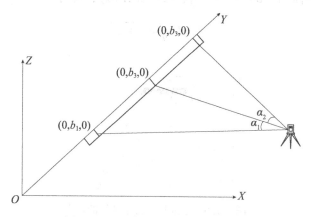

图3.1.7　后方交会绝对定向示意图

图3.1.8描述了自由设站法的绝对定向过程：假定在物方空间坐标系至少有3个已知三维坐标的控制点。整平后用仪器测量这些控制点的水平方向 α、垂直角 β 和斜距 S，来计算仪器中心的三维坐标。获得两个仪器站的三维坐标，即实现系统的绝对定向。

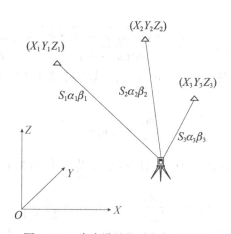

图3.1.8　自由设站绝对定向示意图

3.1.3　基于经纬仪前方交会的绝对定向构型

根据基线 b 的计算公式(3.1.2)，为了书写方便，忽略 X、Y 的上标 $'$，令 $k_1 = \dfrac{b}{d}$。将

式(3.1.2)全微分，忽略基准尺尺长误差，引入 k_1，转换成相对中误差，则

$$\frac{m_b}{b} = k_1\sqrt{\sin^2\alpha_{12}(m_{x_1}^2 + m_{x_2}^2) + \cos^2\alpha_{12}(m_{y_1}^2 + m_{y_2}^2)} \qquad (3.1.10)$$

式中，α_{12} 为基准尺上的两个刻度标志 1、2 在图 3.1.4 坐标系中以 Y 轴为起始方向的坐标方位角。这里，选择两种在实际中具有一定代表性的特殊构形进行讨论。下面的推导中假定水平角的测量中误差为 m''，基准尺尺长为 d。

1. 基准尺在基线的前中央且平行于基线

在图 3.1.9 的情形下，$\alpha_{12} \approx 90°$，代入式(3.1.10)，可得

$$\frac{m_b}{b} = k_1\sqrt{m_{x_1}^2 + m_{x_2}^2} \qquad (3.1.11)$$

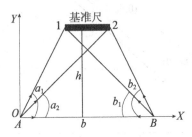

图 3.1.9　基准尺平行于基线的构形

在假定 A、B 两站之间的距离 $b = 1$ 时，带入式(3.1.1)得到 1、2 两点在图 3.1.9 下的 x 坐标为

$$x_i = \frac{\sin b_i}{\sin(a_i + b_1)}\cos a_i \qquad i = 1, 2$$

微分后转换成中误差

$$m_{xi} = \frac{\sqrt{\sin^2 a_i \cdot \cos^2 a_i + \sin^2 b_i \cdot \cos^2 b_i}}{\sin^2(a_i + b_i)} \cdot \frac{m''}{\rho} \qquad (3.1.12)$$

假定图 3.1.9 对称，则 $a_1 = b_2$，$a_2 = b_1$，代入式(3.1.12)中知 $m_{x_1} = m_{x_2}$，再代入式(3.1.11)得

$$\frac{m_b}{b} = \sqrt{2}\,k_1 m_{x_1} \qquad (3.1.13)$$

设钢瓦尺中心到基线的距离为 h，且令：$k_2 = \dfrac{h}{d}$，依图 3.1.9 有以下关系

$$\tan a_1 = \frac{2k_2}{k_1 - 1}, \qquad \tan b_1 = \frac{2k_2}{k_1 + 1} \qquad (3.1.14)$$

将式(3.1.14)的正切函数变换成正弦函数、余弦函数，代入式(3.1.12)、式(3.1.13)整理得

$$\frac{m_b}{b} = \frac{\sqrt{2}}{8k_1 k_2}\sqrt{(k_1 - 1)^2\left[(K_1 + 1)^2 + 4k_2^2\right] + (k_1 + 1)^2\left[(k_1 - 1)^2 + 4k_2^2\right]^2} \cdot \frac{m''}{\rho''} \qquad (3.1.15)$$

固定 k_1，令式(3.1.15)对 k_2 的偏导数为零，可得

$$k_2 = \frac{\sqrt{k_1^2 - 1}}{2}, \qquad \left.\frac{m_b}{b}\right|_{\text{极小}} = \sqrt{k_1^2 - 1}\,\frac{m''}{\rho} \tag{3.1.16}$$

当 $a_1 + b_1 = 90°$ 时，可以由式(3.1.14)推导出式(3.1.16)。这说明，当交会角为 $90°$ 时，基线测定的精度最高。

如果 $k_1 = 1$，代入式(3.1.15)和式(3.1.16)，则 $k_2 = 0$，$m_b = 0$，这时 $h = 0$，说明基线长度恰好等于钢瓦尺长，因此没有误差。

如果考虑到钢瓦尺尺长误差 m_d，基线测定的最终误差为

$$m_b = b\sqrt{\left(k_1^2 - 1\right)\left(\frac{m''}{\rho''}\right)^2 + \left(\frac{m_d}{d}\right)^2} \tag{3.1.17}$$

2. 钢瓦尺在基线的前中央且垂直于基线

当钢瓦尺与基线垂直时，$\alpha_{12} \approx 0$，代入式(3.1.10)得

$$\frac{m_b}{b} = k_1\sqrt{m_{y_1}^2 + m_{y_2}^2} \tag{3.1.18}$$

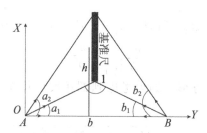

图 3.1.10　基准尺垂直于基线的构型

依图3.1.10，当点 A、B 之间长度为1时，1、2 两点的坐标为

$$y_i = \frac{\sin b_i}{\sin(a_i + b_1)}\sin a_i, \quad i = 1,\ 2$$

微分上式后转换成中误差，即

$$m_{y_i} = \frac{\sqrt{\sin^4 a_i + \sin^4 b_i}}{\sin^2(a_i + b_i)} \cdot \frac{m''}{\rho} \tag{3.1.19}$$

若图3.1.10呈对称图形，$a_1 = b_1$，$a_2 = b_2$，式(3.1.19)变成

$$m_{y_1} = m_{y_2} = \frac{\sqrt{2}}{4\cos^2 a_1} \cdot \frac{m''}{\rho}$$

将上式代入式(3.1.18)得

$$\frac{m_b}{b} = \frac{\sqrt{2}}{4}k_1\frac{m''}{\rho''}\sqrt{\frac{1}{\cos^4\alpha_1} + \frac{1}{\cos^4\alpha_2}} \tag{3.1.20}$$

同前，假定基准尺的中心到基线的距离为 h，并引入 $k_2 = \dfrac{h}{d}$，依图3.1.10有

$$\tan a_1 = \frac{2k_2 - 1}{k_1}, \qquad \tan a_2 = \frac{2k_2 + 1}{k_1} \tag{3.1.21}$$

将式(3.1.15)换成余弦函数后代入式(3.1.20)，整理得

$$\frac{m_b}{b} = \frac{1}{\sqrt{8k_1}} \sqrt{\left[k_1^2 + (2k_2-1)^2\right]^2 + \left[k_1^2 + (2k_2+1)^2\right]^2} \frac{m''}{\rho''} \qquad (3.1.22)$$

保持 k_1 不变，令上式对 k_2 的偏导数为零，得 $k_2 = 0(h=0)$，且

$$\left.\frac{m_b}{b}\right|_{极小} = \frac{k_1^2 + 1}{2k_1} \cdot \frac{m''}{\rho''} \qquad (3.1.23)$$

这时的交会构型图形变为如图 3.1.11 所示的菱形。

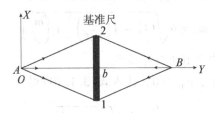

图 3.1.11　基准尺垂直于基线的最佳构型

进一步，因为 $k_1^2 + 1 \geqslant 2k_1$，所以当 $k_1 = 1$ 时，式(3.1.23)有最小值，即

$$\left.\frac{m_b}{b}\right|_{最小} = \frac{m''}{\rho''}$$

这时的交会图形变为正方形。如果考虑到钢瓦尺尺长误差 m_d，基线测定的最终误差为

$$m_b = b \sqrt{\left(\frac{k_1^2 + 1}{2k_1} \cdot \frac{m''}{\rho''}\right)^2 + \left(\frac{m_d}{d}\right)^2} \qquad (3.1.24)$$

3.1.4　精度分析

根据图 3.1.2，由 A、B 经纬仪前方交会 P，P' 为 P 在 XY 平面的投影，P 点高程可以由 A 点测量 β_A 确定。S_a、S_b 分别是 AP' 和 BP' 的长。P 的平面点位误差和高程误差分别为

$$M_P = \pm \sqrt{\frac{m_\alpha^2}{\rho^2} \frac{S_a^2 + S_b^2}{\sin^2\gamma} + m_A^2 \left(\frac{S_a}{b}\right)^2 + m_B^2 \left(\frac{S_b}{b}\right)^2} \qquad (3.1.25)$$

$$M_{Z_P} = \sqrt{\tan^2\beta \cdot m_{S_a}^2 + \left(\frac{S_a}{\cos^2\beta}\right)^2 \left(\frac{m_\beta}{\rho}\right)^2 + m_{H_a}^2} \qquad (3.1.26)$$

由式(3.1.25)和式(3.1.26)两式可以看出，P 点的点位精度与下面影响因素有关：

(1)水平角测量精度 m_α 和垂直角测量精度 m_β；

(2)交会边长度 S_a、S_b(如图 3.1.12(a))和倾角 β；

(3)交会角 γ(如图 3.1.12(b))；

(4)起算点误差 m_A、m_B、m_{H_a}(包括基准尺的位置、长度和精度等)；

(5)其他因素：瞄准时仪器架设的稳定性；视线折射引起水平角、垂直角观测误差；照准标志误差以及测量时，虽然进行了在线改正但仍然存在的仪器残余误差等。

因此，要保证经纬仪测量系统的精度，除了采用盘左盘右观测方式提高水平角、垂直

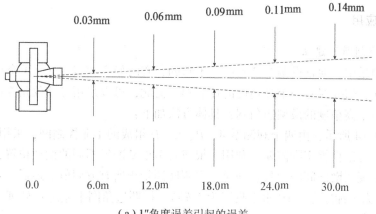

（a）1″角度误差引起的误差

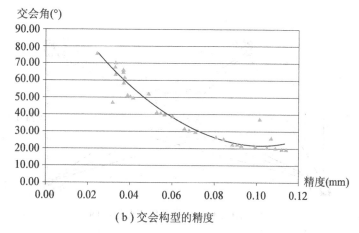

（b）交会构型的精度

图 3.1.12　前方角度交会误差因素

角的测量精度外，严格控制测量范围（一般不超过 20m）和采用多站交会（如图 3.1.13 所示）也是必须注意的重要因素。

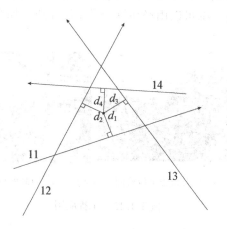

图 3.1.13　4 站前方交会的结果

3.1.5 工程应用

1. 微型控制网的建立

在工业测量中，通常设两个仪器站是不够的，有时候需要设 3 个、4 个仪器站，甚至更多。这时候，需要建立一个高精度的控制网。为此，可以采用经纬仪角度前方交会原理与方法建立一个高精度的微型边角网，具体方法如下：

如图 3.1.14 所示，由四个观测墩 A、B、C、D 组成的工业控制网，采用强制对中墩。这种情况下，可以根据实际需要，利用一根或者多根基准尺不同的摆放位置，高精度地测量出任意两个观测墩之间的边长。同时，多测回测量出所有方向值。最后，指定坐标原点和方向（如 A 为坐标原点，AB 水平投影为 X 轴），按照边角网平差进行处理，得到一个统一的高精度控制点坐标。

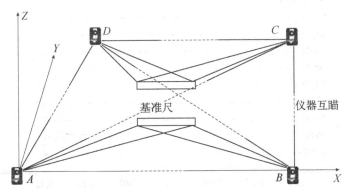

图 3.1.14　高精度工业控制网

2. 其他工程应用

经纬仪测量系统是最早的高精度工业测量系统。由于经纬仪测量系统价格低，适合于点数不多的高精度三维测量。其应用最广泛的是于 20 世纪 80 年代对大型抛物面天线几何形状的测量。另外，矿井设备形位检测，辊轴相对高差检测，室内三维检定场建立，油罐体积测量，高烟囱定位等，都可以用经纬仪测量系统完成。如图 3.1.15 所示。

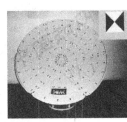 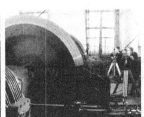  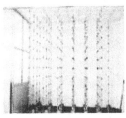

（a）大型天线测量　　（b）矿井设备形位检测　　（c）辊轴相对高差检测　（d）室内三维检定场建立

图 3.1.15　工程应用

3.2 全站仪测量系统

全站仪测量系统是最简单的三维坐标确定方法。所有可视物方点的三维坐标都可以直接由一台仪器测量两个方向值和一条边长确定，而不需要复杂的交会计算。由于在工业测量领域，现场空间现状和通视条件是必须顾及的重要因素。因此，在测量现场，全站仪极坐标测量在经济性和灵活性方面要明显优于经纬仪前方交会系统。特别是目前高精度工业全站仪的出现，为全站仪在工业测量中的应用提供了广阔的应用空间。

3.2.1 基本原理

与经纬仪相比较，全站仪不仅提供角度，而且还提供距离。如图 3.2.1 所示，假定全站仪中心为坐标原点，从一台全站仪 A 出发，先瞄准后视点(亦即确定坐标轴方向)，测量目标点 P 的空间斜距 S、水平角 α 和垂直角 β，则 P 点的三维坐标为

$$\begin{cases} X_P = S \cdot \cos\alpha \cdot \cos\beta \\ Y_P = S \cdot \sin\alpha \cdot \cos\beta \\ X_P = S \cdot \sin\beta \end{cases} \qquad (3.2.1)$$

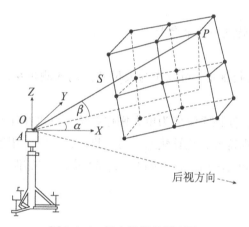

图 3.2.1 极坐标测量原理图

不同全站仪之间除了测角精度、测距精度不同外，还有其他功能的区别，如马达驱动、操作界面、系统与应用软件、自动照准、无棱镜测量等方面。目前许多全站仪在角度测量的精度区别方面基本上可以接受。其差别主要在于测距精度。一般而言，目前高精度全站仪的方向测量精度可达到 $1''\sim0.5''$，测距精度在 $\pm 1\sim2$mm。而新型工业全站仪的测距精度可达亚毫米。在用全站仪实际测量物体表面点时，作为合作目标，在物体表面一般放置猫眼棱镜或反射膜片。极少情况下，直接利用物体自然表面测量。

3.2.2 高精度工业全站仪

全站仪极坐标测量系统也称为单站工业测量系统。生产厂商主要有 Leica、Sokkia、Topcon 等。Leica 生产的 TPS5000 系列的工业全站仪以其精密的测角、测距(亚毫米)、马

达驱动、自动照准、目标跟踪等功能，应用于工业测量中。日本 Sokkia NET 系列全站仪，是一款高精度三维测量系统。该系统采用绝对数码度盘，测角精度为±1″。对测距精度而言，具有 90% 反射率的白色表面的无合作目标测距精度达±(1mm+2ppm)；使用反射片情况下，100m 内可以达到±(0.6mm+2ppm)。因此，单站工业测量系统也开始广泛地应用于对大型物体、形状不规则物体的大小、形状、变形和监控。在船舶、飞机、汽车、航空、隧道、大坝、桥梁、大型机械等行业的应用中都有卓越表现。

图 3.2.2 中的其中两款典型的工业测量全站仪的技术参数列举如下。

（a）LEICA TDA5005　　（b）SOKKIA NET1200　　（c）Topcon Ms05　　（d）Trimble S8

图 3.2.2　工业测量全站仪

1. LEICA TDA5005 特点与技术参数

（1）特点：

①测量范围可以达到 500m，可以作为大尺寸便携式测量系统，完成大尺寸部件的装配和检测；

②其远程控制功能，使该系统成为单人操作系统，可以在任何感兴趣的点进行测量；

③内置自动目标识别特性，能够快速、持续指向，不需要望远镜瞄准目标；

④具备完全开放和可编程的软件接口，具备"指向—瞄准"和"定向—启动"的跟踪功能。

（2）主要技术参数：

①角度测量精度：±0.5″；

②点位精度：20m 内±0.3mm，马达旋转速度 45m/s，马达定位精度±0.8″；

③距离精度(100m 内)：反射贴片±0.5mm，角偶棱镜±0.2mm；

④自动目标识别(ATR)跟踪速度：纵向 3m/s，横向 4m/s，测量范围 2.5-1000m；

⑤测量范围：反射贴片 2～180m，角偶棱镜 2～600m。

2. SOKKIA NET1200 特点与技术参数

NET 系列产品主要为工业计量、变形监测等应用领域专门设计制造的，因此具有测量精度更高、测量性能可靠等特点。NET1200 是目前索佳 NET 系列全站仪中测距精度最高的，其测距性能主要特点如下。

（1）特点：

①多个测距频率同时调制发射：传统的测距原理是不同的测距频率在时序指令的控制下依次对红外或激光光波进行调制发射。而 NET1200 采用多个测距频率同时调制发射与

解调接收，然后对解调后的不同频率信号再分别处理而确定距离。该测距技术明显缩短了测距时间。

②消除望远镜光学系统反射干扰信号的影响：新的光学系统消除了透镜组反射干扰的信号，进一步提高了测距结果的准确性。

③智能信号处理系统：一般来讲，测距系统相位差测量结果是数千次测量的平均值。NET1200 测距系统设定了一个标准偏差，若实测统计的标准偏差达到设定值，即停止相位差测量；若实测标准偏差未达到设定值，即适当增加相位差测量次数，直到满足要求为止。因此，相位差的测量次数是动态的，一旦有测量结果即是可靠的。

④索佳 NET 系列全站仪是专门针对反射片测距开发的，具有测距误差预修正的特别技术：NET1200 除了在原器件选用指标上要求更严格之外，还对不同距离上测距误差进行预测试，然后将结果保存在仪器中，用于实际测距时的修正。这一技术在短距离内容易做到很高的误差修正精度，因此 NET1200 在 200m（反射片）和 40m（无棱镜）的短测程内可以分别达到 ±(0.6mm+2ppm) 和 ±(1mm+2ppm) 的特高精度指标。

（2）主要技术参数：

①角度测量精度：±1″；

②测距范围与精度：无棱镜测距 1.3 ~ 40m，±(1+2ppm×D)mm；反射膜片 1 ~ 200m，±(0.6+2ppm×D)mm。

综合而言，高精度工业全站仪相对于普通全站仪而言，具有以下突出特点：

①全焦距望远镜：当望远镜焦距变短、距目标更近时，仪器的放大倍率会减小、视野变大。这样，观测目标就更容易，便于短视距精瞄；

②调焦精度特别高；

③采取一定措施提高了视线轴的稳定性；

④加大了物镜直径，与标准棱镜相比较，使光照加强，影像更亮；

⑤高精度马达驱动；

⑥测距头可以测量各种反射物，如普通棱镜、全反射角棱镜和可调式反射片；

⑦在百米范围内测距精度可以达到亚毫米；

⑧增加目标自动识别功能，可以用于目标跟踪。

3.2.3 自动目标识别原理与测量过程

1. 目标识别原理

在全站仪望远镜里面，安装了一个 CCD，如图 3.2.3(a) 所示。工作时，发射二极管（CCD 光源）发射一束红外激光，通过光学部件被同轴地投影在望远镜轴上，从物镜口发射出去，由测距反射棱镜进行反射，望远镜里专用分光镜将反射回来的 ATR 光束与可见光、测距光束分离出来，引导 ATR 光束至 CCD 阵列上，形成光点，其位置以 CCD 阵列的中心作为参考点来精确地确定。CCD 阵列将接收到的光信号转换成相应的影像，通过图像处理计算出图像的中心。图像的中心就是棱镜的中心。假如 CCD 阵列的中心与望远镜光轴的调整是正确的，ATR 方式测得的水平方向和垂直角可以从 CCD 阵列上图像的位置直接计算出来。

2. 测量过程

(1)搜索：首先手动给出概略位置，启动 ATR 后，全站仪以螺旋扫描的方式搜索目标（见图3.2.3(b)）。当发现目标以后，计算出十字丝中心与返回图像中心的偏移值(见图3.2.3(c))，给出改正后的水平、垂直角度读数。偏移值控制全站仪马达又一次驱使望远镜转动，使其更加接近正确的角度值位置。

(2)照准：全站仪驱使望远镜不断接近棱镜的中心，当偏离值小于允许的限差时，全站仪再次测量图像中心对十字丝中心的偏离值，产生最后的水平和垂直角度测量值，同时保证了最高的测距精度。

(3)记录与计算：根据最后的角度和距离值，计算三维坐标，并将所有测量数据存储。

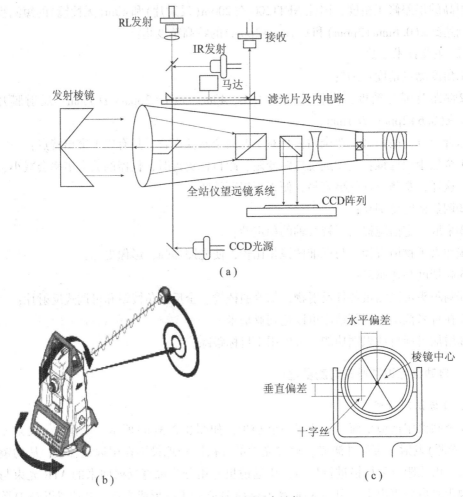

图3.2.3　工业测量全站仪

3.2.4　照准标志

全站仪在进行 ATR 时，一般都是采用小棱镜。在工业测量中，也有许多点需要人工精确照准。这些点的标志除了图 2.4.11 中的标志外，还有许多专门的、带强制对中的标志，如图 3.2.4 所示。

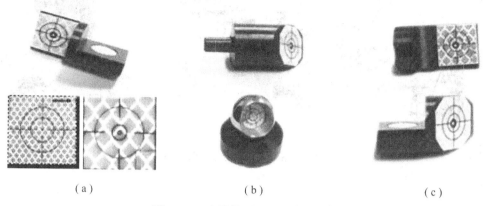

图 3.2.4　全站仪工业测量特殊标志

3.2.5　精度分析

根据极坐标计算的公式(3.2.1)，很容易得到极坐标测量系统的精度计算公式。对于 P 点，平面点点位精度和高程精度分别为

$$M_P = \pm \sqrt{\left(S \cdot \cos\beta \cdot \frac{m_\alpha}{\rho}\right)^2 + \cos^2\beta \cdot m_S^2 + \left(S \cdot \sin\beta \cdot \frac{m_\beta}{\rho}\right)^2} \tag{3.2.2}$$

$$M_Z = \pm \sqrt{\left(S \cdot \cos\beta \cdot \frac{m_\beta}{\rho}\right)^2 + \sin^2\beta \cdot m_S^2} \tag{3.2.3}$$

式中，m_s 为距离测量精度，S 为测量的斜距，β 为垂直角，m_β 为垂直角测量精度，m_α 为水平角测量精度。很显然，点位的平面位置精度(见式(3.2.2))受到测距、水平角和垂直角等测量精度的影响，而且随着距离的增长和垂直角的增加而增大。点位的高程精度主要受到距离长度和垂直角的测量精度的影响。

与经纬仪测量系统的精度结果相比较可以看出：极坐标测量系统的精度随距离变化很缓慢，在百米左右范围内，其测点精度的均匀性、现场作业的灵活性方面都要优于经纬仪测量系统。

3.2.6　工程应用

(1)在线质量控制(见图 3.2.5(a))：大型零件在线检测有助于生产成本的降低，可以有效减少最终部件的几何检测工作量。

(2)自动化的操作(见图 3.2.5(b))：大批量的生产需要定期对加工设备进行检查，如对造纸业中滚轴和卷轴的检查。

(3)远程控制(见图 3.2.5(c))：通过无线电控制和自动照准测量，提高大型钢结构装配的生产效率。

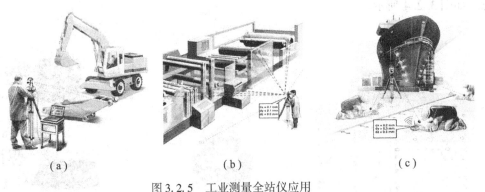

(a)   (b)   (c)

图 3.2.5   工业测量全站仪应用

3.2.7   基于角度和距离测量的工业测量系统简介

1. 索佳 STMS 工业测量系统

索佳 STMS(Total Station Industrial Measurement System)是一个以系统软件为核心,集成索佳高精度全站仪及各种附件于一体的工业测量系统。系统以空间前方交会和空间极坐标测量原理为理论基础,通过获取角度或距离信息得到目标点的空间三维坐标,用于大型工业产品、部件以及生产、实验设备的空间大尺寸几何测量或调试安装。索佳 STMS 可以通过不同软件、硬件配置形成多台全站仪混合测量系统、单台全站仪极坐标测量系统,灵活解决工程中的具体工作及特殊测量问题。如图 3.2.6 所示。

图 3.2.6   索佳 STMS 工业测量系统

(1)基本配置

①单台 Mini 型工业测量系统(MONMOS)。

单台 Mini 型工业测量系统(MONMOS)采用极坐标空间三维坐标测量,其主要特点是系统软件在 PAD 掌上电脑上运行,因此整个系统比较简洁,适合在比较杂乱的环境中使用。系统软件直接支持多种测量坐标系的建立,具有基本的点、线等几何图形相互关系的计算功能,可以实现坐标放样、与工件设计数据的比较测量等。

②单台专业型工业测量系统(STMS_S)。

单台专业型工业测量系统与 Mini 型工业测量系统最大的不同是系统软件在 PC 计算机

(笔记本电脑、台式计算机)上运行。因为运行环境的改善，专业型工业测量系统软件的功能要比 Mini 型工业测量系统强大得多。系统采用了极坐标空间三维坐标测量。

③多台专业型工业测量系统(STMS_M)。

如果将两台或两台以上的全站仪组合在一起，既可由其中 1 台全站仪按极坐标原理测量空间点三维坐标，也可以由两台或两台以上全站仪联合，按前方交会的原理测量空间点三维坐标，即所谓的多台全站仪混合测量系统。

交会测量的主要特点是充分利用高精度的角度测量，在 5m 左右的范围之内点位测量精度可优于±0.1mm；而极坐标测量在数十米的范围内测量精度比较均匀，点位精度可优于±0.5mm。

多台型工业测量系统软件在 STMS_S 的基础上，主要增加了对多台仪器的管理功能，支持多台仪器间的互瞄定向，灵活建立空间坐标系等。系统采用了极坐标和前方交会混合式空间三维坐标测量。

(2)STMS 系统软件功能简介

索佳 STMS_S/M 系统软件主要功能是实现计算机与 1 台或多台全站仪的联机通讯，分窗口管理不同仪器组合，具有测量数据、质量实时监控功能等。

①测量坐标系的建立与空间点三维坐标的获取：系统提供多种坐标系的建立功能，并支持多次搬站与坐标系转换，在统一的坐标系中获取空间点三维坐标。

②丰富的几何形状拟合计算功能：包括直线拟合(直线度)、平面拟合(平面度)、圆拟合(圆度)、椭圆拟合、椭球拟合、球拟合(球面度)、圆柱面拟合(圆柱度)、圆锥面拟合、抛物线拟合、抛物面拟合、双曲面拟合。利用这些功能，可以对各种标准工件的形位误差进行检测。

③几何形状之间关系的计算功能：在几何形状拟合计算的基础上，软件还能提供相交、平行、投影、角度、距离等分析功能，可以测量平行度、垂直度、同轴度、同心度、铅垂度等各种检验测量。

④CAD 模型比较功能：CAD 模型比较功能可以将全站仪测量的离散点三维坐标与设计的 CAD 模型进行比较，准确显示出实际产品与其设计之间的误差大小及分布。

依据上述各种解算结果，可以对产品的现状实施检测，确定产品合格与否，同时可以指导安装工人实施调整，直至达到设计要求。如图 3.2.7 所示。

2. LEICA A-xyz 测量系统

图 3.2.8 是 LEICA A-xyz 工业测量系统的软件结构，该测量系统由一个核心模块(CDM)和其他应用模块组成，即全站仪测量模块(STM)、多台经纬仪测量模块(MTM)和激光跟踪测量模块(LTM)等。该测量系统将原来各个分散的 IMS 软件、硬件集成在一个系统中，可以对各种数据采集硬件作统一的管理。测量软件的界面一致，操作灵活、方便。

作为经纬仪工业测量系统软件，LEICAA-xyz 测量系统具备以下功能：

(1)系统参数设置。包括角度单位、长度单位、温度单位、气压单位、坐标系类型、各种限差警告和基准尺参数等的设置。

(2)设备联机：包括计算机与经纬仪的连接和经纬仪的初始化，即检测各通讯端口的

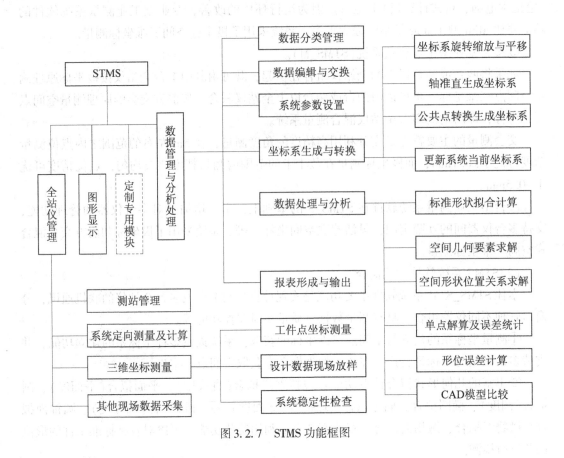

图 3.2.7 STMS功能框图

连接状况和所连仪器的类型,建立系统测量的测站。

(3)系统定向:即完成两台或多台测量仪器之间的相对和绝对定向,通过互瞄或观测一定数量的物方点和基准尺而自动完成。

(4)坐标测量:系统定向完成后,进行目标点实时三维坐标测量。

(5)数据编辑处理:具有数据管理模块,可以对工件名、测站、基准尺及坐标系等进行统一管理,可以编辑各数据记录、删除记录和对记录排序等。

(6)数据分析和计算:依据坐标测量结果进行各种点、线、面的分析和计算。

(7)数据的输入和输出:可以将外部数据直接输入到某指定工件,并能转换到特定坐标系中;工件、测站、基准尺、点、观测值的各种数据也可以输出到相应类型格式的文件中。

(8)数据的三维显示:能够用三维图形直观地显示三维测量数据和分析数据。

3. MetroIn 测量系统

经纬仪大尺寸三坐标测量系统 MetroIn 是由解放军测绘学院研制的,该系统是由多台高精度电子经纬仪或全站仪构成的混合测量系统。该系统以经纬仪或全站仪为工具,来获取目标点的空间三维坐标,利用数据库管理测量数据,并可以对测量数据进行初步的几何分析与形状误差的检测。系统的基本功能与流程如图3.2.9所示。

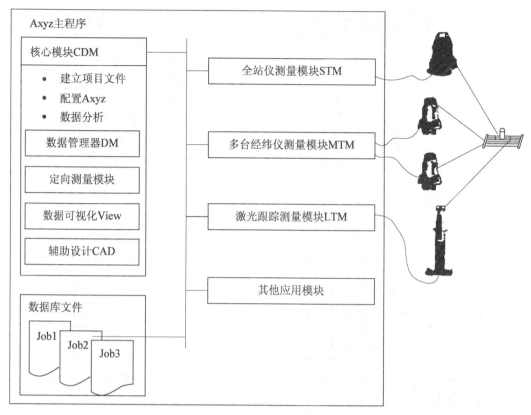

图 3.2.8　LEICA-xyz 功能框图

（1）MetroIn 测量系统的基本配置

硬件设备为两台或多台 T2000 系列仪器（包括 T3000，T20002/T2000S，TC2002 等）、1 台台式计算机或便携式计算机、多路串口转换卡、1 个 T-LINK 8（备选，可接 8 台电子经纬仪）、1 根基准尺、激光目镜及照准标志、与电子经纬仪相配套的高稳定度脚架、联机电缆等。

（2）MetroIn 测量系统功能

MetroIn 测量系统是基于 Windows 平台开发的系统软件。该系统采用数据库来组织与管理各种测量和非测量数据，直接对数据库操作更加方便、简单。

该系统具有多窗口、后台数据采集与测量结果实时显示功能，可以设置误差警告提示的颜色。还可以容纳其他外部数据，并可以对数据进行各种点、线、面关系的分析和计算，进行各种规则几何形状的拟合与形状误差的检测并将数据和结果输出到外部文件。

系统功能主要包括以下内容：

①设备联机：设备联机包括计算机与经纬仪的连接和经纬仪的初始化。采用键盘模拟技术，由计算机控制经纬仪完成各项初始化参数的设置。

②系统定向：系统定向即完成两台或多台角度传感器之间的相对定向和绝对定向，通过测站之间进行互瞄，并观测一定数量的物方点或基准尺进行定向解算。绝对定向时，为

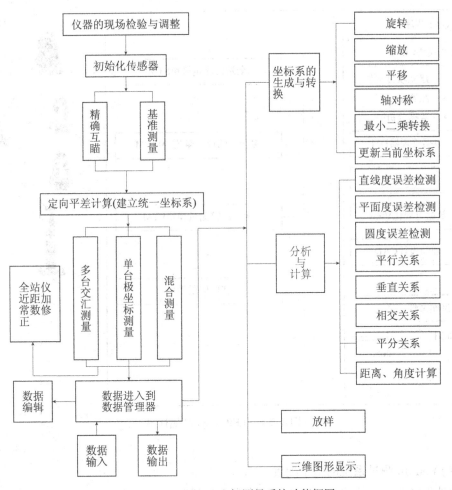

图 3.2.9　Metroln 三坐标测量系统功能框图

消除偶然观测误差的影响，常常会观测多个位置的基准尺。

③坐标测量：系统定向完成后，即可进行实时三维坐标测量。根据工件的表面情况，选用专用标志或激光点作为待测点，然后通过逐点观测，确定各点的空间坐标。多台经纬仪的系统在定向完成后可以两台或多台同时开展测量，测量数据显示在屏幕的不同窗口中。全站仪和经纬仪的组合测量系统中，全站仪可以单独采集坐标数据，亦可以与经纬仪一起交会采集坐标。对于多台仪器，实际测量时可以任选两台或多台组合测量。

④数据管理及编辑：内部数据管理器窗口界面类似于 Windows 的资源管理器，其左面是一树形结构，为数据库的主要列表，如工件、设站、基准尺、反射片、参考库和坐标系等。右面是左面选中的具体数据库的各个数据库表及其内容显示，如点坐标、观测值等。可以编辑各数据记录、添加和删除记录、对记录进行排序。但所有原始观测值只可读，不可更改。

⑤坐标系的生成与转换：通过平移、旋转、缩放可以生成一个新的坐标系。主要采用轴对准法和最小二乘转换法。如用不在一条直线上的 3 个点的轴对准生成坐标系(第一点

确定坐标系原点，第二点定 X 轴，第三点定 Z 轴）；或利用公共点最小二乘转换法可以将测量数据与工件的设计数据转换到同一坐标系中。

⑥测量数据分析与计算：依据坐标测量结果可以进行各种点、线、面的分析和计算。如点、线、面之间的距离；线线、线面之间的角度计算；点线、点面、线线、线面等之间的平行、垂直及平分关系的分析与计算。利用测量数据拟合生成标准形状，并对直线、平面和圆等形状误差进行检测。拟合生成的各种几何形状可以存入数据管理器的形状库中。

⑦参考数据的放样与测量：将理论的设计数据输入到参考库中，通过测量恢复设计坐标系后，将设计数据转换成相应的角度信息，并在实地指示出来。

⑧数据的输入、输出：MetroIn 系统不仅使用其本身的数据，也能兼容外部数据。可以将外部数据直接输入到某指定工件并转换到特定坐标系中，点坐标及其观测值可以输出到相应格式的文件中，定向的结果可以进行打印输出。

⑨三维图形显示：联机或脱机测量数据可以多角度三维可视化显示，其中包括离散点显示、拟合计算的基本几何形状(如直线、平面、圆柱、球等)显示等。

3.3 工业摄影测量系统

3.3.1 工业摄影测量系统的定义与特点

摄影测量是测绘学科的一个分支，该学科是对摄影机摄取的影像(二维)进行测量，确定物体在空间的位置、形状、大小以及运动状态。摄影测量在近百年的历史中经历了模拟、解析和数字摄影测量三个阶段。

一般地，当被测物体距摄影机的距离小于 100m 左右时称之为近景摄影测量。而将近景摄影测量的理论与方法用于工业产品质量检验、过程控制中，就产生了工业摄影测量。因此，工业摄影测量在理论与方法上完全等同于近景摄影测量，只是摄影距离更短，实时性和精度要求更高。因此，工业摄影测量有着与近景摄影测量相似的特点。

(1)摄影测量可以瞬间获取被测物体大量表面信息，特别适合于测量点众多的目标，也适合于测量动态目标，包括高速运动的目标。

(2)摄影测量是一种非接触手段，不干扰物体的自然状态，适合在恶劣环境下的测量(如噪音、放射性、有毒等)。

(3)摄影测量注重测量物体的形状、大小，而不注意物体的绝对位置。

(4)常用交向摄影测量，保证测点有较大的重叠度。

(5)摄影测量有严谨的理论和现代化的硬件、软件，可以快速提供高精度的测量成果，相对精度可以达到千分之一到百万分之一。

3.3.2 工业摄影测量常用的坐标系

工业摄影测量常用的坐标系有四种，如图 3.3.1 所示。

(1)物方空间坐标系 $D—XYZ$：主要用于定义被测目标的空间位置、状态等。物方空间坐标系是根据工程的具体情况确定的，坐标原点和坐标方向由用户自己定义。

(2)像片坐标系 $O—xy$：以像主点(一般位于像片中央)为坐标原点，x 轴大致平行于

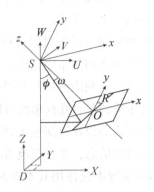

图 3.3.1 摄影测量坐标系

像框长方向。像片坐标系用于定义像点在像平面上的位置。像片坐标系与相机固连，在量测像片上可重构。在像平面上，通常通过下面三种方式确定像片坐标系：

①框标坐标系（见图3.3.2(a)）：框标坐标系由至少4个经过检校的理论坐标点确定。这些点是在摄影瞬间投影到像片上的。框标主要在模拟像片中采用。

②格网坐标系（见图3.3.2(b)）：格网坐标系是在一块很薄的平面玻璃板上刻画的格网线。格网点的坐标已知，格网直接处于软片（传感器）前面，在摄影瞬间投影到像片上。像片的偏差或者变形可以通过格网计算加以补偿。

③像素坐标系（见图3.3.2(c)）：像素坐标系是数码像片中矩阵排列的像素点所构成的像片坐标系。一个感光元件经过感光，光电信号转换，A/D转换后，输出到照片上就形成一个点，这个点就是构成影像的最小单位"像素(Pixel)"。一幅图像中，每个像素点的位置是固定的。

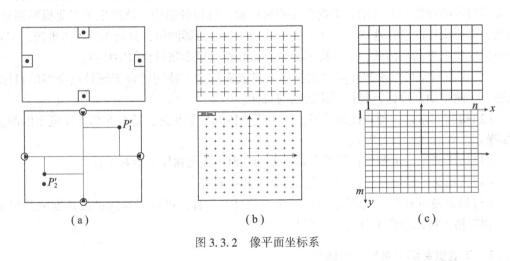

图 3.3.2 像平面坐标系

（3）像空间坐标系 $S—xyz$：用于定义像点在像方空间的位置。坐标系原点是摄影中心，x 轴和 y 轴平行于像平面坐标系，z 轴与摄影光轴重合。

（4）像空间辅助坐标系 $S—UVW$：像空间辅助坐标系是一种过渡坐标系，用于联系物方空间坐标系和像空间坐标系。原点位于摄影中心，坐标轴平行于物方空间坐标轴方向。

3.3.3 内方位元素和外方位元素

在一个给定的空间直角坐标系中，作为中心投影，当相机拍摄的瞬间，每个物方点经过镜头投影中心成像在像片上。亦即，每一条光线都具有确定的空间状态。而确定光线空间状态的参数，可以分为内方位元素和外方位元素，或者称为内定向参数和外定向参数。

1. 内方位元素

一个相机的内方位元素描述投影中心在相机固有像平面坐标系中的位置和中心透视畸变偏差。因此，相机可以看做一个空间坐标系，该坐标系由像平面和物镜的投影中心组成。内方位元素的参数包括：

(1) 摄影中心在像平面内的投影点——像主点的位置，用 (x_o, y_o) 表示；

(2) 摄影中心到像平面的垂直距离——主距 f；

(3) 镜头关系不正确导致的光线弯曲——镜头畸变，主要由径向畸变系数和切向畸变系数表示。

这些内方位元素参数可以通过检校确定。

2. 外方位元素

外方位元素是确定光束在给定的物方空间坐标系 $D—XYZ$ 中的位置和朝向的参数。光束的位置参数就是摄影中心 S 在 $D—XYZ$ 中的空间坐标 (X_s, Y_s, Z_s)；光束的朝向参数则是通过空间像片坐标系与物方空间坐标系之间的三个旋转角 (ϕ, ω, κ) 来描述的。因此，外方位元素有 6 个，如图 3.3.3 所示。

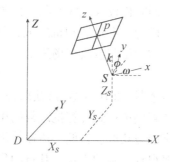

图 3.3.3 外方位元素的几何意义

3.3.4 摄影测量设备与摄影标志

1. 摄影测量设备

摄影测量首先需要照片或者影像，而获取照片需要相应的设备。

(1) 按照摄影设备的测量功能可以分为：量测相机；半量测相机；非量测相机；

(2) 按照摄影设备的结构可以分为：模拟相机；数码相机；

(3) 按照摄影作业方法可以分为：单个相机；立体相机。

在选择摄影系统时，要充分考虑：所需求的精度，所需求的量测空间范围，分辨率，检定方法与检定要求，影像记录时间长短，成果处理时间，成果种类与表示方式，使用主动式/被动式照明技术，动态过程的摄影，摄影机的机动性，环境条件，自动化程度，操作性能，作业员的培训水平和性价比等。

（1）模拟相机

模拟相机成像在软片或者硬板上。模拟相机之间的主要区别在于：像幅、像片压平方式和价格等的不同。小幅或者中幅半量测相机操作方便，有齐备的镜头和配件更换。在工业测量中，小幅相机能达到的精度还是有限的，故主要还是中幅相机，一般能达到的相对精度在 1/10000 到 1/50000。而对于高精度要求则更多地采用大幅相机（115mm×115mm ~ 230mm×230mm）。如果摄影构型好而且像点坐标量测精度高，可以达到 1/200000 的相对精度。如图 3.3.4 所示。

（a）Rolleiflex 6006　（b）GSI CRC-2　（c）Zeiss UMK1318　（d）Wild P31　（e）立体模拟相机

图 3.3.4　模拟相机

模拟量测相机具有像幅大、镜头畸变小、结构稳定等特点。典型的模拟量测相机当属 Zeiss UMK1318。其像幅为 122mm×160mm，具有软片压平装置和不同焦距的置换镜头。主要应用在一些需要大像幅、不同时检校等特殊的测量任务的精密工业测量中。

立体量测相机由两条完全一样的单个量测相机组成，量测相机被安装在一根基线上。以正直摄影测量方式，多用于文物测量和事故现场测量。

（2）数码摄影相机

数码摄影相机能通过光电传感器（CCD 传感器）获取像片（物体影像）。影像通过硬件进行数字化，以数字图像的方式直接传送到计算机。数码相机以其体积小、重量轻、像元几何位置精度高以及便利的数字图像获取、存储、传输等优点，目前已成为近景摄影测量的基本设备。尤其是随着计算机视觉技术的进步，其自动化应用越来越广泛。

1990 年，柯达公司在德国科隆的 Photokina 展示会上展出了第一台"便携式"专业数码相机 DCS。次年，DCS 正式上市，并被改名为 DCS100。1990 年柯达推出 DCS 100 型数字照相机，首次在世界上确定了数字相机的一般模式。

德国生产的 Rollei Q16 型量测相机是目前市场上出售的一款高分辨率数码相机，其 CCD 芯片的面积达到 60mm×60mm，分辨率 4096×4096 像素。像素大小为 15μm，色彩深度 8bit，可选镜头焦距 40mm 到 80mm。影像数据存储在便携式存储设备上或者直接与计算机相连接。

INCA 摄像机是美国 GSI 公司 1996 年生产的一款智能化摄像机。分辨率为 3060×3060 像素，相机中含有一个图像处理器。其后面应用了 Rollei 6008 芯片包（2048×2048 像素、31mm×31mm）。一个 SCSI 接口用于相机控制和图像传输。

这些数码相机在工业测量中具有广泛的应用。如果有反射标志点，在像空间精度可以达到 0.2μm，相应的相对精度达 1/50000 到 1/100000。如图 3.3.5 所示。

（a）DSC100 （b）Rollei Q16 （c）INCA

图 3.3.5　高分辨率数字相机

（3）摄影全站仪

数码相机与全站仪集成主要可以分为两种方案，如图 3.3.6 所示：一是数码相机与全站仪通过机械直接连接；二是将数码相机的成像芯片 CCD 安装在全站仪望远镜轴上。

第一种方案是将数码相机与全站仪直接连接。这种仪器于 1999 年由加拿大 Laval 大学研制。该仪器是将数码相机跨接在全站仪的望远镜上方，数码相机只能与望远镜在水平面内同步转动，而不能随视准轴垂直旋转（见图 3.3.6（a））。2002 年武汉大学张祖勋院士对该仪器加以改进，设计制造出摄影全站仪系统（PTSS）。该仪器利用一个机械连接件将德国 ROLLEI 数码量测相机直接连接在全站仪望远镜上，数码量测相机可以与望远镜同步作水平角 α、垂直角 β 运动（见图 3.3.6（b））。

第二种方案是将数码相机的成像芯片 CCD 与全站仪集成，如拓普康摄影全站仪 GPT—7000i。该全站仪直接将两个成像芯片集成在全站仪内，一片芯片直接构成广角 CCD 相机，另一片芯片安装在望远镜的系统中，构成长焦镜头，并与望远镜的物镜同轴（见图 3.3.6（c））。在照准目标点的同时，还可以对目标点进行摄影。拓普康 GPT—7000i 是世界上第一台摄影全站仪，也是目前唯一的一种摄影全站仪。该全站仪与相应的机载测量软件和后处理软件 PI—3000 一起构成了一个全新的测量系统。

（a） （b） （c）

图 3.3.6　摄影全站仪

2. 摄影标志

人工标志的广泛使用是近景摄影测量的一个特点。这主要有两方面的原因：一是人工标志是获取高精度测量结果的基本前提；二是布设人工标志比较容易。人工标志的形状、大小、材质与测量方法、测量对象以及周围环境有着密切关系。人工标志应用的场合有：

①自然标志点难以分辨；

②需要进行比较测量；

③需要高精度测量；

④像片间连接点自动辨识。

（1）普通人工标志

一般普通人工标志是一种被动反光标志，主要材料是纸、不锈钢、陶瓷、磁铁等。形状主要有平面状，有时也使用球状标志。人工标志力求几何形状简单、清晰、反差大。

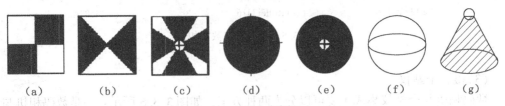

图 3.3.7　普通摄影标志

（2）回光反射标志

回光反射标志 RRT（Retro-Reflective Targets）是一种能粘贴在物体表面的一种人工标志。回光反射标志的反射原理是：在反射材料中含有一种只有数十微米直径的高折射率玻璃微珠或微晶立方体，能将入射光按照原路反射回光源处，形成回光反射现象。因此，回光反射标志在特定位置光源的照射下，其反射强度比漫反射白色标志高出数百倍到数千倍，可以轻松得到被测物体清晰而突出的"准二值影像"。借助于图像处理可以快速而准确地测定其几何位置。"准二值影像"在实时摄影测量和高精度数字摄影测量中常常使用，图 3.3.8 表现了回光反射标志的原理以及在某大型天线模胎表面的影像图。

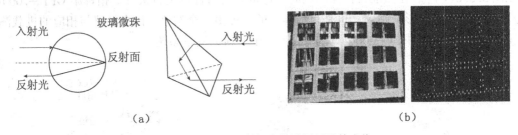

图 3.3.8　回光反射标志作用原理及其成像

（3）编码标志

对普通标志进行编码，使其具有唯一的身份信息，这样就可以对这些标志实现自动识别和测量。这类标志在数字摄影测量中的研究和应用都非常广泛。目前，编码标志主要分为两类：同心圆环形和点分布型。如图 3.3.9 所示。

在设计编码标志时，应考虑以下原则：

①具有旋转、平移和尺度的不变性，以保证其在不同位置和方向的影像具有唯一性；

②保证标志成像与周围环境具有足够的对比度，易于探测和定位；

③标志中心定位精度要高，为此，测量标志一般采用圆形标志。

（4）偏心标志

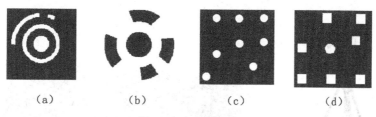

图 3.3.9　编码标志

在数字工业测量中，为了测定某些特殊点或者隐蔽点的空间坐标，可以使用能够传递坐标的偏心标志。如图 3.3.10 所示。

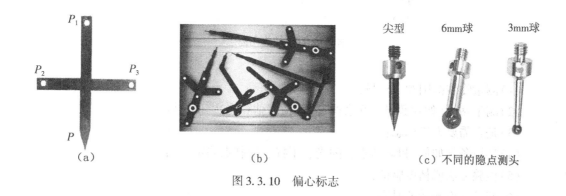

图 3.3.10　偏心标志

如图 3.3.10(a)所示，P_1、P_2、P_3 和 P 的相对位置是已知的，亦即，它们在某一个局部坐标系中的坐标是已知的。如果通过摄影测量的方法(单片或多片) 测量出 P_1、P_2、P_3 在一用户坐标下的坐标，就可以根据 P_1、P_2、P_3 和 P 的相对关系，计算出 P 点在用户坐标系下的坐标。

这种偏心标志上的标志点可以是被动发光(如 RRT)或者主动发光(如二极闪光管)，标志点数可以是 2~6 个不等；标志的形状可以是线状的、平面的和立体等。P 点是不同尺寸的球状或针状，便于测量不同类型的点。

(5)光学标志

上述几种标志的一个重要特点都是需要粘贴在物体上，是一种接触式测量。当被测物体不允许有任何接触时，就需要使用另外一种人工测量标志——采用光学投影器投出的光学标志。

利用投点器或计算机控制的 LCD 投影仪可以在物体表面产生任意形状的样本。这种也称之为结构投影器的仪器，主要应用在没有足够的自然表面纹理的测量对象上。如图 3.3.11 所示。

如果结构投影仪进行了空间定向和检校，也可以把它当成一部相机。

3.3.5　精度估算与摄影模式

在选择一个具体的测量方案之前，首先必须与委托方充分沟通，并了解测量的目的，考察现场，其间的工作包括以下几个方面：

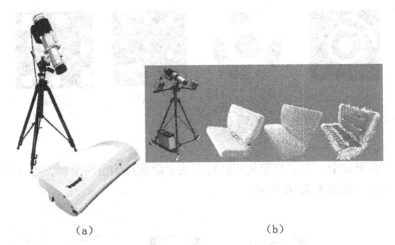

（a）   （b）

图 3.3.11　结构光标志

（1）测量物体范围和工作量；

（2）测量站点（像片数量、交会构型），便于估算能达到的精度；

（3）是否需要人工标志；

（4）环境条件如何（摄影地点，闪光、干扰、控制点确定等）；

（5）检验方法或精度验证；

（6）现场允许测量的时间；

（7）数据处理时间；

（8）成果递交形式（坐标、图像、接口、实时等）。

据此来确定一个具体的测量方案，这项工作包含测量任务描述、拟采用的方案和上交的测量成果等。而在测量方案中最重要的一项内容就是摄影测量精度的估算。

1. 摄影测量精度估算

以图 3.1.12 正直立体测量的摄影方式为例，推导摄影测量的精度估算式。

如图 3.3.12 所示的正直立体像对，假定摄影测量坐标系为 S_1—XYZ，而 X 轴与摄影基线重合，且 S_1—XYZ 坐标系平行于物方空间坐标系 D—XYZ。另外假定两张像片的像片坐标系平行，也平行于 X 轴、Y 轴。

某目标点 $P(X, Y, Z)$，其左右像点坐标分别为 $p_1(x_1, y_1)$ 和 $p_2(x_2, y_2)$。摄影主距为 f，则有关系式

$$\begin{bmatrix} X \\ Y \\ Z \end{bmatrix} = \frac{B}{x_1 - x_2} \begin{bmatrix} x_1 \\ y_1 \\ -f \end{bmatrix} \tag{3.3.1}$$

引入两个参数：构型系数 $k_1 = \dfrac{H}{B}$ 和比例尺分母 $k_2 = \dfrac{H}{f}$，顾及到式（3.3.1）中 $Z = -H = \dfrac{-Bf}{x_1 - x_2}$，将式（3.3.1）对观测值 x_1、y_1、x_2 和 y_2 求偏微分，转换成误差方程式，假定像点坐标量测精度为 m，得到物方点 P 的空间坐标中误差为

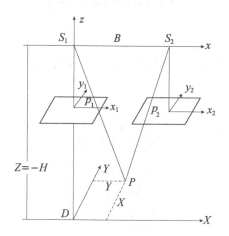

图 3.3.12　正直立体测量

$$\begin{cases} M_X = m \cdot k_1 \cdot k_2 \cdot \sqrt{\left(\dfrac{1}{k_1} - \dfrac{x_1}{f}\right)^2 + \left(\dfrac{x_1}{f}\right)^2} \\[3mm] M_Y = m \cdot k_1 \cdot k_2 \cdot \sqrt{\left(\dfrac{1}{k_1}\right)^2 + 2 \cdot \left(\dfrac{y_1}{f}\right)^2} \\[3mm] M_Z = m \cdot k_1 \cdot k_2 \cdot \sqrt{2} \end{cases} \qquad (3.3.2)$$

分析式(3.3.2)，可以得到与摄影测量精度有关的重要因素：

(1)为提高精度，要尽可能增大比例尺。或者说尽可能增大主距或缩小摄影距离(减小 k_2)；

(2)为提高精度，要尽可能增大像对的基线长度(减小 k_1)；

(3)为提高精度，要尽可能提高像点量测精度(减小 m)；

(4)正直摄影的摄影轴方向的精度要低于其他两个轴方向的精度。

实际摄影测量中绝大多数还是采用交向摄影的方式。为此，在式(3.3.2)中引入摄影构型的权重因子 q，也称为几何构型系数。物方精度可以通过增加摄站数和每站拍摄的平均像片数 k 加以改善，这样，结合式(3.3.2)，有一个简单的经验估算式

$$M'_{X,\,Y,\,Z} = \frac{q}{\sqrt{k}} \cdot M_{X,\,Y,\,Z} \qquad (3.3.3)$$

对于权重因子 q，在实际中可以取 0.4 ~ 0.8(好的构型网，如4站~8站)到1.3 ~ 3.0(弱的立体像对)。如果目标上采用人工标志而且围绕四周摄影，则可以近似地认为，式(3.3.3)中的三个坐标方向均取 $q = 0.7$ 来计算。

如果通过某种方法能先验得到物方点和摄影站的近似坐标，则由光束法平差程序能估算出更准确的精度，进而优化出更合理的构型。

这里必须注意到：减小 k_1 以及减小 k_2 虽然可以提高精度，但会使一幅像片中所包含的测量面积减小，也就减小了点的重叠率，反过来又降低了精度和可靠性。因此，摄影时应综合考虑点的重叠率、摄影焦距、摄影距离和基线距离等之间的相互关系。

总之，摄影测量精度受到相机(像幅、分辨率)、物镜(焦距、孔径)、标志(可辨认程度、可量测程度、闪光)、摄影构型(摄影距离、交会角、景深、摄影站位置与数量等)以

及像片测量系统(分辨率、测量精度)等众多因素的影响,估算过程中需根据实际情况合理估计与取舍。

2. 摄影模式

按像片处理模型,摄影模式可以区分为:单片摄影;立体摄影和多片摄影,如图3.3.13所示。

  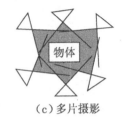

(a)单片摄影　　　　　　(b)立体摄影　　　　　　(c)多片摄影

图3.3.13　摄影构型

(1)单片摄影:一个物体要通过单片来测量三维坐标的前提是具有物方附加信息。最常用的单片处理形式是测量平面物体的表面点坐标或变形和建立正射像片(加入数字表面模型)。单片处理在工业测量中主要测量平面物体。

(2)立体摄影:立体像对测量通常是指相对方位固定且已知的两台或者两台以上的摄影机对物体同时摄影,并及时解算物方点空间坐标以及相关参数的数据处理过程。主要用于在线摄影测量、隐蔽点测量和实时测量控制。由于相机之间需要硬件进行连接,相机之间的相对关系受到限制,因此,这种技术主要针对小范围、少量点的测量,以保证测量精度和测量速度。立体正直摄影是立体像对的一种特殊情况。立体摄影主要用于在线的实时测量或动态测量。

(3)多片摄影:当摄影站的位置和摄影方向可以随意选择时,可以采用多片摄影。多片摄影就是尽可能从各个方向对物体拍摄,以获得更多的像片。这样使各物方点能产生足够好的交会角,大大提高了摄影测量的精度、可靠性和灵活性。在各个方向具有足够的像片数和较好的交会图形的情况下,物方点三个坐标轴方向精度可以视为相等。多片摄影主要用于高精度的静态物体的测量。

由于近景摄影测量的灵活性和数据处理技术的进步,多片摄影方案成为工业摄影测量中最常用的方案。当需要测量物体整体结构或者需要多张像片才能达到相应的精度时,都会采用这种方案。多片摄影照片主要是通过光束法平差处理,解算的同时计算摄影机检校参数。

摄影全站仪按作业模式,一般大致可以分为两种:简单模式和标准模式,如图3.3.14所示。

(1)简单模式(见图3.3.14(a)):就是直接用摄影全站仪分别在多个测站上目标进行拍摄,以获取立体像对。由于外方位元素由全站仪记录下来,因此不需要进行定向处理。可以直接利用影像数据和测量数据生成目标的三维影像。由于像幅小,设站多,故外业工作量大,精度相对也不高。

(2)标准模式(见图3.3.14(b)):就是利用摄影全站仪在一个测站上测定若干控制点的坐标,同时利用相机记录下控制点的点位影像;再用一台高分辨率、大像幅的数码相机在测站的两侧进行拍照，以获取立体像对。将全站仪数据、数码相机拍摄的影像以及高分辨率的影像进行处理后，最后生成三维影像模型。这种模式适用于高精度、高密度的三维测量。

（a）   （b）

图3.3.14　摄影全站仪作业模式

摄影测量按提交成果的时间来分，可以分为在线摄影和离线摄影。

（1）在线摄影测量：至少两台相机同时摄影，成果现场立即计算，也称为实时摄影测量。

（2）离线摄影测量：一个相机，拍完所有像片，处理后得到成果。

3.3.6　摄影测量的数据处理方法与模型

摄影测量数据处理最基本的两个模型就是共面条件方程和共线条件方程。其他一些解析处理方法基本上都是由这两个模型出发而形成的。

1. 空间直角坐标变换

任意两个空间直角坐标系之间都可以通过平移、旋转和缩放来实现转换。如图3.3.3所示，某像片上的一点 p，在 S—xyz 坐标系中的坐标为 (x, y, z)，在 D—XYZ 坐标系中的坐标为 (u, v, w)。S—xyz 的坐标原点 S 在 D—XYZ 中坐标为 (X_S, Y_S, Z_S)。以 S 为中心，依次绕 z 轴旋转 κ、绕 x 轴旋转 ω、绕 y 轴旋转 ϕ，再平移 (X_S, Y_S, Z_S) 与 D 点重合，最后经过尺寸缩放 λ 倍后，就将 p 点在 S—xyz 中的坐标变成在 D—XYZ 坐标系中的坐标了，相应的数学关系式如下

$$\begin{pmatrix} u \\ v \\ w \end{pmatrix} = \begin{pmatrix} X_S \\ Y_S \\ Z_S \end{pmatrix} + \lambda \cdot \boldsymbol{R}_\varphi \cdot \boldsymbol{R}_\omega \cdot \boldsymbol{R}_\kappa \cdot \begin{pmatrix} x \\ y \\ z \end{pmatrix} = \begin{pmatrix} X_S \\ Y_S \\ Z_S \end{pmatrix} + \lambda \cdot \boldsymbol{R} \cdot \begin{pmatrix} x \\ y \\ z \end{pmatrix} \quad (3.3.4)$$

其中

$$\boldsymbol{R} = \boldsymbol{R}_\varphi \boldsymbol{R}_\omega \boldsymbol{R}_k = \begin{bmatrix} a_1 & a_2 & a_3 \\ b_1 & b_2 & b_3 \\ c_1 & c_2 & c_3 \end{bmatrix} = \begin{bmatrix} \cos\varphi & 0 & -\sin\varphi \\ 0 & 1 & 0 \\ \sin\varphi & 0 & \cos\varphi \end{bmatrix} \begin{bmatrix} 1 & 0 & 0 \\ 0 & \cos\omega & -\sin\omega \\ 0 & \sin\omega & \cos\omega \end{bmatrix} \begin{bmatrix} \cos\kappa & -\sin\kappa & 0 \\ \sin\kappa & \cos\kappa & 0 \\ 0 & 0 & 1 \end{bmatrix}$$

式中矩阵 **R** 中的各个元素的表达式如下：

$$a_1 = \cos\phi\cos\kappa - \sin\phi\sin\omega\sin\kappa$$

$$a_2 = -\cos\phi\sin\kappa - \sin\phi\sin\omega\cos\kappa$$

$$a_3 = -\sin\phi\cos\omega$$

$$b_1 = \cos\omega\sin\kappa$$

$$b_2 = \cos\omega\cos\kappa$$

$$b_3 = -\sin\omega$$

$$c_1 = \sin\phi\cos\kappa + \cos\phi\sin\omega\sin\kappa$$

$$c_2 = -\sin\phi\sin\kappa + \cos\phi\sin\omega\cos\kappa$$

$$c_3 = \cos\phi\cos\omega$$

2. 共面条件方程式

由一台或者两台相机在两个不同的位置对物体同一部位进行摄影，获取两张不同角度所拍摄的像片，它们构成了一个立体像对。

如图 3.3.15 所示，物方点 P 在两张像片的成像点分别为 p_1 和 p_2，它们是同名像点。S_1P、S_2P 称为同名光线；物方点 P、两个摄影中心 S_1 和 S_2 三点共面，该平面就是物方点 P 的核面。核面与像平面的交线 l_1、l_2 称为同名核线。

显然，摄影基线、同名光线、同名核线等都在一个平面内。利用这个内在的几何关系，可以直接构建被测物体的相似几何模型。

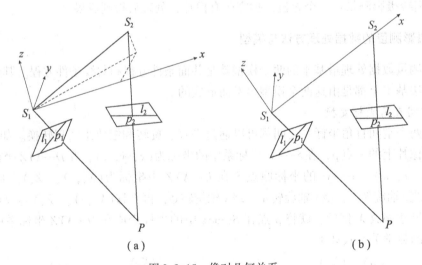

（a）　　　　　　　　　　　　（b）

图 3.3.15　像对几何关系

对于给定的一空间直角坐标，要确定一个立体像片对，需要 12 个外方位元素，即左片的（X_{S_1}，Y_{S_1}，Z_{S_1}，φ_1，ω_1，κ_1）和右片的（X_{S_2}，Y_{S_2}，Z_{S_2}，φ_2，ω_2，κ_2）。这些外方位元素包含了相对方位元素和绝对方位元素。这里只需要用相对方位元素来确定两相邻像片的相对位置。当选取的像空间辅助坐标系不同时，相对方位元素也有所不同。

两张像片的相对关系为

$$\begin{cases} b_x = X_{S_2} - X_{S_1} \\ b_y = Y_{S_2} - Y_{S_1} \\ b_z = Z_{S_2} - Z_{S_1} \\ \Delta\varphi = \varphi_2 - \varphi_1 \\ \Delta\omega = \omega_2 - \omega_1 \\ \Delta\varphi = \kappa_2 - \kappa_1 \end{cases} \tag{3.3.5}$$

如果不考虑立体模型的比例尺，因三个线元素是成比例的，通常不顾及 b_x，认为一个立体模型的相对定向参数有 5 个。式(3.3.5)右边 10 个独立量是相互牵制的。

如图 3.3.15(a)所示，选择第一张像片的像空直角坐标 S_1—xyz 作为参考坐标系，则 5 个定向参数是 b_y，b_z，ϕ_2，ω_2，κ_2。这相当于像对的右片坐标系相对于左片坐标系做相对运动。这种模式称为连续法相对定向。

如图 3.3.15(b)所示，以 S_1 为原点，以两张像片摄影中心连线作为 x 轴形成的右手直角坐标系作为参考坐标系，则 5 个定向参数是 ϕ_1，κ_1，ϕ_2，ω_2，κ_2。这时左、右像片作相对变化。这种模式称为单独法相对定向。

无论哪种模式，只要这 5 个参数正确，则摄影基线和同名光线共面，即矢量 $\overrightarrow{S_1S_2}$、$\overrightarrow{S_1p_1}$、$\overrightarrow{S_2p_2}$ 的混合积为零，即

$$\overrightarrow{S_1S_2} \cdot (\overrightarrow{S_1p_1} \times \overrightarrow{S_2p_2}) = 0$$

根据选定的参考坐标系不同，三个矢量的分量也不一样。通用公式为

$$\overrightarrow{S_1S_2} = \begin{pmatrix} b_x \\ b_y \\ b_z \end{pmatrix}, \qquad \overrightarrow{S_1p_1} = R_{左}\begin{pmatrix} x_1 \\ y_1 \\ -f \end{pmatrix} = \begin{pmatrix} u_1 \\ v_1 \\ w_1 \end{pmatrix}, \qquad \overrightarrow{S_2p_2} = R_{右}\begin{pmatrix} x_2 \\ y_2 \\ -f \end{pmatrix} = \begin{pmatrix} u_2 \\ v_2 \\ w_2 \end{pmatrix}$$

写成行列式为：

$$F = \begin{vmatrix} b_x & b_y & b_z \\ u_1 & v_1 & w_1 \\ u_2 & v_2 & w_2 \end{vmatrix} = 0 \tag{3.3.6}$$

根据选定的相对定向参数，将式(3.3.6)线性化。一般地，连续法相对定向更加通用，因此，如果采用连续法相对定向的误差方程式为

$$F = F_0 + \Delta F = F_0 + \frac{\partial F}{\partial \varphi}\Delta\varphi + \frac{\partial F}{\partial \omega}\Delta\omega + \frac{\partial F}{\partial \kappa}\Delta\kappa + \frac{\partial F}{\partial b_y}\Delta b_y + \frac{\partial F}{\partial b_z}\Delta b_z = 0 \tag{3.3.7}$$

利用一个像对中的三对同名点，就可以解算像对的 5 个相对定向参数。

根据共面条件，可以采用连续像对相对定向的作业模式，来实现有一定重合度的一组像片的模型构建。具体过程可以概括为：

(1)内定向：通过各张像片的内方位元素，获取各像点在各自像片坐标系中的坐标。

(2)相对定向：以第一张像片的像空间直角坐标系为模型的统一坐标系，利用共面条件，调整第二张像片；同样的过程，通过调整后的第二张像片调整第三张像片，以此类推，调整所有像片，这样，所有像片就纳入到同一个坐标系中。

如果需要绝对定向，可以利用至少三个物方空间点，共解算7个参数，三个平移、三个旋转和一个比例尺，将模型坐标系转换到物方空间坐标系中。

建立相对模型是工业摄影测量中常用的数据预处理方法，主要用于参数近似值获取、像点自动匹配等，最终为光束法平差准备数据。

3. 共线条件方程式

共线条件方程式是针对单张像片而言的，来源于光线直线传播原理。亦即，摄影瞬间物方点、摄影中心和相应的像点在一条直线上，即三点共线。工业摄影测量的解算方法均是基于共线条件方程式的，是摄影测量最重要的解析关系式。

如图 3.3.16 所示，$D{-}XYZ$ 为物方空间坐标系，$S{-}xyz$ 为像方空间坐标系，两坐标系轴之间存在三个旋转角（ϕ，ω，κ）和平移量（X_S，Y_S，Z_S）。物方点 P 的像点为 p，f 为摄影机主距，p 的像点坐标为（x，y），根据像空间坐标系的定义可知，p 在像空间坐标系中的坐标为（x，y，$-f$）。根据式（3.3.4），p 点在物方空间坐标系中的坐标为

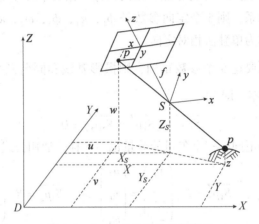

图 3.3.16 三点共线的几何意义

$$\begin{pmatrix} u \\ v \\ w \end{pmatrix} = \begin{pmatrix} X_S \\ Y_S \\ Z_S \end{pmatrix} + \lambda \cdot R_\varphi \cdot R_\omega \cdot R_\kappa \cdot \begin{pmatrix} x \\ y \\ -f \end{pmatrix} \qquad (3.3.8)$$

顾及到三点：像点（u，v，w）、摄影中心（X_S，Y_S，Z_S）和物点（X，Y，Z）的三点共线条件，因此有比例关系

$$\begin{pmatrix} u - X_S \\ v - Y_S \\ w - Z_S \end{pmatrix} = k \begin{pmatrix} X - X_S \\ Y - Y_S \\ Z - Z_S \end{pmatrix} \qquad (3.3.9)$$

式中，k 为比例系数。

联合式（3.3.8）和式（3.3.9），可得到共线条件方程式：

$$\begin{cases} x = -f \dfrac{a_1(X - X_S) + b_1(Y - Y_S) + c_1(Z - Z_S)}{a_3(X - X_S) + b_3(Y - Y_S) + c_3(Z - Z_S)} \\[3mm] y = -f \dfrac{a_2(X - X_S) + b_2(Y - Y_S) + c_2(Z - Z_S)}{a_3(X - X_S) + b_3(Y - Y_S) + c_3(Z - Z_S)} \end{cases} \qquad (3.3.10)$$

式$(3.3.10)$中，(x, y)是像点以像主点为原点的像平面坐标。事实上，测量像平面坐标的坐标系原点与像主点是不重合的，存在偏差值(x_0, y_0)。同时，物镜存在畸变以及像点坐标量测仪存在的线形误差等，也会使像点位置产生偏差$(\Delta x, \Delta y)$。它们会使上述三点共线条件不能严格成立。在考虑这些因素后，实际量测的像点坐标应该满足的共线条件方程式为

$$\begin{cases} x - x_0 + \Delta x = -f\dfrac{a_1(X - X_S) + b_1(Y - Y_S) + c_1(Z - Z_S)}{a_3(X - X_S) + b_3(Y - Y_S) + c_3(Z - Z_S)} \\[3mm] y - y_0 + \Delta y = -f\dfrac{a_2(X - X_S) + b_2(Y - Y_S) + c_2(Z - Z_S)}{a_3(X - X_S) + b_3(Y - Y_S) + c_3(Z - Z_S)} \end{cases} \quad (3.3.11)$$

共线条件方程式$(3.3.11)$表述像片的内方位元素、外方位元素、系统误差改正参数、物方坐标和像片坐标的关系。根据不同的目的解算上述不同类参数。改写成一般的函数关系式为

$$\begin{cases} x = F_x(X_S, Y_S, Z_S, \varphi, \omega, \kappa, x_0, y_0, f, X, Y, Z, C) \\ y = F_y(X_S, Y_S, Z_S, \varphi, \omega, \kappa, x_0, y_0, f, X, Y, Z, C) \end{cases} \quad (3.3.12)$$

式中C代表系统误差参数。由于共线条件方程是一个非线性方程，在解算参数时需要线性化。将式$(3.3.12)$线性化结果如下

$$v_x = \frac{\partial F_x}{\partial X_S}\Delta X_S + \frac{\partial F_x}{\partial Y_S}\Delta Y_S + \frac{\partial F_x}{\partial Z_S}\Delta Z_S + \frac{\partial F_x}{\partial \varphi}\Delta \varphi + \frac{\partial F_x}{\partial \omega}\Delta \omega + \frac{\partial F_x}{\partial \kappa}\Delta \kappa + \frac{\partial F_x}{\partial x_0}\Delta x_0 + \frac{\partial F_x}{\partial y_0}\Delta y_0 +$$

$$\frac{\partial F_x}{\partial f}\Delta f + \frac{\partial F_x}{\partial X}\Delta X + \frac{\partial F_x}{\partial Y}\Delta Y + \frac{\partial F_x}{\partial Z}\Delta Z + \frac{\partial F_x}{\partial C}\Delta C + (x - x^0)$$

$$v_y = \frac{\partial F_y}{\partial X_S}\Delta X_S + \frac{\partial F_y}{\partial Y_S}\Delta Y_S + \frac{\partial F_y}{\partial Z_S}\Delta Z_S + \frac{\partial F_y}{\partial \varphi}\Delta \varphi + \frac{\partial F_y}{\partial \omega}\Delta \omega + \frac{\partial F_y}{\partial \kappa}\Delta \kappa + \frac{\partial F_y}{\partial x_0}\Delta x_0 + \frac{\partial F_y}{\partial y_0}\Delta y_0 +$$

$$\frac{\partial F_y}{\partial f}\Delta f + \frac{\partial F_y}{\partial X}\Delta X + \frac{\partial F_y}{\partial Y}\Delta Y + \frac{\partial F_y}{\partial Z}\Delta Z + \frac{\partial F_y}{\partial C}\Delta C + (y - y^0)$$

将各偏导数用相应的符号替代，并顾及$\dfrac{\partial F_x}{\partial X_S} = -\dfrac{\partial F_x}{\partial X}$等，同时，将各类参数分开，可以换成以下形式

$$\begin{bmatrix} v_x \\ v_y \end{bmatrix} = \begin{bmatrix} a_{11} & a_{12} & a_{13} & a_{14} & a_{15} & a_{16} \\ a_{21} & a_{22} & a_{23} & a_{24} & a_{25} & a_{26} \end{bmatrix} \begin{bmatrix} \Delta X_S \\ \Delta Y_S \\ \Delta Z_S \\ \Delta \varphi \\ \Delta \omega \\ \Delta \kappa \end{bmatrix} + \begin{bmatrix} -a_{11} & -a_{12} & -a_{13} \\ -a_{21} & -a_{22} & -a_{23} \end{bmatrix} \begin{bmatrix} \Delta X \\ \Delta Y \\ \Delta Z \end{bmatrix} +$$

$$\begin{bmatrix} a_{17} & a_{18} & a_{19} \\ a_{27} & a_{28} & a_{29} \end{bmatrix} \begin{bmatrix} \Delta f \\ \Delta x_0 \\ \Delta y_0 \end{bmatrix} + \begin{bmatrix} b_{11} & b_{12} & \cdots \\ b_{21} & b_{22} & \cdots \end{bmatrix} \begin{bmatrix} \Delta C_1 \\ \Delta C_2 \\ \vdots \end{bmatrix} + \begin{bmatrix} x - x^0 \\ y - y^0 \end{bmatrix} \quad (3.3.13)$$

将上式用矩阵表示，可以简写成

$$\boldsymbol{V} = \boldsymbol{A}\boldsymbol{X}_E + \boldsymbol{C}\boldsymbol{X} + \boldsymbol{B}\boldsymbol{X}_1 + \boldsymbol{D}\boldsymbol{X}_C - \boldsymbol{L} \quad (3.3.14)$$

式$(3.3.10)$中各系数的具体表达式为

$$\begin{cases} a_{11} = \dfrac{1}{\overline{Z}} \left[a_1 f + a_3 (x - x_0) \right] \\[2mm] a_{12} = \dfrac{1}{\overline{Z}} \left[b_1 f + b_3 (x - x_0) \right] \\[2mm] a_{13} = \dfrac{1}{\overline{Z}} \left[c_1 f + c_3 (x - x_0) \right] \\[2mm] a_{21} = \dfrac{1}{\overline{Z}} \left[a_2 f + a_3 (y - y_0) \right] \\[2mm] a_{22} = \dfrac{1}{\overline{Z}} \left[b_2 f + b_3 (y - y_0) \right] \\[2mm] a_{23} = \dfrac{1}{\overline{Z}} \left[c_2 f + c_3 (y - y_0) \right] \end{cases} \tag{3.3.15}$$

$$\begin{cases} a_{14} = (y - y_0)\sin\omega - \left\{ \dfrac{x - x_0}{f} \left[(x - x_0)\cos\kappa - (y - y_0)\sin\kappa \right] + f\cos\kappa \right\} \cos\omega \\[2mm] a_{15} = -f\sin\kappa - \dfrac{x - x_0}{f} \left[(x - x_0)\sin\kappa + (y - y_0)\cos\kappa \right] \\[2mm] a_{16} = y - y_0 \\[2mm] a_{24} = -(x - x_0)\sin\omega - \left\{ \dfrac{y - y_0}{f} \left[(x - x_0)\cos\kappa - (y - y_0)\sin\kappa \right] - f\sin\kappa \right\} \cos\omega \\[2mm] a_{25} = -f\cos\kappa - \dfrac{y - y_0}{f} \left[(x - x_0)\sin\kappa + (y - y_0)\cos\kappa \right] \end{cases} \tag{3.3.16}$$

$$\begin{cases} a_{26} = -(x - x_0) \\[2mm] a_{17} = \dfrac{x - x_0}{f} \\[2mm] a_{18} = 1 \\[2mm] a_{19} = 0 \\[2mm] a_{27} = \dfrac{y - y_0}{f} \\[2mm] a_{28} = 0 \\[2mm] a_{29} = 1 \\[2mm] \overline{Z} = a_3 (X - X_s) + b_3 (Y - Y_s) + c_3 (Z - Z_s) \end{cases} \tag{3.3.17}$$

以共线条件方程式为基础，依据不同的情形，有三种解析方法。

（1）空间后方交会

空间后方交会就是根据像片上一定数量的控制点的像点坐标 (x, y) 和对应的控制点物方坐标 (X, Y, Z) 计算该像片的外方位元素、内方位元素以及附加参数的过程。

对于某控制点的像点坐标，根据式（3.3.10），将控制点坐标视为真值后的误差方程式为

$$\begin{bmatrix} v_x \\ v_y \end{bmatrix} = \begin{bmatrix} a_{11} & a_{12} & a_{13} & a_{14} & a_{15} & a_{16} \\ a_{21} & a_{22} & a_{23} & a_{24} & a_{25} & a_{26} \end{bmatrix} \begin{bmatrix} \Delta X_S \\ \Delta Y_S \\ \Delta Z_S \\ \Delta \varphi \\ \Delta \omega \\ \Delta \kappa \end{bmatrix} + \begin{bmatrix} a_{17} & a_{18} & a_{19} \\ a_{27} & a_{28} & a_{29} \end{bmatrix} \begin{bmatrix} \Delta f \\ \Delta x_0 \\ \Delta y_0 \end{bmatrix} +$$

$$\begin{bmatrix} b_{11} & b_{12} & \cdots \\ b_{21} & b_{22} & \cdots \end{bmatrix} \begin{bmatrix} \Delta C_1 \\ \Delta C_2 \\ \vdots \end{bmatrix} + \begin{bmatrix} x - x^0 \\ y - y^0 \end{bmatrix} \tag{3.3.18}$$

如果同时解求内方位元素、外方位元素，则共有 9 个参数，需要至少 5 个控制点。如果含系统误差参数，则需要更多的控制点数。实际中视选取未知数的情况，一般采用 6 ~ 12 个控制点。如图 3. 3. 17 所示。

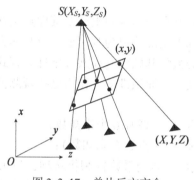

图 3. 3. 17 单片后方交会

空间后方交会的精度与下列因素有关：
①空间上控制点的数量、质量以及分布；
②控制点在像片上成像的数量、质量与分布；
③像点本身的测量精度和系统误差改正程度。
（2）空间前方交会
空间前方交会主要是在已知至少两张像片的内方程元素、外方位元素和各项系统误差改正系数的前提下，根据物方点在这些像片上的像点坐标解算物方点三维坐标的过程。如图 3. 3. 18 所示是三张像片的空间前方交会示意图。

根据式（3.3.10），将内外方位元素和系统误差系数视为已知值，可得一个像点的误差方程式

$$\begin{bmatrix} v_x \\ v_y \end{bmatrix} = \begin{bmatrix} -a_{11} & -a_{12} & -a_{13} \\ -a_{21} & -a_{22} & -a_{23} \end{bmatrix} \begin{bmatrix} \Delta X \\ \Delta Y \\ \Delta Z \end{bmatrix} + \begin{bmatrix} x - x^0 \\ y - y^0 \end{bmatrix} \tag{3.3.19}$$

当有两个（以上）同名像点时，就会有 4 个（以上）误差方程式，可以解算三个未知数。由于各点是相互独立的，因此，解算时可以采用逐点解算的方式。

影响前方交会结果的精度因素如下：
①各个像片之间的几何构型，包括像片数量、摄站空间布局及交会角度；

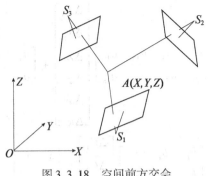

图 3.3.18　空间前方交会

②像点的成像质量，包含像点坐标测量本身的精度以及各项系统误差的改正程度；

③每张像片内方位元素、外方位元素以及附加参数的精度。

（3）光束法平差

1）光束法平差过程

光束法平差就是一种把控制点的物空间坐标及其像点坐标、待定点的像点坐标以及其他内、外业测量数据一部分或者全部等视为观测值，以整体方式同时解求所有参数最或然值的解算方法。光束法平差的数学基础建立在共线条件方程式上。观测值可以是：同名像点、控制点坐标、边长、角度、平面条件等。作为这些观测值的函数，下面的未知数都可以通过迭代解算出：

①每张像片的外方位元素（每张像片 6 个未知数）；

②每个待定点的三维坐标（每个点 3 个未知数）；

③每个相机的内方位元素（含畸变系数）（根据选项，每个相机有 3~9 个未知数）。

在获取所有未知数的近似值基础上，建立所有像点误差方程式(3.3.7)、建立条件方程式以及其他观测值的误差方程式等，迭代计算，直到未知数增量达到规定的限值为止。光束法平差的数据处理流程如图 3.3.19 所示。

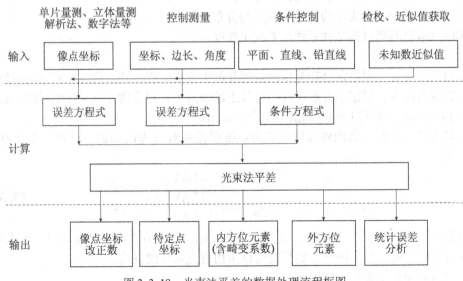

图 3.3.19　光束法平差的数据处理流程框图

光束法平差中未知数个数为：6×像片数+3×未知点数+起始数据数+内部参数×相机数。

例如对一个物体测量有 100 个待定点，用一部相机(含 5 个内部参数：主距、主点坐标、两个畸变系数)拍摄 20 张像片，7 个起始数据(自由网平差)，这样总共就有 432 个未知数。每个像点能列出两个误差方程式。假定每个待定点平均在 4 张像片上成像，则共有 800 个方程。这样多余观测数 $r = 800 - 432 = 368$。多余观测数相当多。但必须注意两点：一是未知数增加后，法方程阶数就会变大。由于摄影测量的特殊性，法方程中含有许多零元素。因此，如何稳健、快速地解算法方程，是一个值得关注的问题；二是平差系统的稳定性和成果质量虽然与多余观测数有关，但更重要的还是系统的几何交会构型。

2)绝对控制和相对控制

在工业摄影测量中，一般通过物方控制点坐标来确定整个摄影测量坐标系统。这种控制模式称为绝对控制。由于工业测量对象的特殊性，测量对象会有许多内部相对几何关系可以利用，如图 3.3.20 所示中已知的边长、角度、水平面、铅直面等。这种控制模式称为相对控制。

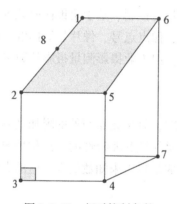

图 3.3.20　相对控制条件

①边长相对控制：若点 6、7 点之间的边长 S_{6-7} 为已知边长，则条件式为

$$S_{6-7} = \sqrt{(X_6 - X_7)^2 + (Y_6 - Y_7)^2 + (Z_6 - Z_7)^2}$$

②直角相对控制：若三个点 2，3，4 构成直角，则条件式为

$$X_3^2 + Y_3^2 + Z_3^2 = X_2X_3 + Y_2Y_3 + Z_2Z_3 + X_3X_4 + Y_3Y_4 + Z_3Z_4 + X_4X_2 + Y_4Y_2 + Z_4Z_2$$

③直线相对控制：若三点 1，2，8 位于一条直线上，则条件式为

$$\frac{X_8 - X_1}{X_2 - X_1} = \frac{Y_8 - Y_1}{Y_2 - Y_1} = \frac{Z_8 - Z_1}{Z_2 - Z_1}$$

④铅直线相对控制：若点 4，5 位于一条铅直线上，则条件式为

$$X_4 = X_5, \qquad Y_4 = Y_5$$

⑤平面相对控制：若四个点 1，2，5，6 位于一个平面上，则平面条件式为

$$\begin{vmatrix} X_6 - X_1 & Y_6 - Y_1 & Z_6 - Z_1 \\ X_5 - X_1 & Y_5 - Y_1 & Z_5 - Z_1 \\ X_2 - X_1 & Y_2 - Y_1 & Z_2 - Z_1 \end{vmatrix} = 0$$

无论是绝对控制还是相对控制，可以根据其实际精度，在光束法平差中，将它们视为无误差观测值或有误差的带权观测值。绝对控制和相对控制的引入，可以将摄影测量结果纳入统一的坐标系中，增加摄影测量构网强度；同时也能检验摄影测量的成果质量。

3）近似值计算

利用光束法平差解算的一个不足就是要预先计算未知数的近似值。而近似值计算是一个较困难的任务。所有待定的未知数（全部定向参数、待定点等）都需要近似值。由于实际拍摄像片的随意性，其近似值很难直接获得。

对于完整的摄影测量像片组，近似值计算有以下几种方法：

①连续模型计算：选择尽可能多的连接点对像对逐个进行相对定向形成模型带。如果模型带中有足够多的控制点，就可以进行绝对定向。最后计算出模型带中待定点的坐标。

②后交—前交组合：利用后方交会计算内方位元素、外方位元素，然后通过前方交会确定待定点坐标。

③直接线性变换：利用直接线性变换可以解求内方位元素、外方位元素和物方空间坐标值；

④其他方法：基于平行线相对控制、基于角锥体原理等。

值得注意的是，若物方点、像点点号、像片号等搞混，则数据中会产生粗差，进而会使近似值计算产生很大的偏差。但工业摄影测量摄影片数多，点的重复率大，通过稳健估计方法还是比较容易处理的。

4）自检校

近景摄影测量的自检校平差，就是无需额外的附加观测而解求相机的残余系统误差自动补偿为特点。这些系统误差是线性和非线性的。这种情况下，可以将系统误差参数看成是虚拟观测值处理，也可以看成是自由未知数处理。但前者处理方式应该更稳妥些。

4. 直接线性变换

（1）直接线性变换公式

直接线性变换 DLT（Direct Linear Transformation）解法是建立在像点坐标仪坐标和相应物方空间点坐标直接的线性关系的算法。直接线性变换不需要内方位元素、外方位元素的初始值，避免了采用光束法平差需要预先计算内方位元素、外方位元素近似值的不足，故特别适合于非量测相机的摄影测量数据处理。同时，直接线性变换还可以为光束法平差提供内方位元素、外方位元素、待定点坐标等的近似值。

从共线条件式（3.3.5）出发，假定此时式（3.3.5）中的 Δx，Δy 仅包含了像点坐标量测仪上两坐标轴不垂直误差 $\mathrm{d}\beta$ 和比例尺不一致 $\mathrm{d}s$ 而引起的线性系统误差改正。如图 3.3.21 所示：仪器坐标系 $c—xy$ 是非直角坐标系，两坐标轴不垂直度误差为 $\mathrm{d}\beta$。像主点 O 在 $c—xy$ 坐标系中的坐标为 (x_0, y_0)。对某像点 p 在仪器坐标系中的坐标为 (x, y)，该坐标受到仪器坐标系坐标轴不垂直 $\mathrm{d}\beta$ 和坐标轴比例尺不一致 $\mathrm{d}s$ 的影响，点 p 在像片坐标系的正确坐标为 $p'(x, y)$。

根据图 3.3.21，可以得到

$$\begin{cases} \Delta x = (1 + \mathrm{d}s)(y - y_0)\sin \mathrm{d}\beta \\ \Delta y = [(1 + \mathrm{d}s)\cos \mathrm{d}\beta - 1](y - y_0) \end{cases} \tag{3.3.20}$$

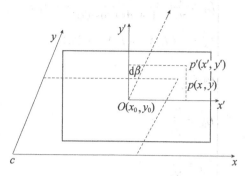

图 3.3.21　像点量测仪线性误差

将式(3.3.20)代入式(3.3.5)得

$$
\begin{cases}
x - x_0 + (1 + \mathrm{d}s)(y - y_0)\sin\mathrm{d}\beta + f_x\dfrac{a_1(X - X_S) + b_1(Y - Y_S) + c_1(Z - Z_S)}{a_3(X - X_S) + b_3(Y - Y_S) + c_3(Z - Z_S)} = 0 \\[4mm]
y - y_0 + [(1 + \mathrm{d}s)\cos\mathrm{d}\beta - 1](y - y_0) + f_x\dfrac{a_2(X - X_S) + b_2(Y - Y_S) + c_2(Z - Z_S)}{a_3(X - X_S) + b_3(Y - Y_S) + c_3(Z - Z_S)} = 0
\end{cases}
$$

$$(3.3.21)$$

式(3.3.21)中有 11 个独立参数，它们是 6 个外方位元素：X_S，Y_S，Z_S，φ，ω，κ；3 个内方位元素：x_0，y_0，f_x(摄影像片的 x 向主距) 以及两个线性系统误差参数：$\mathrm{d}s$，$\mathrm{d}\beta$。

通过对式(3.3.21)展开、移项、合并等改化，推导出像点坐标仪测量的坐标(x, y)与物方空间坐标(X, Y, Z)的关系式，即直接线性变换公式

$$
\begin{cases}
x = \dfrac{L_1 X + L_2 Y + L_3 Z + L_4}{L_9 X + L_{10} Y + L_{11} Z + 1} \\[4mm]
y = \dfrac{L_5 X + L_6 Y + L_7 Z + L_8}{L_9 X + L_{10} Y + L_{11} Z + 1}
\end{cases}
$$

$$(3.3.22)$$

系数 $L_1 \sim L_{11}$ 是直接线性变换系数，令：$\gamma_3 = -(a_3 X_S + b_3 Y_S + c_3 Z_S)$，它们与其他 11 个参数的函数关系为

$$
\begin{cases}
L_1 = \dfrac{1}{\gamma_3}(a_1 f_x - a_2 f_x \tan \mathrm{d}\beta - a_3 x_0) \\[4mm]
L_2 = \dfrac{1}{\gamma_3}(b_1 f_x - b_2 f_x \tan \mathrm{d}\beta - b_3 x_0) \\[4mm]
L_3 = \dfrac{1}{\gamma_3}(c_1 f_x - c_2 f_x \tan \mathrm{d}\beta - c_3 x_0) \\[4mm]
L_4 = -(L_1 X_S + L_2 Y_S + L_3 Z_S) \\[4mm]
L_5 = \dfrac{1}{\gamma_3}\left(\dfrac{a_2 f_x}{(1 + \mathrm{d}s)\cos \mathrm{d}\beta} - a_3 y_0\right) \\[4mm]
L_6 = \dfrac{1}{\gamma_3}\left(\dfrac{b_2 f_x}{(1 + \mathrm{d}s)\cos \mathrm{d}\beta} - b_3 y_0\right)
\end{cases}
$$

$$
\begin{cases}
L_7 = \dfrac{1}{\gamma_3} \left(\dfrac{c_2 f_x}{(1 + \mathrm{d}s) \cos \mathrm{d}\beta} - c_3 y_0 \right) \\[3mm]
L_8 = -(L_5 X_S + L_6 Y_S + L_7 Z_S) \\[3mm]
L_9 = \dfrac{a_3}{\gamma_3} \\[3mm]
L_{10} = \dfrac{b_3}{\gamma_3} \\[3mm]
L_{11} = \dfrac{c_3}{\gamma_3}
\end{cases}
\tag{3.3.23}
$$

根据式(3.3.23)反推 L 系数与内方位元素、外方位元素等关系如下:

1)内方位元素与线性系统误差系数

$$
\begin{cases}
x_0 = -\dfrac{L_1 L_9 + L_2 L_{10} + L_3 L_{11}}{L_9^2 + L_{10}^2 + L_{11}^2} \\[4mm]
y_0 = -\dfrac{L_5 L_9 + L_6 L_{10} + L_7 L_{11}}{L_9^2 + L_{10}^2 + L_{11}^2} \\[4mm]
A = \dfrac{f_x^2}{\cos^2 \mathrm{d}\beta} = \gamma_3^2 (L_1^2 + L_2^2 + L_3^2) - x_0^2 \\[4mm]
B = \dfrac{f_x^2}{\cos^2 \mathrm{d}\beta (1 + \mathrm{d}s)^2} = \gamma_3^2 (L_5^2 + L_6^2 + L_7^2) - y_0^2 \\[4mm]
C = \dfrac{-f_x^2 \sin \mathrm{d}\beta}{\cos^2 \mathrm{d}\beta (1 + \mathrm{d}s)^2} = \gamma_3^2 (L_1 L_5 + L_2 L_6 + L_3 L_7) - x_0 y_0 \\[4mm]
\sin \mathrm{d}\beta = \pm \sqrt{\dfrac{C^2}{AB}} \\[4mm]
\mathrm{d}s = \sqrt{\dfrac{A}{B}} - 1 \\[4mm]
f_x = \sqrt{A} \cdot \cos \mathrm{d}\beta = \sqrt{A} \cdot \sqrt{1 - \dfrac{C^2}{AB}} = \sqrt{\dfrac{AB - C^2}{B}} \\[4mm]
f_y = \dfrac{f_x}{1 + \mathrm{d}s} = \sqrt{\dfrac{AB - C^2}{A}}
\end{cases}
\tag{3.3.24}
$$

这里需要说明以下几点:

①这里的 f_x，f_y 不同于相机主距 f，从概念上讲，只有当 x 向坐标不受线性变化影响时，$f_x = f$；

②引起 x 向线性变化的原因包括:底片变形、光学畸变、坐标量测仪两轴长度单位不一致等;

③引起比例尺不一致的原因包括:底片变形、坐标量测仪两轴长度单位不一致等;

④引起不正交性误差的原因是坐标量测仪两轴不垂直。

2)外方位元素

$$\begin{bmatrix} X_S \\ Y_S \\ Z_S \end{bmatrix} = - \begin{bmatrix} L_1 & L_2 & L_3 \\ L_5 & L_6 & L_7 \\ L_9 & L_{10} & L_{11} \end{bmatrix} \begin{bmatrix} L_4 \\ L_5 \\ 1 \end{bmatrix}$$

$$\begin{cases} a_3 = \gamma_3 L_9 = \dfrac{L_9}{(L_9^2 + L_{10}^2 + L_{11}^2)^{\frac{1}{2}}} \\[3mm] b_3 = \gamma_3 L_{10} = \dfrac{L_{10}}{(L_9^2 + L_{10}^2 + L_{11}^2)^{\frac{1}{2}}} \\[3mm] c_3 = \gamma_3 L_{11} = \dfrac{L_{11}}{(L_9^2 + L_{10}^2 + L_{11}^2)^{\frac{1}{2}}} \\[3mm] \tan\varphi = -\dfrac{a_3}{c_3} \\[3mm] \sin\omega = -b_3 \\[3mm] \tan\kappa = \dfrac{b_1}{b_2} \end{cases} \qquad (3.3.25)$$

将 DLT 用于处理非量测相机照片时，由于非量测相机必须考虑到镜头径向畸变。根据实际经验，对于小幅非量测相机，习惯上取一次畸变误差 k_1，综合式(3.3.22)和式(3.3.23)得

$$\begin{cases} x + k_1 r^2 (x - x_0) = \dfrac{L_1 X + L_2 Y + L_3 Z + L_4}{L_9 X + L_{10} Y + L_{11} Z + 1} \\[3mm] y + k_1 r^2 (y - y_0) = \dfrac{L_5 X + L_6 Y + L_7 Z + L_8}{L_9 X + L_{10} Y + L_{11} Z + 1} \end{cases} \qquad (3.3.26)$$

式(3.3.26)中共有 12 个系数，这就需要至少不少于 6 个不在一个平面的控制点才能解算。同时，上式中含有像主点的像片坐标，因此，解算 DLT 系数时，需要迭代计算。

（2）DLT 的解算过程

式(3.3.26)中系数求解涉及畸变系数 k_1，或者更明确地说，式(3.3.26)中含有内方位元素 (x_0, y_0)。因此，在解算式(3.3.26)中的参数时需要进行迭代计算。尽管如此，其线性化过程比起共线条件线性化来要简单得多。

直接线性变换的解也是一种另类的后交—前交过程，需要分两步求解：第一步就是每片用至少 6 个控制点解算该片的 11 个 L 系数和 1 个径向畸变系数。这个过程是逐片求解的；第二步就是用至少两张像片求解物方点空间坐标。其基本步骤如下：

1）L 系数近似值求解

每个控制点可以列立两个误差方程式。因此，首先选取 6 个控制点，选择其中的

11个方程,按照下式计算 L 的近似值(为了获得更好的近似值,也可以选用多个控制点)

$$
\begin{bmatrix}
X_1 & Y_1 & Z_1 & 1 & 0 & 0 & 0 & 0 & x_1X_1 & x_1Y_1 & x_1Z_1 \\
0 & 0 & 0 & 0 & X_1 & Y_1 & Z_1 & 1 & y_1X_1 & y_1Y_1 & y_1Z_1 \\
X_2 & X_2 & X_2 & 1 & 0 & 0 & 0 & 0 & x_2X_2 & x_2Y_2 & x_2Z_2 \\
0 & 0 & 0 & 0 & X_2 & Y_2 & Z_2 & 1 & y_2X_2 & y_2Y_2 & y_2Z_2 \\
\vdots & \vdots & \vdots & \vdots & \vdots & \vdots & \vdots & \vdots & \vdots & \vdots & \vdots \\
X_5 & Y_5 & Z_5 & 1 & 0 & 0 & 0 & 0 & x_5X_5 & x_5Y_5 & x_5Z_5
\end{bmatrix}
\cdot
\begin{bmatrix}
L_1 \\ L_2 \\ L_3 \\ L_4 \\ L_5 \\ L_6 \\ L_7 \\ L_8 \\ L_9 \\ L_{10} \\ L_{11}
\end{bmatrix}
+
\begin{bmatrix}
x_1 \\ y_1 \\ x_2 \\ y_2 \\ \vdots \\ y_5
\end{bmatrix}
= 0
$$

2)引入镜头畸变系数,精确求解 L 系数值

先利用 L 的近似值,按照式(3.3.24)计算主点坐标 (x_0,y_0),然后引入畸变系数(这里假定只选取一次径向畸变系数 k_1),令: $A = XL_9 + YL_{10} + ZL_{11} + 1$,从而得到每个像点坐标观测值的误差方程式为

$$
\begin{cases}
v_x = \dfrac{1}{A}(XL_1 + YL_2 + ZL_3 + L_4 - xXL_9 - xYL_{10} - xZL_{11} - A(x-x_0)r^2k_1 - x) \\
v_y = \dfrac{1}{A}(XL_5 + YL_6 + ZL_7 + L_8 - yXL_9 - yYL_{10} - yZL_{11} - A(y-y_0)r^2k_1 - y)
\end{cases}
$$

$$(3.3.27)$$

所有像点的误差方程式和未知数的解,用矩阵表示,即

$$V = ML + W$$
$$L = -(M^TM)^{-1}M^TW$$

$$(3.3.28)$$

其中
$$
V = \begin{bmatrix} v_{x_1} \\ v_{y_1} \\ \vdots \\ v_{x_1} \\ v_{y_1} \end{bmatrix},\quad
L = \begin{bmatrix} L_1 \\ L_2 \\ \vdots \\ L_{11} \\ k_1 \end{bmatrix},\quad
W = \begin{bmatrix} -\dfrac{x_1}{A_1} \\ -\dfrac{y_1}{A_1} \\ \vdots \\ -\dfrac{x_n}{A_n} \\ -\dfrac{y_n}{A_n} \end{bmatrix}
$$

$$M = \begin{bmatrix} \dfrac{X_1}{A_1} & \dfrac{Y_1}{A_1} & \dfrac{Z_1}{A_1} & \dfrac{1}{A_1} & 0 & 0 & 0 & 0 & -\dfrac{x_1 X_1}{A_1} & -\dfrac{x_1 Y_1}{A_1} & -\dfrac{x_1 Z_1}{A_1} & -(x_1 - x_0)r^2 \\ 0 & 0 & 0 & 0 & \dfrac{X_1}{A_1} & \dfrac{Y_1}{A_1} & \dfrac{Z_1}{A_1} & \dfrac{1}{A_1} & -\dfrac{y_1 X_1}{A_1} & -\dfrac{y_1 Y_1}{A_1} & -\dfrac{y_1 Z_1}{A_1} & -(y_1 - y_0)r^2 \\ \vdots & \vdots & \vdots & \vdots & \vdots & \vdots & \vdots & \vdots & \vdots & \vdots & \vdots & \vdots \\ \dfrac{X_n}{A_n} & \dfrac{Y_n}{A_n} & \dfrac{Z_n}{A_n} & \dfrac{1}{A_n} & & & & & -\dfrac{x_n X_n}{A_n} & -\dfrac{x_n X_n}{A_n} & -\dfrac{x_n X_n}{A_n} & -(x_n - x_0)r^2 \\ & & & & \dfrac{X_n}{A_n} & \dfrac{Y_n}{A_n} & \dfrac{Z_n}{A_n} & \dfrac{1}{A_n} & -\dfrac{y_n X_n}{A_n} & -\dfrac{y_n X_n}{A_n} & -\dfrac{y_n X_n}{A_n} & -(y_n - y_0)r^2 \end{bmatrix}$$

通过迭代，以 f_x 相邻两次运算的差值是否小于阈值(一般取 0.01mm)作为判断结束。

3)对待定点坐标进行畸变改正

利用求得的 L 系数计算出 (x_0, y_0)，再利用畸变系数 k_1 即可对各片所有待定点的像点坐标进行畸变改正

$$\begin{cases} x' = x + k_1(x - x_0) \cdot r^2 \\ y' = x + k_1(y - y_0) \cdot r^2 \end{cases} \tag{3.3.29}$$

4)求解物方空间坐标

对于某一个物方空间点，在 n 张像片上成像。第 k 张像片经畸变改正后的像点坐标为 (x_k', y_k') 且第 k 张像片的 L 系数为 $L_1^k, L_2^k, \cdots, L_{11}^k$。选择其所有像点，按照下式计算其物方空间坐标

$$\begin{bmatrix} L_1^1 + x_1' L_9^1 & L_2^1 + x_1' L_{10}^1 & L_3^1 + x_1' L_{11}^1 \\ L_5^1 + y_1' L_9^1 & L_6^1 + y_1' L_{10}^1 & L_7^1 + y_1' L_{11}^1 \\ L_1^2 + x_2' L_9^2 & L_2^2 + x_2' L_{10}^2 & L_3^2 + x_2' L_{11}^2 \\ L_1^2 + y_2' L_9^2 & L_2^2 + y_2' L_{10}^2 & L_3^2 + y_2' L_{11}^2 \\ \vdots & \vdots & \vdots \\ L_1^n + x_n' L_9^n & L_2^n + x_n' L_{10}^n & L_3^n + x_n' L_{11}^n \\ L_1^n + y_n' L_9^n & L_2^n + y_n' L_{10}^n & L_3^n + y_{n1}' L_{11}^n \end{bmatrix} \cdot \begin{bmatrix} X \\ Y \\ Z \end{bmatrix} + \begin{bmatrix} L_4^1 + x_1' \\ L_4^1 + y_1' \\ L_4^2 + x_2' \\ L_4^2 + y_2' \\ \vdots \\ L_4^n + x_n' \\ L_4^n + y_{n1}' \end{bmatrix} = 0$$

解算基本的迭代步骤如图3.3.22所示。

(3)直接线性变换有关问题

①性质：直接线性变换是基于共线条件的解析处理方法。其解法是一种变通的后方交会(解算 L 系数)—前方交会(解算物方空间坐标)，因此，理论上讲，直接线性解法没有光束法严密。

②要求：在使用直接线性变换解算时，所有控制点不能位于或者近似位于一个空间平面上，否则容易引起误差方程式相关。另外，摄影中心不能与物方空间坐标系原点重合，这两种情况都会导致解的不稳定，甚至无解。

③精度：据多方文献报道，直接线性变换解法，可以提供 1/5000 的摄影距离精度。影响精度的因素有：像点精度、摄影构型、控制点的数量与质量以及 DLT 本身的算法等。

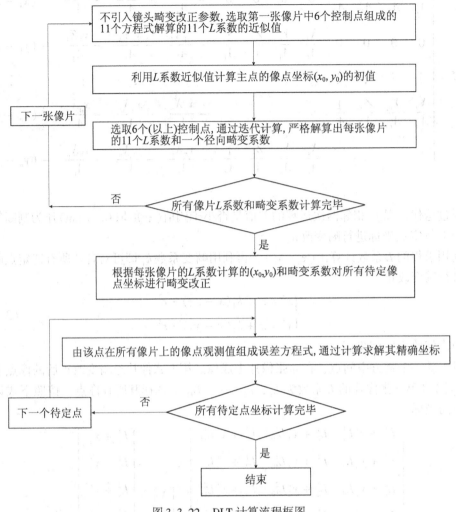

图 3.3.22　DLT 计算流程框图

④应用：用于中低精度的物方空间坐标解算；可以为光束法严密平差提供内方位元素、外方位元素和物方待定点坐标等近似值，也可以用于相机标定。

5. 单片数据处理方法

前面讲述的主要都是多片处理获取物方空间坐标。在一些特殊的应用场合，采用单张像片进行处理，同样可以得到物方空间坐标。

（1）投影变换法

如果一张像片的外方位元素已知，就可以在定义的空间平面上采用单片进行处理。物方点 P 的空间坐标由其像点 p 定义的空间光线与物方平面的交点而得。

根据中心投影关系，平面上物方坐标与像方坐标有以下关系式

$$\begin{cases} x = \dfrac{a_0 + a_1 X + a_2 Y}{1 + c_1 X + c_2 Y} \\[3mm] y = \dfrac{b_0 + b_1 X + b_2 Y}{1 + c_1 X + c_2 Y} \end{cases} \tag{3.3.30}$$

式(3.3.30)中8个参数需要4个物方控制点解算。然后，可以利用待定点的像点坐标解算其物方空间坐标。这也是一种二维直接线性变换。对于位于同一个平面上物方点的测量，可以采用这种模型。

（2）辅助棒变换法

借助于一根带自定义坐标系——局部坐标系的辅助测量棒，其上有多个（三个以上）标志点，这些标志点在局部坐标系下的坐标是已知的。这样，如果单张像片的外方位元素是已知的或者保持单张像片的外方位元素不变，则利用辅助棒的标志点，采用共线条件方程式建立辅助棒坐标系和摄影测量坐标系之间的坐标转换关系。进而得到移动的辅助棒上的点在摄影测量坐标系下的坐标。该方法采用的坐标系有像空间坐标系 $S—XYZ$、辅助棒局部坐标系 $O'—X'Y'Z'$ 和像平面坐标系 $o—xy$，如图3.3.23所示。

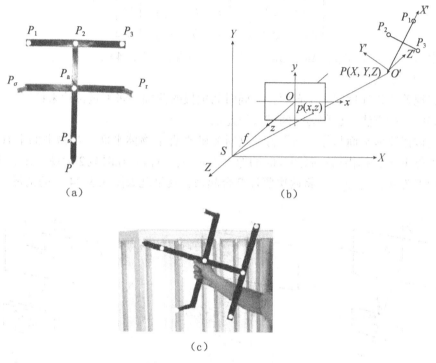

图3.3.23　辅助棒及其测量

手持辅助棒，辅助棒尖点每测量一个目标点，就拍摄一张照片。这样，每拍摄一张照片，辅助棒局部坐标系 $O'—X'Y'Z'$ 和像空坐标系的关系就会发生变化。

测量时，保持相机固定不动，即像片的外方位元素不变，这样就可以将像空间坐标系视为固定坐标系。预先检定好相机的内方位元素和畸变系数。以第一张像片的辅助测量棒局部坐标系 $O'—X'Y'Z'$ 作为物方空间坐标。通过辅助棒上的至少3个标志点，采用空间后方交会，可以解算出第一张像片的6个外方位元素（X_{S_1}，Y_{S_1}，Z_{S_1}，φ_1，ω_1，κ_1）。同样，当移动辅助棒测量第 i 个点时，拍摄第 i 张像片。同样利用辅助棒上的标志点解得的6个外方位元素（X_{S_i}，Y_{S_i}，Z_{S_i}，φ_i，ω_i，κ_i）。此时，第 i 张像片与第一点像片之间出现了差数：

$$\Delta X_S = X_{S_1} - X_{S_i}$$

$$\Delta Y_S = Y_{S_1} - Y_{S_i}$$

$$\Delta Z_S = Z_{S_1} - Z_{S_i}$$

$$\Delta \varphi = \varphi_1 - \varphi_i$$

$$\Delta \omega = \omega_1 - \omega_i$$

$$\Delta \kappa = \kappa_1 - \kappa_i$$

由于相机保持不动，所以这个变化相当于第 i 点的辅助棒坐标系相对于第一点辅助棒坐标系之间的变换关系。假定尖点 P 在辅助棒坐标系中的坐标为 (X', Y', Z')，则它在物方空间坐标系中的坐标为

$$\begin{bmatrix} X \\ Y \\ Z \end{bmatrix} = \begin{bmatrix} \Delta X_S \\ \Delta Y_S \\ \Delta Z_S \end{bmatrix} + \begin{bmatrix} a_1 & b_1 & c_1 \\ a_2 & b_2 & c_2 \\ a_3 & b_3 & c_3 \end{bmatrix} \cdot \begin{bmatrix} X' \\ Y' \\ Z' \end{bmatrix} \tag{3.3.31}$$

式中，a，b，c 是 $\Delta\varphi$，$\Delta\omega$，$\Delta\kappa$ 的函数，具体见式(3.3.4)。

(3)位移视差法

位移视差法是处理同一位置而在不同时间拍摄的两幅单张测量像片来计算平面物体上点位位移的一种方法，也称为时间基线视差法。

假定被摄物体平面与像平面平行，这时光轴垂直于物体平面。当物平面上有一动点，在时刻 1 位于 A_1，拍摄第一张照片时的像点为 $a_1(x_1, y_1)$；在时刻 2 运动到 A_2，再拍摄照片时的像点为 $a_2(x_2, y_2)$。将两次照片叠合起来，就呈现如图 3.3.24 中的情形。

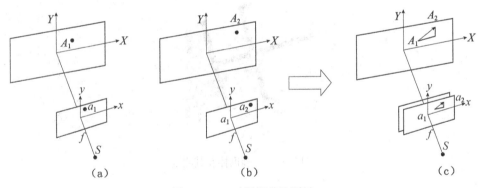

图 3.3.24　时间视差法测量

假定相机主距为 f，距物平面距离为 Z，根据简单的相似关系可得，两个时刻之间的物方点 A 在平面上的变形量为

$$\begin{cases} \Delta X = \dfrac{Z}{f}(x_2 - x_1) \\ \Delta Y = \dfrac{Z}{f}(y_2 - y_1) \end{cases} \tag{3.3.32}$$

在拍摄两张像片时，往往会出现两次拍摄的像片的外方位元素不能完全一致的情形，而且也不能保证像片与物平面严格平行。这种情况下，需要通过一些控制条件(比如使用

控制点或者没有位移的点的视差应为零等)予以纠正。当物方变形不大时,如果采用相同的相机、在相同的外部条件下拍摄,还可以自动消除像片畸变影响,达到很高的精度。

6. 物方坐标精度检验与数据处理流程

物方坐标达到的精度可以通过光束法平差后给出的 X、Y、Z 等各方向的标准偏差来评价。这个精度与像点平均精度乘以所有相关像片的平均比例尺的结果相当。除了平均误差外,也可以用最大残余误差来进行精度控制。

但这个内精度对于实际的质量分析是不够的。绝对精度(外精度)的检验一般要利用方法独立且精度更高的一些点的三维坐标来评价。这些点的分布应该有一定的代表性。这种情况下,可以通过坐标差来评价测量精度。但这种比较必须在相同的测量条件下使用人工标志才有意义。

绝对精度的计算还可以通过长度比较获得,即通过摄影测量获得的坐标反算边长,与标准长进行对比实现摄影测量的精度评定。这比坐标比较更简单。在物方空间选择长度进行检验是工业摄影测量检验常用的一种方法。

图 3.3.25 描述了近景摄影测量的常用工作流程。

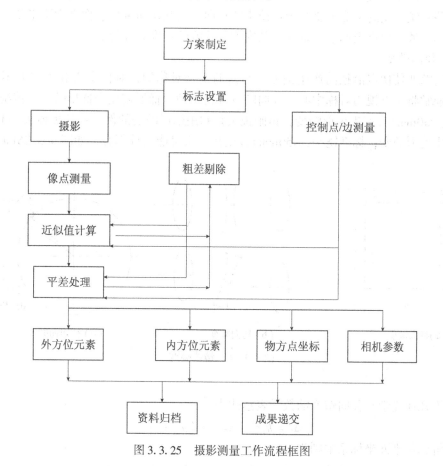

图 3.3.25　摄影测量工作流程框图

3.3.7　相机标定

工业摄影测量所用的各类相机的内方位元素、畸变差以及其他相关参数的检验与校正——相机标定，是工业摄影测量工作的一个重要组成部分，也是工业摄影测量的一项重要研究内容。

相机标定的准确性与最终的成果息息相关，正确的相机标定则可以显著提高测量精度。因此一直受到摄影测量学术界的重视，许多专家学者，针对不同的摄影设备，进行了大量的实验，采用各种方法对此展开研究，出现了丰富的研究成果。

相机标定涉及非常广泛的内容，除了最常见的 (x_0, y_0, f) 和畸变系数的标定外，还有框标坐标标定、相机偏心常数的标定、立体相机相对关系的标定、主距与调焦变化的标定、调焦与畸变差的关系标定，等等。这里我们仅仅讨论最常用的 (x_0, y_0, f) 和畸变系数的标定。

1. 镜头光学畸变

(1) 像点的系统误差

一个完全理想的相机能够保证物点、摄影中心、像点这三点在一条直线上。但是，实际上无论怎样精确的相机都会受到设计、加工、安装等工艺的影响，实际像点都会偏离理想位置。在使用共线条件方程式时必须考虑这些偏差。该偏差属于系统误差。

这些系统误差的来源主要在于：镜头的径向畸变和切向畸变、像平面不平整、像平面内比例不一致、像点坐标系不垂直以及内方位元素的不准确性等。

(2) 径向畸变

径向畸变使像点沿径向产生偏差。径向畸变是对称的，对称中心和主点并不完全重合，但通常将主点视为对称中心。径向畸变分为两种：桶形畸变和枕形畸变。传统上，广角镜头 (<50mm) 会产生桶形畸变，鱼眼镜头是利用桶形畸变的例子；长焦镜头 (>150mm) 通常产生枕形畸变；标准镜头 (=50mm)、变焦镜头可能两种都有，如图 3.3.26(a) 所示。

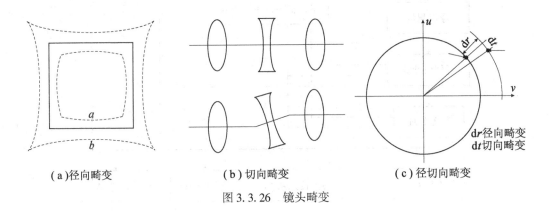

(a) 径向畸变　　　　　(b) 切向畸变　　　　　(c) 径切向畸变

图 3.3.26　镜头畸变

根据几何光学，径向畸变的数学表达式为

$$\Delta r = k_1 r^3 + k_2 r^5 + k_3 r^7 + \cdots$$

分解到像平面坐标系中则为

$$\begin{cases} \Delta x = k_1(x-x_0)r^2 + k_2(x-x_0)r^4 + k_3(x-x_0)r^6 + \cdots \\ \Delta y = k_1(y-y_0)r^2 + k_2(y-y_0)r^4 + k_3(y-y_0)r^6 + \cdots \end{cases} \tag{3.3.33}$$

式中，$r^2 = (x-x_0)^2 + (y-y_0)^2$，$k_i$ 为径向畸变系数。

(3) 切向畸变

如图3.3.26(b)所示，当透镜组中心偏离主光轴而产生的偏心形成切向畸变时，切向畸变使像点既产生径向偏心，又产生切向偏差。切向偏差表达式为

$$\begin{cases} \Delta x_p = p_1 \left(2(x - x_0)^2 + r^2 \right) + 2p_2(x - x_0)(y - y_0) \\ \Delta y_p = p_2 \left(2(y - y_0)^2 + r^2 \right) + 2p_1(x - x_0)(y - y_0) \end{cases} \quad (3.3.34)$$

一般情况下，切向畸变比径向畸变小，许多情况下不予考虑切向畸变。

2. 相机标定方法

总体而言，相机标定可以分为光学法和解析法。

(1) 光学法

光学法相机标定需要在实验室进行，需要专门的激光准直仪或者精密的测角仪。

以准直管为基本设备(见图3.3.27(a))：将多台准直管按照准确的角度安置在物方空间，各准直管上的十字丝成像在像片上。经过像片处理可以得到畸变差。

以测角仪为基本设备(见图3.3.27(b))：安置精密格网板，在物方安置一台可以转动的测角仪，顺次量取各格网点的角度，经过像片处理可以得到畸变差。

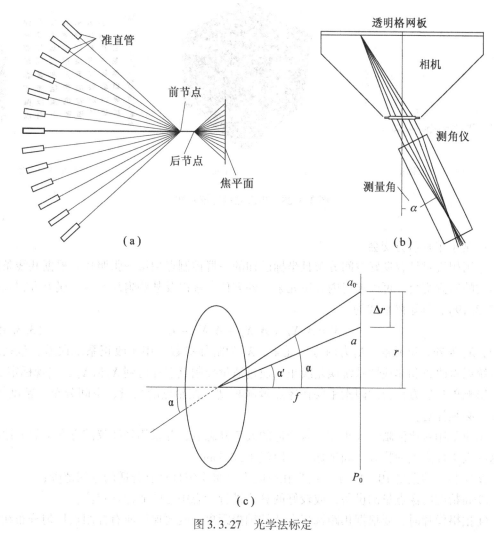

图3.3.27 光学法标定

无论哪种方法，通过实际测量结果与理论值进行比较求得畸变差，根据畸变差和畸变模型计算主距、主点中心和畸变系数，如图 3.3.27(c)所示。

由于光学法相机标定的灵活性和通用性较差，实际上用的非常少。

(2)解析法

解析法相机标定主要是利用数学方法，根据已知精密坐标的控制点场及其像点来完成参数标定的过程。该方法易于在现场实施，通用性强，故应用非常广泛。解析法又可以分为试验场法和自标定法。

试验场法：试验场一般为三维控制场。控制场由具有良好空间分布、坐标精确已知的(一般至少亚毫米)人工标志点组成。被检相机拍摄此控制场后，可以采用单片后方交会、多片后方交会、直接线性变换等求解相机的内部参数。这种标定主要用于：研究各种相机的内方位元素和系统误差参数的变化特点与规律；对结构稳定、性能良好的相机(量测相机、定焦相机等)进行标定。如图 3.3.28 所示。

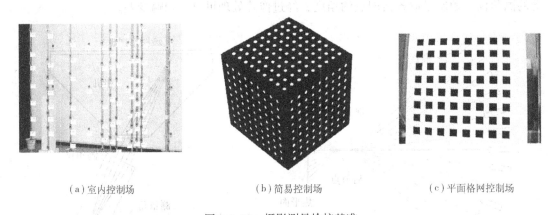

（a）室内控制场　　　　　　　（b）简易控制场　　　　　　　（c）平面格网控制场

图 3.3.28　摄影测量检校基准

1)基于单片后方交会

利用相机对具有良好空间分布且坐标已知的一群控制点拍摄一张照片。根据共线条件方程式的后方交会，可以求得内方位元素、外方位元素以及某些附加参数。误差方程式同式(3.3.19)，其矩阵形式为

$$V = A_1 X_E + A_2 X_I + A_3 X_C - L \qquad (3.3.35)$$

式中，X_E 为外方位元素，X_I 为内方位元素，X_C 为附加参数，用于改正系统误差，包括线性系统误差改正和非线性系统误差改正。通过适量控制点解算得到 X_I 和 X_C，实现标定。

影响单片后方交会的因素主要在像点量测精度、控制点的数量、空间分布、精度等。因此，必须注意：

①应采用对比清晰、大小和形状合适的人工标志点，并采用经纬仪前方交会的方法确定这些人工标志点的物方空间坐标，一般优于±0.1mm；

②控制点的数量 10～15 个，而且在空间上分布均匀且具有合适的空间范围；

③高精度的像点量测设备，或较好的算法进行标志中心的亚像素定位；

④拍摄像片时，要根据焦距选择合适的拍摄距离，既要保证所有控制点均匀分布在整个像幅上，又要保证拍摄方向上目标清晰。

2）基于多片后方交会

多片后方交会基于共线条件方程式。该方法与单片后方交会的根本区别在于：多片后方交会是在不同的位置和角度对同一控制点场拍摄多张像片。通过多张照片解求内方位元素、外方位元素和附加参数，从而通过适量控制点解算得到 X_I 和 X_C，实现标定。一般来说，在拍摄多张像片中，可以认为有些参数是相同的，比如：像片采用定焦拍摄，则主距不变；或畸变系数不变；或认为内方位元素不变等。

假定一个相机拍摄了三张像片，且这三张像片的内方位元素和附加参数不变，则参照式(3.3.18)，所有像点的误差方程式矩阵形式为

$$\begin{cases} V_1 = A_1 X_{E1} & + A_2 X_I + A_3 X_C - L_1 \\ V_2 = & B_1 X_{E2} & + B_2 X_I + B_3 X_C - L_2 \\ V_3 = & C_1 X_{E3} + C_2 X_I + C_3 X_C - L_3 \end{cases} \quad (3.3.36)$$

这样，对于同样的控制点，将会有更多的多余观测数，非常有利于提高未知数的精度和可靠性。

相对于单片后方交会，多片后方交会可以减少控制点的数量；可以克服未知数的相关性；可以有效地提高相机检验精度。但各张像片的重叠参数是否可以认为一致或者不变，需要慎重。否则会对结果产生影响。

3）直接线性变换法

直接线性变换系数与内方位元素、外方位元素以及一些线性系统误差（比例尺不一致、不正交性）有着严格的数学关系。可以利用直接线性变换的后方交会方法，通过适当数量的控制点解算出 11 个 L 系数的同时，也解算出镜头畸变系数，再利用 L 系数与内方位元素的关系计算 (x_0, y_0, f) 实现标定，相应的计算公式见式(3.3.24)。这种方法用于量测相机以及非量测相机的检验，精度与单片后方交会的结果相当。

4）同时检校法

同时检校法就是按照光束法平差原理，将内方位元素、外方位元素、系统误差参数和物方坐标一起进行整体平差，在平差的过程中自动进行相应的误差改正。在整体平差过程中，系统误差参数既可以看成自由未知数，又可以看成带权观测值。解算结果的同时也自动实现相机的标定与改正。

自标定法：不需要三维控制点场，而是利用多幅图像的对应关系来解求相机的内部参数。这类方法仅需要建立图像之间的对应，其灵活性很强，但解的稳定性不足。主要方法就是平面格网法。

平面格网的标定方法是由张正友于 1998 年提出的。这种方法只要利用相机在不同的角度拍摄三幅以上的影像，利用模板上点阵的物理坐标以及图像与模板之间的点的匹配进行标定。相机和平面格网板可以自由移动，解算方法采用基于最大似然法的非线性优化。

张正友提出的平面格网标定方法避免了建立三维控制场带来的不便。如图 3.3.29 所示，其算法过程是：

①打印一张模板并贴在一个平面上，确定模板方格块之间的间距；

②从不同角度拍摄若干模板像片；

③检测出图像的特征点；

④解算相机的内方位元素和外方位元素；

⑤解算畸变系数；

⑥优化求精。

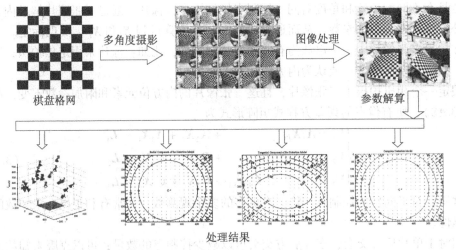

图 3.3.29　平面格网法解算过程

Tsai 用的两步定标算法：首先采用透视矩阵变换的方法求解线性系统的摄像机参数，再以求得的参数为初始值，考虑畸变因素，再利用最优化方法来提高标定精度。该方法的优点在于该模型假设摄像机的镜头的畸变是径向的，无论畸变如何变化，从图像中心到图像点方向的向量保持不变，这明显减少了参数空间的维数，提高了标定精度。

3.3.8　像点坐标量测

对于摄影测量而言，基本的观测值就是像点坐标。像点坐标的质量对于提高物方坐标的计算质量意义重大。无论是全数字测量系统，还是采用像片量测仪测量，影响像点坐标精度的因素有：

（1）像点的可辨认程度；

（2）量测相机的检验质量与稳定性；

（3）像点测量系统精度；

（4）像片测量仪到像片坐标的转换。

一般而言，顾及所有因素而实际达到的像点坐标精度可以通过光束法平差后中的误差进行评判。如果消除了系统误差和粗差，则整体平差的单位权中误差基本上与平均像点测量精度在一个数量级。像点坐标量测有以下几种方法。

1. 像片量测仪量测

在模拟像片量测仪上安置有两个垂直相交的精密长度测量设备(机械系统的精度可以达到$1\mu m$)。待测点的像点坐标通过光学测标测量。测量的像点是在坐标测量仪上的坐标。还可以通过转换，将该坐标变换到像平面坐标系中。

像点坐标精度与像片量测仪系统的长度精密度有关，还与量测仪坐标系统(格网、框标标志的清晰度与正确度)以及像点的可辨认度有关。使用高精度的坐标量测仪时，只有在像点和测标相匹配的情况下才有意义。如图 3.3.30 所示。

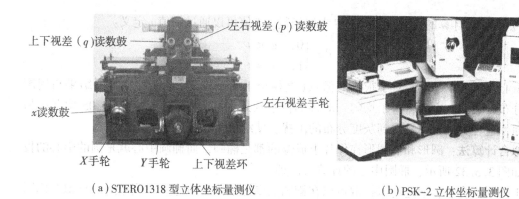

（a）STERO1318 型立体坐标量测仪　　　　（b）PSK-2 立体坐标量测仪

图 3.3.30　模拟式坐标量测仪

2. 像点数字测量

点状标志的数字测量主要针对那些能够定位到亚像素分辨率坐标中心的图像模式。常用点状标志有圆形和十字形，如图 3.3.31 所示。

（a）　　　　　　　　（b）　　　　　　　　（c）

图 3.3.31　测量标志

（1）屏幕测量

在图像处理软件中读入像片，通过交互方式，利用鼠标测量像点在屏幕坐标系下的坐标。在没有放大图像时平均精度是 0.3 ～ 0.5 像素。如果像点周围通过灰度内插放大，测量精度可以在 0.2 ～ 0.4 像素。

（2）边缘探测处理法

边缘探测处理法是通过数字图像处理，确定圆形标志的边缘像素点，利用数学方法重构其几何中心。

重心法：对标志点进行边缘探测获得边缘点像素坐标 $(x_i，y_i)$ 及其灰度值 g_i。如果待测像点形状的灰度是对称分布，可以计算其局部重心。重心点就是周围像素坐标的加权平均值。

$$\begin{cases} x_M = \dfrac{\sum\limits_{i=1}^{n}(x_i \cdot T \cdot g_i)}{\sum\limits_{i=1}^{n}(T \cdot g_i)} \\[4ex] y_M = \dfrac{\sum\limits_{i=1}^{n}(y_i \cdot T \cdot g_i)}{\sum\limits_{i=1}^{n}(T \cdot g_i)} \end{cases} \qquad (3.3.37)$$

式中，n 为参与计算的周边像素数，T 为权函数。T 值可以通过阈值 t 定义：

$$T = \begin{cases} 0, & g < t \\ 1, & g \geq t \end{cases}$$

重心算子简单易算，对于很小的像点(直径小于 5 个像素)也能计算。因结果与周围灰度分布有关，一方面，对于均匀、对称的像点模式，测量精度可以达到 0.05 像素；另一方面，这种方法很容易受到灰度分布的干扰，使结果难以控制。

拟合计算法：圆形和椭圆形在像片上成像的都是椭圆，而椭圆中心就是圆的中心的投影。如图 3.3.32 所示，椭圆中心的计算有两种：

①椭圆拟合法：通过边缘提取可以在椭圆周围确定许多边缘点。利用边缘点拟合椭圆参数。最后从椭圆参数导出中心点坐标。

②垂直相交法：如果将相互平行的椭圆边缘点的中点连接起来，就是一条椭圆直径，虽然不是长轴和短轴，但都通过椭圆中心。椭圆直径可以由沿着图像的行和列确定。将所有的水平弦的中点和垂直弦的中点分别进行线性拟合，获得两条椭圆直径，其交点就是椭圆中心。

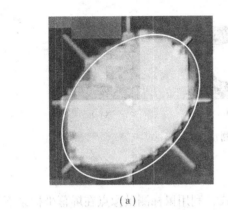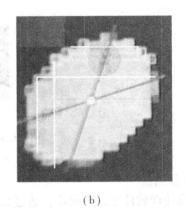

(a)　　　　　　　　　　　　(b)

图 3.3.32　椭圆中心定位

3. 像点匹配

像点匹配，也就是影像匹配，其实质上就是通过一定的匹配算法在两幅或多幅影像之间识别同名点的过程。常见的基于像方灰度的影像匹配算法有相关函数法、协方差函数法、相关系数法、差平方和法、差绝对值和法、最小二乘法等，基于物方的影像匹配算法有铅垂线轨迹法(Vertical Line Locus，VLL)，另外还有基于像方特征的跨接法影像匹配，金字塔多级影像匹配，等等。

以相关系数最大法为例。相关系数法就是计算目标区与搜索区的相似程度。在图像处理中应用最广泛的相似尺度就是互相关系数，互相关系数由目标区的灰度值 a_i 和搜索区灰度值 b_i 以及它们的平均值 $\overline{a}$、$\overline{b}$ 计算而得，即

$$r = \frac{\sum_i (a_i - \overline{a})(b_i - \overline{b})}{\sqrt{\sum_i (a_i - \overline{a})^2 \sum_i (b_i - \overline{b})^2}} \tag{3.3.38}$$

目标区连续在搜索域移动，目标区的每次位置都可以计算一次互相关系数。互相关是一种稳健的、与对比度无关的方法，但其计算量较大。当然，由于目标域和搜索域之间的比例尺的区别、旋转或其他变形等也可能导致计算很小的相关系数。

3.3.9 工业测量系统——V-STAR

工业测量系统 V-STARS(Video-Simultaneous Triangulation and Resection System)是美国 GSI 公司研制的工业数字近景摄影三坐标测量系统。该系统具有三维测量精度高(相对精度可达 1/20 万)、测量速度快、自动化程度高以及能在恶劣环境中工作等优点，是目前国际上最成熟的商业化工业数字摄影测量产品。该系统是基于数字摄影的大尺寸三坐标测量系统，也称为工业摄影测量系统(Industrial Photogrammetry System)、数字近景摄影测量系统、数字近景摄影视觉测量系统、数字摄影三维测量系统、三维光学图像测量系统(3D Industrial Measurement System)。该系统的组成附件如图3.3.33(a)所示。

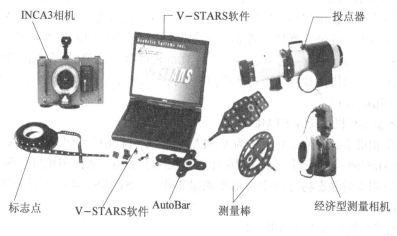

(a)

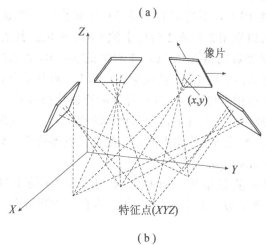

(b)

图3.3.33　V-STAR 系统组件与测量

先在被测物体上事先手动贴上回光反射标志，或者是通过投点器投点，或者是探测棒上的点。用 INCA3 相机，在不同的位置和方向，对同一物体进行拍摄，如图 3.3.33(b)

117

所示。V-STARS 软件会自动处理读入的照片，通过相关数据处理后得到待测点精确的三维坐标。

V-STAR 系统的技术特点有：

①高精度：10m 范围内，单机系统达到±0.08mm，双机系统达到±0.17mm；

②测量速度快：单机数分钟即可完成大量点云测量；双机可以实时测量；

③可以在特殊条件下测量，如高温、震动以及狭小空间(0.5m)等；

④易便携带。

V-STAR 系统可以采用两种测量方式，单机系统和双(多)机系统。而依照不同的相机，又分为 V-STARS/S(智能单机系统)、V-STARS/E(经济型单机系统)和 V-STARS/M(智能多机系统)。

(1)智能单相机系统 V-STARS/S

智能单相机系统的主要特点是，该系统不仅提供高精度的测量，而且便携。目前的最新型号为 V-STARS/S8，主要包括 1 台测量型数码相机 INCA3、1 台笔记本电脑(含系统软件)、1 套基准尺、1 根定向棒、1 组人工特征标志点(定向反光标志)。该系统主要用于对静态物体的高精度三维坐标测量，测量时只需要手持相机距离被测物体一定距离从多个位置和角度拍摄一定数量的数字像片，然后由计算机软件自动处理(标志点图像中心自动定位、自动匹配、自动拼接和自动平差计算)得到特征标志点的 X、Y、Z 坐标。典型测量精度为 $\pm(5\mu m+5\mu m/m)$。

(2)经济型单相机系统 V-STARS/E

经济型单相机系统目前最新型号为 V-STARS/E4X，除相机采用尼康 D2X 之外，其余配置与 V-STARS/S8 完全一样。经济型单相机系统由于采用一般商用相机、测量精度相对较低，主要应用于对静态物体的中等精度测量工作。V-STARS/E4X 系统的测量精度为 $\pm(10\mu m+10\mu m/m)$。

(3)智能多相机系统 V-STARS/M

智能多相机系统主要用于在不稳定的测量条件下提供实时测量。目前的最新型号为 V-STARS/M8，该系统可以采用 2 台或 2 台以上的 INCA 相机，其最为常用的是双相机系统，主要包括：2 台测量型数码相机 INCA3、1 台笔记本电脑(含系统软件)、1 套基准尺、1 根定向工棒、1 套辅助测棒、1 组人工特征标志点和 1 套联机附件(相机脚架、电缆线和控制器)。V-STARS/M8 双相机测量时通过软件控制相机拍摄像片，可以同时测量被测物体上的特征标志点集，故该系统尤其适合动态物体的测量，包括变形测量。也可以通过辅助测量棒实现单点测量，尤其适合隐藏点测量。配合投点器使用，V-STARS/M8(双相机)系统的测量精度为 $\pm(10\mu m+10\mu m/m)$。

此外，其他工业摄影测量系统，如德国的 AICON 3D 的 DPA—Pro 系统、挪威的 METRONOR 和 ROLLEI 近景数字工作站 CDW 等，也在工业测量中发挥着重要作用。如图 3.3.34 所示。

3.3.10 工程应用

由于摄影测量具有瞬时记录大量目标点和不接触特点。因此摄影测量适用于一些恶劣环境下(比如水下、放射性强、有毒、缺氧、噪音、强热等)的测量和动态测量。

工业摄影测量主要应用于测量运动物体的动态参数或物体的几何形状等。而且由于计

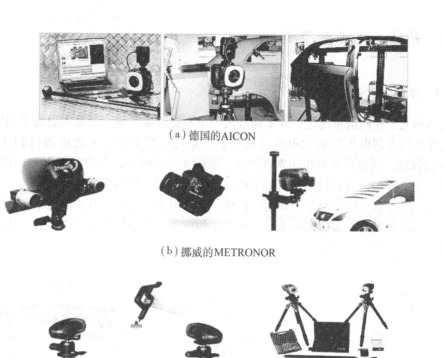

（a）德国的AICON

（b）挪威的METRONOR

（c）ROLLEI近景数字工作站—CDW

图 3.3.34　数字摄影测量系统

算机技术、数码相机和计算机图像处理技术的进步，使摄影测量具有测量时间短（不影响生产过程）、处理速度快、精度高的特点，可以进行线检测。总的说来，其典型的应用领域有：设备检验，测量设计模型，抛物面天线测量，船舶、汽车、飞机建造的形状测量，大型建筑体测量，汽车工业碰撞试验测量，机器人检校，风洞试验等。如图 3.3.35 所示。

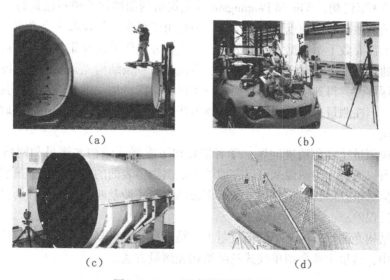

（a）　　　　　　　　　　　　　　（b）

（c）　　　　　　　　　　　　　　（d）

图 3.3.35　工业摄影测量的应用

3.4 结构光工业测量系统

3.4.1 系统组成

结构光工业测量系统是一种主动式的三维坐标测量系统。其基本思想是利用照明光源中的几何信息帮助提取景物中的几何信息。系统主要由数字光处理器(DLP)或投射器、CCD摄像机、图像采集卡和计算机组成。如图3.4.1所示,固定投射器和摄像机的位置,并进行标定。标定后其相对空间关系已知并保持固定。摄像机标定后,任何一条经过摄影中心的光线,其空间方向是已知的。同样,当投射器标定后,其光线的空间姿态也是已知的。这样,投射器和摄像机的光线就相当于构成了一个空间前方交会系统,依此测量出物体表面特征点的三维坐标。

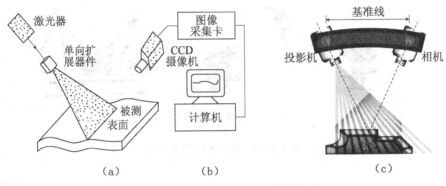

图3.4.1 结构光工业测量系统的组成

根据光学投射器所投射的光束模式的不同,结构光模式可以分为点结构光模式、单线结构光模式、多线结构光模式和网格结构光模式。如图3.4.2所示。

20世纪70年代初,Win和Pennington首先提出利用结构光单点法进行三维测量,这种方法能够精确地获取被测点的三维信息,但是由于每次只是投射一个光点,而测量完一整个物体至少需要数千个数据点或者更多,因此该方法测量速度非常慢。之后发展为单线结构光法,通过投射源投射出平面狭缝光,每次投射一条结构光条纹,每幅图像可以得到一个截面的深度,为得到整个物体表面的三维形状,需增加一维扫描机构。其测量精度略低于单点法,但在测量速度上大为改善,该方法也是在商业上广为应用的获取三维深度信息的成熟方法。

为了解决测量速度和精度问题,学者们提出了多线式结构光测量和网格式结构光测量,该方法可以通过一幅图像就可以获取整个被测物体表面的三维形状。虽然每次测量可获得更多的信息量,但其标定更加复杂,多线结构光还涉及匹配,方法较为复杂,容易产生更多的方法误差。

单线式结构光测量方法简单、信息量大、精度高、效率高、稳定性好,广泛应用于实际三维测量中,这里主要介绍单线式三维结构光测量方法。

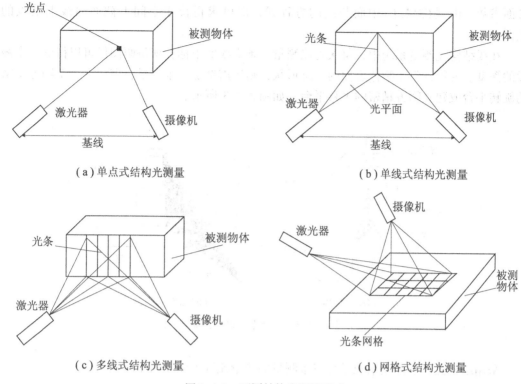

（a）单点式结构光测量   （b）单线式结构光测量

（c）多线式结构光测量   （d）网格式结构光测量

图 3.4.2　不同结构光测量形式

3.4.2　线结构光测量模型

如图 3.4.1 所示，线结构光视觉测量系统由线性激光器和一个 CCD 相机构成。激光器发射出的光束形成的光平面与空间被测物体相交，产生一个反映物体轮廓的截面曲线，曲线上的点就是被测点，它们将成像在相机的像平面上。而光平面与相机的像平面可以建立透视对应关系(这种关系需要事先标定)，利用此关系，就可以由像点计算出其对应的被测点空间坐标。换句话说，在完成系统标定以后，对于投射器而言，结构光平面是一个空间方程已知的面；对于摄像机而言，物体表面被测点、像点和摄影中心构成的空间直线方程已知，具体表达式为：

$$s\begin{bmatrix} u \\ v \\ 1 \end{bmatrix} = \begin{bmatrix} \alpha & c & u_0 \\ 0 & \beta & v_0 \\ 0 & 0 & 1 \end{bmatrix} \cdot [\boldsymbol{R} \quad \boldsymbol{T}] \cdot \begin{bmatrix} x_w \\ y_w \\ z_w \\ 1 \end{bmatrix} \tag{3.4.1}$$

$$a \cdot x_w + b \cdot y_w + c \cdot z_w + d = 0$$

式中，s 是一个比例修正因子；$\boldsymbol{R}$ 为旋转矩阵，$\boldsymbol{T}$ 为平移矢量，$\boldsymbol{R}$ 和 $\boldsymbol{T}$ 决定了摄像机相对于物方坐标系的方向和位置。u_0 为 v_0 为像主点在计算机图像坐标系下的坐标，s_x 和 s_y 是像平面横坐标轴、纵坐标轴对应于主距 f 的尺度因子，dβ 是两坐标轴不垂直因子，这些参数属于摄像机线性系统的内部参数。事实上，式(3.4.1)中，既可以作为摄像机的校准方程

(参照 3.3.7 节)；又可以作为校准后的空间直线方程(三点共线方程)。a, b, c, d 为光平面参数。由式(3.4.1)中面与线的方程式，即可求得位于空间上截面曲线上某点的坐标。

在线结构光测量系统中，每次可以测量一条交线的坐标，即每幅图像可以得到一个截面的深度。要得到整个物体表面的三维形状，则还需增加一维测量，即建立一个物方精密的旋转平台或建立物方精密的平移平台，如图 3.4.3 所示。

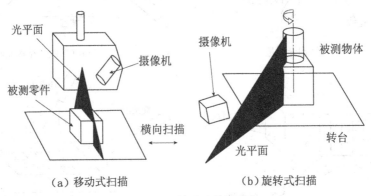

（a）移动式扫描　　　　　　　（b）旋转式扫描

图 3.4.3　三维重建数据获取

采用结构光工业测量系统进行三维测量的测量流程如图 3.4.4 所示。

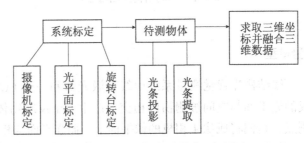

图 3.4.4　结构光测量流程框图

3.4.3　系统标定

根据结构光测量系统的原理可知：要采用结构光进行三维测量，首先需要对系统进行标定。标定的内容有三项：摄像机的内、外参数的标定；投射器光平面参数的标定；其他设备的标定(旋转平台)。

1. 摄像机内、外参数的标定

在进行结构光工业测量系统的标定时，首先必须对摄像机进行标定。摄像机内、外参数的标定在 3.3.7 节中有较为详细的叙述。这里不再赘述。唯一需要说明的是，由于结构光测量的范围较小，比较常用的标定方法是 Tschai 氏两步法和平面格网法。

2. 投射器光平面的标定

(1)直线标定法

做一块可以自由移动的平面靶标，靶标上设有彼此距离已知的三个点 A、B、C。三点位于一条直线，且定义为 l。不失一般性，设 $AB = BC = d$，移动平面靶标的位置，使光条纹与直线 l 相交。交点为 P，如图 3.4.5 所示。

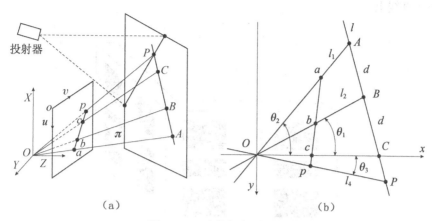

图 3.4.5　直线标定原理图

平面靶标上共线的 4 点在像平面的成像依次为 a，b，c，p。在摄像机的内方位元素、外方位元素已知后，可以对像点坐标进行各种系统误差改正，得到理想像点坐标（u_i，v_i），$i = a$，b，c，p，并得到像点在像空间坐标系下的坐标（X_i，Y_i，f），$i = a$，b，c，p。假设向量 $\overrightarrow{Ob}$，$\overrightarrow{Oa}$，$\overrightarrow{Op}$ 与 $\overrightarrow{Oc}$ 之间的夹角分别为 θ_1，θ_2，θ_3，则根据向量内积可以得到这三个角度值。

假设向量 $\overrightarrow{Oa}$，$\overrightarrow{Ob}$，$\overrightarrow{Oc}$，$\overrightarrow{Op}$ 所在的直线分别为 l_1，l_2，l_3，l_4，则这 4 条直线位于同一平面内，记为 π。在平面 π 上建立临时平面坐标系 O—xy，坐标原点与摄像机投影中心重合，x 轴与 l_3 重合，y 轴右手坐标系确定。在坐标系 O—xy 中，已知 θ_1，θ_2，θ_3 和 d 后，则：

①当 $2\tan\theta_1 = \tan\theta_2$ 时，说明直线 l 与 y 轴平行，利用约束长度 d 可以计算得

$$\overline{OP} = \frac{d}{|\tan\theta_1 \cdot \cos\theta_3|} \tag{3.4.2}$$

②当 $2\tan\theta_1 \neq \tan\theta_2$ 时，直线 l 与 y 轴相交。设直线 l 的方程为 $y = kx + b$，利用约束长度 d 可以计算得

$$k = \frac{\tan\theta_1 \cdot \tan\theta_2}{2\tan\theta_1 - \tan\theta_2}, \qquad b = \frac{d \cdot k \cdot \tan\theta_1 - d \cdot k^2}{\tan\theta_1 \cdot \sqrt{1 + k^2}}, \qquad \overline{OP} = \frac{d}{|\sin\theta_3 - k \cdot \cos\theta_3|}$$

$$\tag{3.4.3}$$

当得到 OP 的长度以后，可以得到 P 点在像空间坐标系下的三维坐标为

$$X_P = \overline{OP} \cdot \frac{Op}{Op}$$

同理，改变平面靶标板，可以得到多个 P 点的坐标。这些点均位于透射光平面上。根据这些点的三维坐标可以拟合空间平面——结构光平面。拟合方法见 4.5.1 节。

（2）靶标标定法

如图3.4.6所示的靶标构成了一个局部直角坐标系，其黑色方格的长、宽间距以及与边界的距离均通过高精度标定，亦即，48个角点的坐标均为精确已知点，而且方块的边界位于一条直线上。

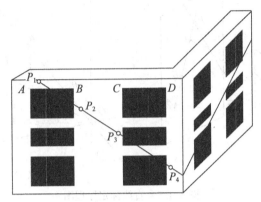

图3.4.6　立体靶标标定

首先调整靶标的位置，利用空间后方交会获取摄像机的内方位元素、外方位元素。然后将线结构光投影到靶标的两个面上（见图3.4.6中灰色直线），光线与靶标一面的方块边沿产生4个交点（见图3.4.6中圈点P_1 ~ P_4）。以图3.4.6中最上面一个交点P_1为例，拍摄像片后，方块角点A、B、C、D和交点P_1对应的像点位a、b、c、d和p_1。因为A、B、C、D、P_1位于一条直线上，其透视投影点a、b、c、d、p_1也位于一条直线上。对P_1、B、C、D按照透视投影的交比不变定理有

$$\frac{BD \cdot CP_1}{BC \cdot DP_1} = \frac{bd \cdot cp_1}{bc \cdot dp_1}$$

可以得到P_1B的长，进而得到P_1在靶标上的三维坐标。同样过程可以分别计算出另外7个点的三维坐标。利用这8个点就可以拟合出光平面的空间平面方程。

（3）机械调整法

通过外部测量和机械调整，将线结构光平面调整成为一个水平面或一个铅直面。这样可以使图像数据的处理更加简单。

3.4.4　结构光光条中心提取

在结构光测量系统中，激光条纹中心的检测精度直接影响到整个测量系统的测量精度。系统中投射到被测物表面上的结构光会发生变形，这种变形反映了被测物表面的三维信息。要想获得这一信息，必须首先从含有条纹的图像中获取条纹中心的准确位置。因此，条纹提取是至关重要的一步。如果图像质量好，条纹中心检测较为简单；如果条纹图像成像质量较差，欲快速准确地检测条纹中心就比较困难。

1. 结构光光条截面的数学模型

实际的三维结构光测量中，可以在测量前的校准和测量系统的机械硬件设计上来避免

摄像机的离焦模糊、相对运动造成的影响。但被测物体表面的不同颜色吸收、不同材质造成的漫反射宽条纹、镜面反射等都会对光条产生较大的干扰，这也是应该解决的问题，如图3.4.7所示。

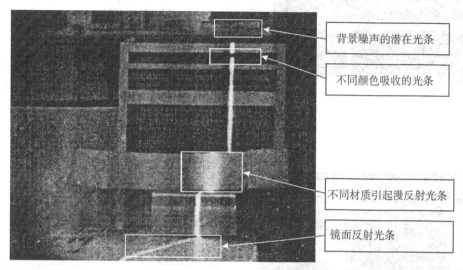

背景噪声的潜在光条

不同颜色吸收的光条

不同材质引起漫反射光条

镜面反射光条

图3.4.7　结构光光条干扰图像

线激光光源投射出的横截面为高斯型的线激光，到被测物体后，物体表面反射线激光，图像传感器接收到被物体表面形貌调制过的线结构光，产生线结构光光条。整个过程中，结构光光条的横截面的光强分布模型形状并没有发生本质的改变，理论上其灰度分布符合高斯型。针对上述不同背景下的结构光光条样本，通过实验采集得到的结构光条横截面分析结果如图3.4.8所示。

由图3.4.8可见，无论何种切面形状，除去基底的真实光条部分，都有唯一高斯模型与其对应，由此实现对光条中心点的提取。

2. 光条细化方法

CCD摄像机所采集的光带(光截面与车轮的交线)图像在理论上应是一条曲线，但实际上CCD摄像机所采集的图像是一条较宽的光带，而且其中不可避免地包含了许多噪声，这使得采用一般的图像处理技术很难检测出精确边缘。为获得精确的图像边缘曲线，可以首先使用边缘检测算子检测出多像元宽边缘，然后采用细化算法减小多像元边缘的宽度，从而获得细化边缘数据。具体细化方法如下：

(1)极值法

极值法对于条纹灰度分布成理想高斯分布的情况有很好的效果。这种方法首先识别出灰度的局部极大值，并将此极大值定义为条纹中心线。该方法的速度极快，但是很容易受到噪声的影响，所以这种技术不适用于信噪比较小的图像。为了克服极值法的缺点，可以采用两边搜索的极值法。取得极值的时候，在极值的位置向两边进行域值边界搜索，找到实际正确的边界，就可以避免噪声的影响。如图3.4.9所示。

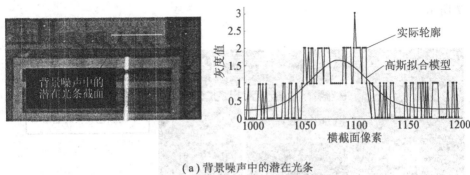

（a）背景噪声中的潜在光条

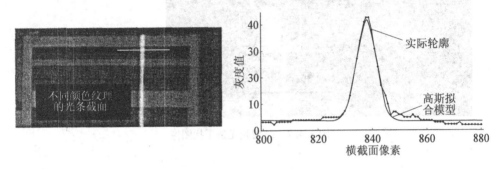

（b）不同颜色吸收的光条

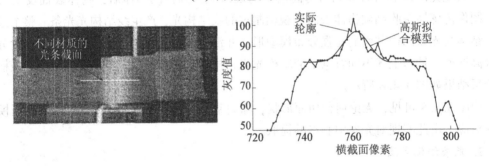

（c）不同材质引起的漫反射宽光条

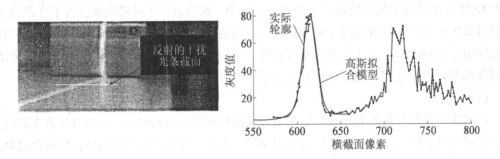

（d）镜面反射的干扰光条

图3.4.8　结构光光条截面的光强分布与拟合

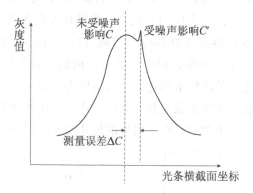

图 3.4.9　极值法及其受噪声影响的结果

（2）阈值法

由光条纹的截面光强分布知道，通常情况下光条纹具有光强集中性和对称性。根据这两个特性，通常采用阈值法来确定光条纹的中心位置。阈值法具有算法简单、实现容易、计算速度快等优点，但精度差，只适用于对位置的粗略估计，而且噪声较多使信号严重失真时，效果较差。如图 3.4.10 所示。

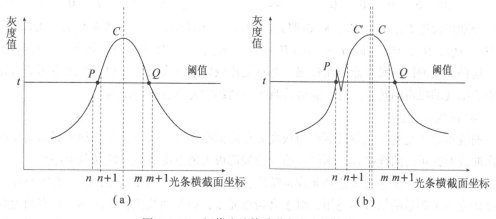

图 3.4.10　阈值法及其受噪声影响的结果

（3）方向模板法

将模板记为 K，模板的大小为 $m \times n$。通常将模板里的元素取为正数。设图像的大小为 $M \times N$，$C(i, j)$ 表示图像灰度。模板在图像的某一行 i 上进行滑动，对于第 j 列，计算得

$$H_j = \sum_{s=0}^{m-1} \sum_{t=0}^{n-1} K(s, t) \cdot C\left(i - \frac{m}{2} + s, j - \frac{n}{2} + t\right), j = \frac{n}{2}, \frac{n}{2} + 1, N - 1 \quad (3.4.4)$$

取 $H_p = \max(H_j)$，$j = \dfrac{n}{2}, \dfrac{n}{2} + 1, N - 1$，则在第 i 行上激光条纹中心位置为点 p 处。

结构光光条的方向随物体表面形貌的变化而不同，在小尺度情况下，可认为结构光光

条的方向有四种模式：水平、垂直、左斜45°、右斜45°。对应这四种模式，分别设计四种大小固定方向可变的模板，记为0，1，2，3。假设0方向为列方向较长的长条形模板，则1，3分别为左斜45°和右斜45°的模板，2方向为行方向较长的模板。这四个方向的模板分别记为 K_0，K_1，K_2，K_3。其中模板的系数 k 在取值上符合高斯分布。将各个带有方向性的模板依次与结构光光条图像求解卷积，其结果为：光条截面的极值将被强化，而周围的非极值点被相应抑制。如果光条与某一方向一致，则该处极值点位置更加突出，然后比较各方向最强的点即为光条的中心点。模板的尺寸取 5×7 时如下

$$K_0 = \begin{bmatrix} 0 & 0 & k_{00} & k_{01} & k_{02} & 0 & 0 \\ 0 & 0 & k_{10} & k_{11} & k_{12} & 0 & 0 \\ 0 & 0 & k_{20} & k_{21} & k_{22} & 0 & 0 \\ 0 & 0 & k_{30} & k_{31} & k_{32} & 0 & 0 \\ 0 & 0 & k_{40} & k_{41} & k_{42} & 0 & 0 \end{bmatrix} \quad K_1 = \begin{bmatrix} k_{00} & k_{01} & k_{02} & 0 & 0 & 0 & 0 \\ 0 & k_{10} & k_{11} & k_{12} & 0 & 0 & 0 \\ 0 & 0 & k_{20} & k_{21} & k_{22} & 0 & 0 \\ 0 & 0 & 0 & k_{30} & k_{31} & k_{32} & 0 \\ 0 & 0 & 0 & 0 & k_{40} & k_{41} & k_{42} \end{bmatrix}$$

$$K_2 = \begin{bmatrix} 0 & 0 & 0 & 0 & 0 & 0 & 0 \\ 0 & k_{02} & k_{12} & k_{22} & k_{32} & k_{42} & 0 \\ 0 & k_{01} & k_{11} & k_{21} & k_{31} & k_{41} & 0 \\ 0 & k_{00} & k_{10} & k_{20} & k_{30} & k_{40} & 0 \\ 0 & 0 & 0 & 0 & 0 & 0 & 0 \end{bmatrix} \quad K_3 = \begin{bmatrix} 0 & 0 & 0 & k_{00} & k_{01} & k_{02} \\ 0 & 0 & 0 & k_{10} & k_{11} & k_{12} & 0 \\ 0 & 0 & k_{20} & k_{21} & k_{22} & 0 & 0 \\ 0 & k_{30} & k_{31} & k_{32} & 0 & 0 & 0 \\ k_{40} & k_{41} & k_{42} & 0 & 0 & 0 & 0 \end{bmatrix}$$

分别用模板 K_0，K_1，K_2，K_3 按照式(3.4.4)对图像的每一行处理取最大，可以得到4个 H_{p0}，H_{p1}，H_{p2}，H_{p3}。而 $H_p = \max(H_{p0}, H_{p1}, H_{p2}, H_{p3})$ 中的 p 为激光条纹中心位置。

这种方法的抗白噪声能力比较强，并且能比较好地解决极值法和重心法检测结构光条纹中心出现的噪声问题，同时，能够检测出较精细的光条纹中心结构。

(4)曲线拟合法

曲线拟合法是基于光条截面点的灰度分布近似高斯分布这一特点，利用高斯曲线或者二次曲线对其进行曲线拟合，则拟合曲线的局部极大值点即为截面的光条中心点。

曲线拟合法，虽然可以达到亚像素精度，提取效果好，但是速度慢，对有实时性要求的结构光三维测量的场合不适用。对于高斯型光条，高斯曲线拟合算法不会具有因为算法本身而引入的误差，理论上其精度最高，但是曲线拟合算法复杂度高，算法效率低。且该算法也依赖于像素的灰度值关系，其算法容易受噪声影响。

3.4.5 测量误差分析

总的来说，三维结构光测量的结果误差与测量系统机械结构、镜头参数、图像传感器参数、特征提取算法等有关。

(1)系统机械结构。理论上，基线长度与总测量误差成反比。因此，结构光三维视觉测量系统设计要求基线长度足够大。而实际测量系统中，基线长度过长，会使得系统更加庞大。

(2)镜头。镜头通过焦距、分辨率、畸变等影响系统测量精度。镜头的焦距与总测量误差成反比。使用长焦镜头可以降低测量误差，但长焦镜头的景深较短，容易导致摄像机

对焦不准。分辨率低的镜头，像差很大，图像传感器的成像模糊，增加测量误差。镜头的光学畸变使得理想像点与实际像点之间存在差异。

（3）图像传感器。图像传感器得到的结构光图像为测量的原始信息。图像传感器的尺寸大小、分辨率直接影响线结构光图像特征点提取的定位精度。在分辨率相同的前提下，图像传感器尺寸越小，单个像素点感光面积越小，越容易受到传感器内部噪声影响，信噪比低，线结构光图像特征点定位精度也随之降低，最终影响测量精度。

（4）特征点提取算法。由于实际测量环境的复杂性，结构光图像经常受到各种干扰，因此要求特征点提取的算法具有较强的鲁棒性。此外，特征点提取算法精度影响整个系统的测量精度。实际中，图像传感器分辨率常常较低，为了保证整个系统的测量精度，要求特征点提取算法的精度能达到亚像素级别。

综上所述，当测量系统固定后，系统的机械结构、镜头、图像传感器等参数均固定，系统测量结果的可靠性和精度取决于结构光特征点提取算法的效果。对于线结构光三维测量，其特征点提取算法即为光条中心的提取。因此，三维结构光测量的精度评价可以转换为对光条中心点提取的结果的精度评价。

3.4.6 工程应用

结构光三维视觉在对景物或物体的三维信息提取中占有重要地位，结构光测量技术具有大量程、大视场、较高精度、光纹信息提取简单、实时性强及主动受控等特点。同时，由于使用高能量光源照明，可以在自然环境下工作，抗杂光干扰能力强，在工业测量中得到广泛应用。

1. 结构光测量技术在工业中的应用

（1）视觉检测

视觉检测主要是使用图像或图像的部分与设定的标准进行比较，以达到检测的目的。视觉检测已成功地应用于电子、汽车、纺织、机械加工等现代工业中。

如图3.4.11所示为轿车白车身结构光三维视觉检测系统硬件框图，该系统是一多视觉系统，用来监控装配过程或精确调整装配仪器，减小与标称值的偏差，使最终装配的车体有合格的尺寸，以实现车体质量百分之百的在线测量与控制。

首先车体由生产线上的传送系统自动地送入在线测量系统，定位传感器将车体的真实位置送入计算机控制器中。计算机控制器根据已编制好的测量程序自动地控制每一个视觉测头对车体的关键部位进行测量。测量白车身的32个关键部位大约只需要20s。计算机控制器能储存全部的测量结果，并根据其测量结果来自动地分析生产线的运行状况，及时地显示及预报可能出现的事故。

（2）视觉导引

视觉导引主要是使用图像处理的方法来导引机器人克服故障等及发现最佳的路径。结构光三维视觉也被广泛用于自动化生产线上机器人的自主导引，实现机器人的自适应控制。其典型应用有：

①在装配机器人中的应用：通常，在用机械手进行自动化安装过程中，工件必需准确地放在固定的位置上。工件位置有偏差将导致安装的偏差，从而影响产品质量。例如，在

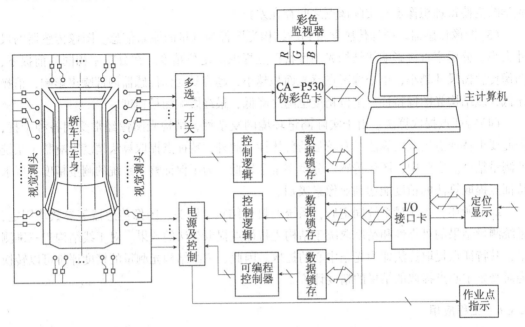

图 3.4.11 轿车自车身结构光三维视觉检测系统框图

汽车制造的总装线上，机器人被用来安装汽车的挡风玻璃。当车体被送入工位之后，机械手自动地将挡风玻璃送入挡风窗中。车体位置的偏差将导致挡风玻璃安装的偏差，从而产生汽车行驶时的嘈杂音。使用三维视觉系统来测量工件的准确位置，并基于测量结果来修改机器人的运动轨迹，从而提高机械手安装精度。例如机器人安装汽车挡风玻璃时，首先，四个视觉测头向挡风窗的四周发射激光束，根据其成像，三维视觉系统的计算机可以自动测量出挡风窗四周的准确三维位置，并根据测量结果计算出机器人应走的最佳路线。然后将计算结果输入机器人控制器中，机器人根据接收到的信息将挡风玻璃准确地送入挡风窗中。

②在弧焊机器人中的应用：弧焊是当前机器人应用的一个重要方面。随着计算机视觉、图像处理及模式识别等技术的进步，视觉信息的自适应弧焊机器人一直是人们热衷的一个目标。目前，焊接机器人应用得较多的就是结构光方法。当摄像机摄取经变形的结构光之后，系统内部的计算机需要检测出每条光纹的畸变处，比如断点或最大曲率点。这些畸变反映了焊缝的形状，当光源的位置已知时，就能求出焊缝的实际三维位置。这种基于结构光的视觉系统能适应于较粗糙的工件而无损焊接的精度，而且由于整个视觉系统装在机械手上，机器人在进行焊接作业的同时就能采集到图像，所以不需要复杂的传动扫描结构。典型的系统有德国的 PASS 系统，英国的 Meta Torch 200 和 500 系统。

2. 结构光测量在三维重建中的应用

作为一种三维测量技术，结构光测量系统也大量应用于物体的三维重建，如地形测量、文物测量、人脸测量、模具测量等。如图 3.4.12 所示。

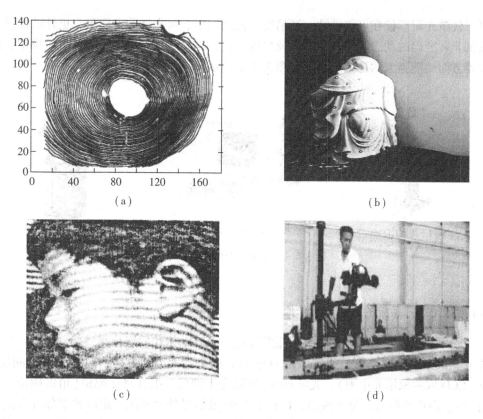

(a)

(b)

(c)

(d)

图 3.4.12　结构光三维重建应用

3.5　激光跟踪测量系统

　　20 世纪 80 年代以来，机器人广泛应用于制造业。为了适应测量机器人的动作及一些大型工件装配的需要，三维坐标动态跟踪测量技术迅速发展起来。激光跟踪测量技术最初是在机器人计量学领域发展起来的，当时主要用来解决机器人的标定问题。激光跟踪测量方法主要有纯角度方法、纯距离方法、角度—距离方法等。而激光跟踪仪是近 10 年才发展起来的新型测量仪，激光跟踪仪集激光干涉测距技术、光电检测技术、精密机械技术、计算机及控制技术、现代数值计算理论于一体，可以对空间运动目标进行跟踪并实时测量其空间三维坐标，具有安装快捷、操作简便、实时测量、测量精度及效率高等优点，被誉为"便携式 CMM"。

　　激光跟踪测量系统(Laser Tracker System)是工业测量系统中一种最新的产品，其典型的系统为瑞士 LEICA 公司于 1990 年推出的第一代产品 SMART310 系统：硬件采用美国专利技术生产的激光跟踪仪，软件是在 DOS 下开发的；1993 年该公司又推出了 SMART310 系统的二代产品，接着在 1996 年推出新产品 LTD500 系统及随后的 LTD800 系统，除了利用单频激光干涉测距(相对测距)外，还采用了 LEICA 专利的高精度绝对距离测量仪。软件采用 LEICA 的统一工业测量系统平台 Axyz；2000 年 LEICA 又推出了经济型的激光跟踪仪 LT300。国外其他公司也相继推出了激光跟踪仪产品，如美国自动精密工程公司(API)

的第三代激光跟踪仪在可携带性、高精度、使用简单、可靠性等方面具有更佳的设计，可以提供非常准确的动态或静态坐标以及角度测量，是尺寸测量、安装、定位、校正、逆向工程等方面功能强大的计量工具。如图3.5.1所示。

(a) LEICA LTD500　　　　　　　(b) API T3　　　　　　　(c) FARO ION

图3.5.1　几种典型的激光跟踪仪

3.5.1　激光跟踪系统的组成与工作原理

激光跟踪测量系统的结构主要由跟踪探测、跟踪轴架和伺服控制三部分组成。跟踪探测部分能根据瞄准偏差信号决定跟踪目标的运动速度大小和方向，包括光电探测器(如PSD，CCD或四象限光电池)、光学部分(如激光干涉仪、组合目标靶镜(角锥棱镜、猫眼反射镜)、跟踪反射镜、分光棱镜、1/4波片等)及信号处理系统。跟踪轴架部分保证使固定于其上的反射镜能够绕两个互相垂直相交的轴旋转，为高速、高精度、稳定跟踪提供保证，其结构形式、刚度、转动惯量、摩擦力矩、结构的稳定性和平衡性都影响整个系统的精度和响应特性；伺服控制部分是跟踪瞄准系统的操作控制环节，不仅影响整个系统的稳定性，而且直接关系到系统的跟踪精度和响应速度。

如图3.5.2(a)所示，激光跟踪测量系统的工作原理是：由激光干涉仪发射出的测量光束，经过分光镜到达跟踪转镜之后，由跟踪转镜反射到目标镜中心，由目标镜中心入射的光线按原光路返回，到达分光镜后，一部分激光束被反射到光电位置检测器，另一部分光束进入干涉系统与参考光束汇合进行位移测量。进入光电检测器的光束用于实现对目标镜的跟踪，平衡状态时位置检测器输出信号为零，此时控制系统没有信号输出。当目标靶镜运动时，返回光束发生平移，在位置检测器上产生偏差信号。该信号输入到跟踪控制系统，驱动电机带动转镜围绕反射基点旋转，从而改变进入目标靶镜的光束方向，使偏差信号减小，实现对目标靶镜的跟踪。如图3.5.2所示。

目前应用广泛的目标靶镜(光学反射器)主要有角锥棱镜(Corner Cubes)和猫眼棱镜(Cateyes)两种，各有其特点。

猫眼棱镜是由两个半径不同的半球粘在一起而构成的，对平行入射光，前半球将其聚焦于后半球的后表面，然后平行地反射回去，反射光与入射光平行但有些平移。猫眼棱镜的入射光束方向在±60°范围内变化时仍可正常工作；

角锥棱镜的光学原理是：进入角锥体的一束平行光线，经三个直角面的两两反射后，将分成不同反射次序的六段光线，只要角锥棱镜是理想的，则此六段光线形成的光束都将与原入射光线严格平行且反向，即反射光将沿原入射光路返回。角锥棱镜的入射角度变化范围只有±20°。

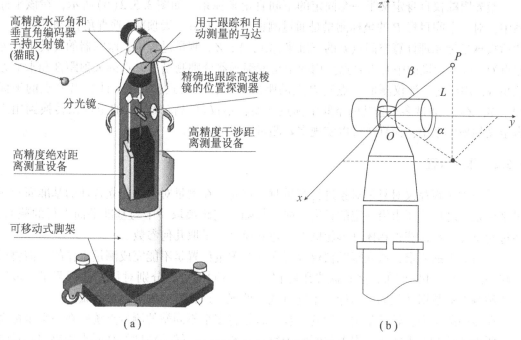

图 3.5.2　激光跟踪仪的内部结构与测量原理图

猫眼棱镜的体积和重量比角锥棱镜大一些，光能损失也较大。角锥棱镜的顶点和猫眼棱镜的球心点理论上均应与固定在其外面的球形外壳中心重合，这样在测量中转动球形外壳时，不会改变反射镜中心的位置。与角锥棱镜相比较，猫眼棱镜具有接收角大、测量中心稳定(对入射光线方向不敏感)等优点。如图 3.5.3 所示。

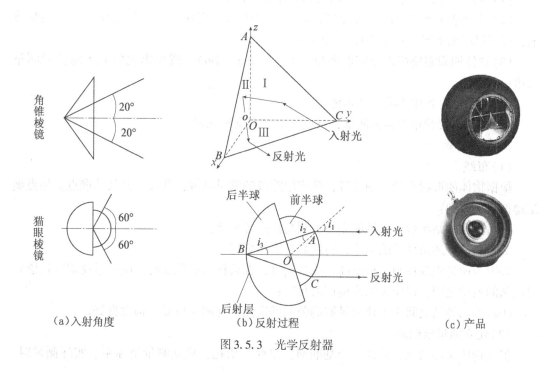

（a）入射角度　　　　　　　（b）反射过程　　　　　　（c）产品

图 3.5.3　光学反射器

激光跟踪仪自身定义了一套固定的空间直角坐标系。如图 3.5.2(b)所示，在该坐标系中，对一空间目标 P 的坐标测量是通过测量出水平角 α、天顶距(垂直角)β 和斜距 L，然后按球坐标原理计算空间点 P 的三维坐标 X，Y，Z。测量过程中，跟踪器的旋转中心为原点 O，被测靶镜的中心为 P 点。用两个角度编码器分别测量出 P 点的天顶距 β 和水平方位角 α，用激光干涉仪测量 O 点到 P 点的距离 L 后，则由式(3.2.1)计算出 P 点的坐标 $(X，Y，Z)$。通过多个公共的空间坐标点变换，不仅可以将跟踪仪的坐标系转换到用户自定义的坐标系中，而且还可以实现多站测量结果的拼接。

3.5.2 作业流程

采用激光跟踪仪对复杂对象进行测量时，首先要在测量对象上建立合理的基准面和测量坐标系，之后按要求沿一定的长度方向，每隔一定距离取一个与基准平面平行的截面，通过测量各个截面获得物体外形轮廓点，建立模型，量取几何参数。

因为通视的要求，激光跟踪仪仅放置在一个测量位置是不能完成测量工作的，需要通过移动激光跟踪仪(或布置多台激光跟踪仪)，在不同的位置分别对目标进行测量，最后将各站测得的数据转到同一坐标系中进行统一处理。这种方式称为多站测量。

在多站测量中，转站是关键性的一步。就是将多个不同站的测量点统一在一个坐标系下。所以转站时引入的测量误差将影响到每一个测量点，转站精度的高低直接决定测量结果的好坏。对于在统一的坐标系下，一般要求转站测量误差控制在 ±0.5mm 以下。转换时，不需要考虑尺度参数。为保证转换精度，两站之间的公共基准点通常取 4 个或 4 个以上。

1. 测量现场条件要求

为保证测量结果，要求现场条件满足：

(1)地面坚硬，应保证激光跟踪仪和物体能平稳放置；

(2)尽量保证测量场地环境温度恒定，无风或风力变化不大，避免物体发生热胀冷缩，或因风吹而变形，尽量选择在室内测量；

(3)物体四周需要留出足够的测量空间(至少 3～4m)，避免出现激光跟踪仪的测量死角；

(4)测量的过程中不能移动物体；

(5)如果需要测量物体的底部，其底部应采用支架托起。

2. 测量步骤

(1)布站

根据物体的形状和摆放的位置，确定跟踪仪的测量站数，并设置公共基准点。站点确定遵循以下原则：

①站位和转站次数应保证能完整测到物体的各个部位；

②在满足上述条件的前提下，转站数越少越好；

③因为激光跟踪仪测距精度高于测角精度，在选择站点位置时，应尽量使跟踪仪能正对该站的测量范围，以减少测头偏摆的角度；

④转站的各站之间必须建立足够的公共基准点，并固定可靠，构型良好。

(2)建立测量坐标系

根据物体实际情况，选择一个基准面，以此为依托，建立测量坐标系。实际测量时，可以以第一站的仪器坐标系作为测量坐标系。开机预热，完成仪器的自检。

（3）测量截面点云

首先在物体表面，按要求每隔一定距离取一个与基准平面平行的截面，并对每个测量截面大致位置进行标记，将猫眼棱镜贴在物体表面，测量各个截面得到外轮廓点。除了截面测量外，还可以采用扫描的方式测量物体的局部，获得点云数据；或者测量物体的特征点、特征线和特征面。

（4）物体坐标系转换

为最终实现测量坐标系与物体自身坐标系的转换，需要测量物体自身坐标系的轴线在测量坐标系下的位置。为此，首先必须确定物体上用于构建物体自身坐标系的关键点。

实际测量时，可以根据直接测量或间接测量，获得物体的关键点，确定这些关键点在测量坐标系上的位置，进而可以通过坐标转换，将所有测点转换到物体自身坐标系中。

3. 测量数据处理和模型重构

（1）截面拟合

根据测得的各截面点云，可以采用拟合函数，拟合封闭的截面曲线。拟合的过程中，需要剔除一些冗余点和粗差点，以保证控制截面形状的拟合误差满足规定的要求。

另外，由于测量反射球半径为 19.05mm，因此拟合出来的截面还需要进行半径补偿，亦即将拟合出来的截面向内偏移一个半径值。

（2）曲面拟合

根据截面的点云，以及其他局部测量的点云，利用多种曲面拟合的方法拟合出相关部位的曲面，并对拟合的曲面进行偏移改正，以消除小球半径的影响。

（3）实体模型的生成

将拟合的各个曲面进行拼接和封闭，生成一个闭合曲面，对其进行实体填充，隐藏曲面，得到实体模型。

（4）几何参数提取

根据实体模型，提取物体几何参数，包括各截面弦长、最大厚度、相对厚度、扭转角等。

3.5.3　精度影响的因素及克服措施

1. 影响测量精度的因素

影响测量精度的因素主要来自外界环境和仪器自身。由于仪器的高度自动化，对操作者经验、技巧的要求大为降低，但也需要正确操作。图 3.5.4 为 3 个主要方面的影响因素示意图。

（1）外界环境

外界环境包括温度变化、温度梯度、大气抖动、外界振动、仪器支架和被测物的稳定性等。不同环境下得到的测量结果可能大相径庭，在高精度测量中必须严格控制。

①温度、气压和湿度等气象条件会影响大气折射率，温度 1℃、气压 1mmHg 及 40℃时 40% 的相对湿度变化会引起折射率百万分之一的计算误差，从而影响距离测量的精度。

②激光光路方向上的温度梯度、大气抖动会影响光的方向，使得角度测量误差增大。

③外界的振动会导致粗差的出现及仪器和被测物相对位置的缓慢变化。

④仪器和支架的不稳定将导致测量精度的严重下降。

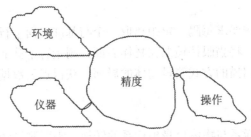

图 3.5.4　激光跟踪仪精度的影响因素示意图

（2）仪器结构

仪器本身由许多电子元件组成，这些电子元件的散热会导致仪器结构随时间而产生细微变化。而且激光频率也会随时间发生漂移，在刚开机预热后的一段时间内非常明显。

激光跟踪仪包括两个度盘及各种反射光路组成的测角系统、激光干涉测距系统及各种复杂的马达、反馈系统。仪器的加工装配误差、运输及外界环境的变化等都会造成光路的改变及轴系关系的变化，影响仪器的性能。为保证仪器的稳定性，配套软件提供了自校准程序。在软件中存在着包含各种误差（如度盘偏心、镜轴倾斜、轴系倾斜等）参数的数学模型，通过特定的校准步骤，计算出误差值，对测量结果进行补偿。校准结果受实际条件影响较大。

（3）操作

仪器的操作不仅是会使用仪器，而且应能够根据测量任务的具体情况，选择合适的方案，并采取措施使得仪器自身及外界因素对测量结果的影响最小。

2. 提高测量精度的措施

正确的操作是避免错误、获取高精度的必要条件。下面这些方法对于提高测量精度有一定的指导意义。

（1）仪器现场检查

通过类似于仪器校准但略为简单的操作，如前视、后视测量，对仪器进行现场检查，可以确定仪器的状态，保证测量的质量。仪器现场检查应每天都做或改变操作环境后立即进行，仪器现场检查不仅能确定仪器的状态，而且可能发现测量现场环境的问题。

（2）仪器定期校准

仪器的校准可以确保测量的精度。仪器通常提供一定的参数，供操作者检核校准的质量。

实验室环境下仪器校准可能得到非常好的结果。但是如果仪器的状态不符合实际环境，仪器校准就无法取得高精度的结果。仪器校准一般应在测量现场进行。但测量现场经常会受到人员走动、振动等各种因素的干扰，会影响仪器校准质量，应尽量克服。

仪器校准应定期进行，在长途运输或受到颠簸、碰撞之后，也应进行仪器校准。操作者应比较熟练，以减弱人对仪器校准质量的影响。对于高精度的测量，最好每次工作之前都进行仪器校准。

（3）基准距离的校准

激光跟踪仪最大的优点在于利用双频激光干涉测量距离，然而干涉测量的零点却是不确定的，基准距离校准就是为了得到干涉测量的零点，或者说基准距离校准，就是在测量开始时必须标定跟踪仪的坐标原点到反射器的绝对距离，且对不同的反射器都应该做此校准。该项校准相当于求取距离加常数。基本方法有两种：

①如图3.5.5(a)所示：当已知两点1、2之间的距离时，在两点之间测量(尽量位于一条直线上)用仪器测量到1、2点的距离和角度，通过平差计算实现校准。

②如图3.5.5(b)：当两点1、2之间的距离未知时，在两点之间测量(尽量位于一条直线上)的两个仪器位置测量到1、2点的距离和角度，通过平差计算实现校准。

采用上述方法校准时，应尽量保证1、2两点稳定，且都与仪器同高。

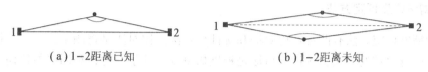

(a)1-2距离已知　　　　　　　　(b)1-2距离未知

图3.5.5　基准距离校准法

（4）减少绝对距离测量(ADM)的使用

干涉测距精度很高，但是一旦断光，必须返回基准点，非常不方便。目前许多激光跟踪仪具备绝对距离测量(ADM)功能，可以提供无需返回的方便，大大提高了方便性。由于干涉测距的高精度，ADM以干涉测距为基准，校准其加常数和乘常数。显然，ADM的精度要低于干涉测距的精度。此外，ADM断光续接除了对距离测量造成影响外，还会对角度测量造成一定的影响。当环境较好、不易断光，测量精度要求高时，应减少绝对距离测量(ADM)的使用。

（5）光学反射器的操作

不同的光学反射器对应不同的常数，测量时应确信选择了正确的光学反射器。为减小光学反射器加工误差的影响，测量时其相对于仪器的姿态应基本一致；光学反射器放好后，应瞄准仪器头，确保激光的入射角不致过大；确保光学反射器和靶座之间的良好接触，灰尘、碎屑会严重影响测量精度；光学反射器使用过程中，需和不同的物体反复接触，可能会造成一定的磨损。

（6）测量环境

高精度测量时，应避免外界震动(吊车、汽车、人员走动)；测量过程中，应始终保证仪器和被测物没有移动、倾斜；应确保测量区域内在测量前几天内没有发生重物的移动，因为重物可能造成地基缓慢、不易觉察的沉降；测量状态应尽可能接近被测物的使用状态，以避免移动及支撑方式变化对物体的影响；在高精度测量时，应保证跟踪仪和周围环境充分融合。总之，应保证测量环境处于"受控"状态。

此外，若一次测量持续时间很长，仪器、被测物或基准点之间的相对位置很容易发生变化，影响测量精度。在费时很多的安装测量任务中，应建立稳定的基准，定期重测基准，保证基准和被测物之间相对位置的统一。

（7）温度控制

温度属于测量环境一类，之所以单独列出，是因为其对测量精度的特别影响。温度变化不仅会引起仪器状态的变化，而且会引起被测物尺寸的变化。更糟糕的是，这些影响的结果是很难量化改正的。因此，最好的办法是严格控制测量时的温度，才能保证测量的质量及不同场合下测量结果的一致性。

（8）多余观测

多余观测可以保证测量数据的质量，只有存在多余观测才有可能剔除粗差及受环境影响较大的数据。对于激光跟踪仪来说，具有测量速度快的优点，使得多余观测非常方便。

（9）正确操作

面对不同的测量任务，应根据具体情况，拟定合适的方案。例如：仪器和被测物的相对位置及姿态可能影响测量精度；对于隐藏点，应比较直接用隐藏附件和仪器转站的精度，确定方案。

3.5.4 测量精度评定方法

测量精度评定方法有两种：比对法和统计分析法。比对法是将测量结果和更精确的仪器或标准进行比较的方法；统计分析法是根据概率及统计学原理，利用误差传播定律估计测量精度的方法。二者在激光跟踪仪精度评定中均有所应用。

1. 比对法

比对法是激光跟踪仪测量精度评定中最常用的方法，常用的标准物有标准尺、球杆等。标准尺采用膨胀系数非常低的钢瓦合金或碳纤维制造，其长度一般在2m以内，精确尺寸由生产厂家或计量单位的精密测长设备给出。用仪器测量标准尺的长度和尺长比较，在一定程度上，差值可以反映仪器的测量精度。

球杆能够产生一个精确定义的圆，其原理是在一个平面内，物体绕一点作固定半径的转动时，其运动轨迹是圆。球杆通过马达驱动，反射球的轨迹将是一个标准圆。由于仪器的测量误差，反射球的轨迹将不再是一个圆，可以通过圆拟合的方法，计算拟合误差，根据误差情况，可以用于检验仪器的精度或修正仪器参数。

此外，还可以用其他一些标准物，如步距轨、标准平面、标准圆柱等进行测量精度检验。

除了标准物外，两面测量也是一种非常好的测量精度评定办法。度盘在两面测量同一个目标时，其测量值之和应等于360°，差值反映仪器的轴系误差。

FARO和API利用若干点的两面测量即可完成仪器的现场检查和校准，LEICA采用两面测量和球杆相结合的方法进行仪器的现场检查和校准。

现场检查可以确定仪器的状态、环境条件及操作者等因素对测量的综合影响。首先应保证测量环境的稳定性，然后通过对分布于远、近、高、低几个位置的空间点进行两面测量，及远、近两处的球杆测量，检查仪器的状态。

2. 统计分析法

比对法中的各种办法可以比较直观地给出仪器的局部测量精度。统计分析法则可以给出较为全面的信息。其基本思路是：利用一系列空间点形成一个相对位置关系确定、但参数未知的标准空间参考系统。利用跟踪仪从不同位置对该空间系统进行测量。在合理的布置下，可以获得两组信息：一是空间点的相对位置关系及其测量精度，二是仪器之间的相对位置。测量精度信息反映了各种因素的影响，可以评定激光跟踪仪的测量精度，对精度的分析是建立在均方根误差或方差等统计值之上的，故称之为统计分析法，该方法可以较为实际地反映仪器在空间范围内的测量精度情况。从仪器操作的角度来看，该方法是利用转站测量方式评定仪器的精度。

由于空间点的数目、相对位置关系、仪器设站次数等均会影响测量结果，所以应根据实际测量情况布设空间点及仪器位置。相对于比对法来说，统计分析法给出的精度信息非常综合，但提供的只是仪器的验后精度，无法为测量提供验前信息及指导。二者各有利弊，所以在实际工作中可以结合使用，根据要求灵活掌握，给出正确的测量精度评定。

3.5.5 应用领域

以下是从网站查取的两款激光跟踪仪的部分技术参数。从这些技术指标可以大致了解到其他激光跟踪仪测量指标。

1. API T3 激光跟踪仪的主要技术参数

(1)最大跟踪速度：>3.0m/s，最大加速度：>2g；

(2)跟踪头重量：8.5kg，控制箱重量：3.2kg，系统总重量：23kg；

(3)测量距离(直径)：大于120m，长度分辨率：1μm；

(4)水平：±320°，垂直：+80°～-60°，角度分辨率：0.07″；

(5)采样速率：256点/秒(可选3000点/秒)；

(6)三维空间测量精度：干涉法：静态：5ppm(2sigma)，动态：10ppm(2sigma)，ADM：静态：10ppm；

(7)重复精度：2.5ppm(2sigma)；

(8)工作环境：-10～+55℃；

(9)ADM测量范围：1.5～60m。

2. LEICA LTD800 绝对跟踪仪的技术参数

(1)测量范围：距离范围1.5～40m，水平方向360°，竖直方向±45°；

(2)测量性能：角度测量精度2″，数据采集速度3000点/秒，数据输出速度1000点/秒；

(3)跟踪性能：横向跟踪速度>4m/s，横向加速度>2g，径向跟踪速度>6m/s；

(4)距离测量精度：干涉距离测量精度±0.5ppm，ADM距离测量精度±25μm；

(5)跟踪仪主机重34kg，控制器重17kg。

由上述可以看出，激光跟踪仪具有跟踪性能好、跟踪精度高、响应速度快，且能够以大方位角、高精度、全姿态测量运动目标位置信息。激光跟踪仪不需人工瞄准即可全自动跟踪反射装置。激光跟踪测量系统的测量速度是其他系统无法比拟的，每秒读数可达数千次，特别适合于动态目标的检测。这种快速、动态、远距离、高准确度的特点使其在飞机、汽车和轮船部件的外形测量，飞机装配型架等设备及核工业精密设备的安装测量方面具有广泛应用。激光跟踪仪的应用主要包括动态、静态坐标点的标定，固定点的放样及检测等；借助一些附件还可以进行特殊点的测量，比如隐藏点的测量。实际上，激光跟踪仪静态点测量结果是多次测量的平均值。将目标反射器置于待测位置，待其稳定后，在1s内对其采样 n 次($0<n\leqslant1000$)，由于测量过程中外界因素的影响，n 次测量结果不完全相同且分布在空间一定范围内，附带的测量软件通过最小二乘法可将这 n 个结果取平均，得到的结果能较为真实地反映测量点的空间位置。通过这样的方法，可以将由于外界因素(例如：气流的扰动，固定点的震动)的影响降低到最低程度，这样就保证了某些重要点空间坐标的测量准确度。

3. 隐点在线检测

例如 LEICA LDT800 与 T—Probe 配合，跟踪仪能测量各种隐藏点。同时还能跟踪测量移动物体的空间位置与空间方位，并通过相应的分析计算，得出被测物体的速度、加速度及空间轨迹特性。如图 3.5.6 所示。

T—Probe 在测头中心放置了反射镜，同时按一定的阵列分布了 10 个红外发光二极管，这样就反映了 T—Probe 的 6 个位置参数，进而根据给定的参数给出测头探针针头中心的坐标。可以用此探针来对被测对象进行测量。

T—Probe 主要性能指标：

(1) 最大测量距离：1.5 ~ 15m;

(2) 测头旋转速度：俯仰角 ±45°，绕竖轴旋转 ±45°，绕光轴旋转 360°;

(3) 测点误差：(7m 内) ±100μm, (7m 外) ±(30μm+10μm/m);

(4) 长度误差：(8.5m 内) ±60μm, (8.5m 外) ±7μm/m;

(5) 综合测量误差 (实测球面半径与名义值之间的偏差): ±(20μm+2μm/m);

(6) 最大测杆长度：600mm。

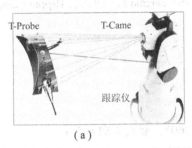
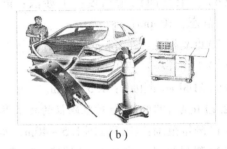

（a）　　　　　　　　　　　（b）

图 3.5.6　隐点在线检测

4. 基于 CAD 的检测

例如 LEICA LDT800 与 T—Scan 配合，可以以手持的方式实现对物体表面的快速扫描测量。系统具有 70000 点/秒的数据采集能力，而且在 8.5m 范围内，空间长度测量误差不超过 50μm，可以根据被测物体表面状况自行调节激光束密度，表面不需要涂层等处置措施。是曲面测量、模具制造和逆向工程等方面应用的有力工具。如图 3.5.7 所示。

（a）　　　　　　　　　　　（b）

图 3.5.7　扫描测量

5. 大尺寸部件测量

对大型物体(比如飞机)和小型物体都可以实现精度达到微米级的精密测量。通过手持式反射镜，操作人员可以对被测物体进行自由采点检测，同时得到实际值与理论值之间偏差的实时反馈。如图3.5.8(a)所示。

6. 机器人的调整

通过高速精准测量完成机器人调整、机械导向和测量辅助装配等工作，实现机器人的调整、钻探机械的精度改进、机翼到机身的自动化装配等。如图3.5.8(b)所示。

7. 系统装配和部件装配

使用激光跟踪仪，复杂的构件，如航空、航天和汽车行业的生产线，可以在短时间内以很高的可靠性进行检测和装配。由于跟踪仪的现场性和实时性特点，装配的过程也是检测的过程。如图3.5.8(c)所示。

8. 工装检测和研发

汽车和飞机工业的生产线需要定期进行检测，以进行重复性和准确性测试。通过这种可移动式的坐标测量设备，缩短了停工期，并可对生产线的工装、夹具和检具进行精密的现场检测。如图3.5.8(d)所示。

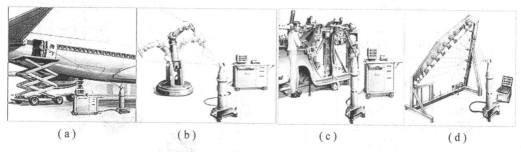

(a)　　　　　　(b)　　　　　　(c)　　　　　　(d)

图3.5.8　激光跟踪仪的工业应用

9. 微型基准网的建立

由于激光跟踪仪的短距测量精度高，而微型控制网边长较短，因此考虑采用激光跟踪仪来建立测边网。这样，可以避免在测站进行对中，通过直接对目标点进行高精度的距离测量。对控制网平差解算出目标点的平面坐标。

3.6　地面三维激光扫描系统

地面三维激光扫描是一种快速获取三维空间信息的技术，这项技术将单点数据采集变为密集的、连续的自动数据采集，极大地增加了信息量，提高了工作效率，拓宽了测绘技术的应用领域。目前，该技术广泛应用于土木工程、工业设计与制造、地形测量、变形监测等领域。

3.6.1　地面三维激光扫描系统的组成与测量原理

地面三维激光扫描系统主要由扫描头、控制器、计算机和电源供应系统组成。扫描头包含了激光发射器、激光探测器以及旋转系统；控制系统主要负责角度测量和距离测量；

计算机用于数据的存储与计算。有些扫描仪还集成了 CCD 相机。扫描仪中有一个固定的三维坐标系，如图 3.6.1(b)所示。

测量时，首先由激光脉冲二极管发射出激光脉冲信号，在控制器的控制下，水平镜和垂直镜按照设定的步进量快速而有序地同步旋转，使激光依次扫过测量物体表面。经物体表面漫反射回来，由探测器接收反射回来的激光脉冲信号。控制模块通过某种模式测量出每个激光脉冲到物体表面的空间距离和每个脉冲激光的水平角和天顶距。通过计算机处理得到每个激光点的三维坐标和反射强度。因此，地面三维激光扫描系统能在短时间内获取测量物体表面的大量点的数据信息，经过软件处理实现实体建模输出。

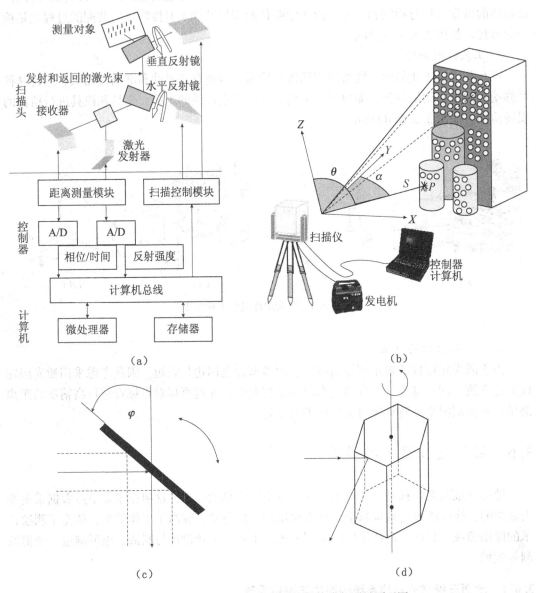

图 3.6.1　地面三维激光扫描系统的构成与测量原理图

具体而言，激光扫描测量值分为两个部分：

（1）距离测量：按照三角法、脉冲式和相位式原理测量脉冲信号在仪器和光斑脚点之间的距离。

（2）角度测量：步进电机是一种将电脉冲信号转换成角位移的控制微电机。把两个步进电机和扫描棱镜安装在一起，分别实现水平方向和垂直方向扫描的精确定位。最常用的扫描方式有两种：

①摆动扫描镜见图3.6.1(c)：由电机驱动摆动扫描镜往返振荡，扫描速度较慢，适合高精度测量。由于不断地经历加速、减速等步骤会使激光点的密度不均匀。在扫描角度小（如±20°）时其不均匀性不显著；当扫描角逐渐增大时，其不均匀性会越来越显著。

②旋转正多面体（见图3.6.1(d)）：在电机驱动下，旋转正多面体扫描镜绕自身对称轴匀速旋转，扫描速度快。速度和发射激光比摆动单个镜面要均匀。但光通过每一个多棱镜的表面时，都会经历一段不能接收光的部位。

这些点的三维坐标按式(3.2.1)的极坐标原理计算。同时记录激光点的反射信号强度值和颜色信息。大量空间点的坐标、反射强度和颜色构成激光扫描的点云数据。

3.6.2 点云数据的特点

激光扫描仪测量的密集数据就是点云。点云数据包含了三维坐标、激光反射强度和颜色信息。通过进一步处理还可以得到点的法向量。点云数据具有以下特点：

（1）可量测性：可以直接在点云上量取点的坐标和法向量，两点的距离和方位，计算点云围成的表面与体积等。

（2）光谱性：具有8bit甚至更高的激光强度量化信息和24位真彩色信息。

（3）不规则性：点云扫描是按照水平角和垂直角等间隔步进方式进行采样的。同样的间隔，距离与点间隔成正比。再加上各种因素的影响，点云在空间的分布并不是规则的格网状。

（4）高密度：目前激光扫描仪的角分辨率在10s左右，对应点间距可以达到毫米级，因此，每平方米点的密度可以达到近百万个。

（5）表面性：激光点接触到物体表面即被反射，不能到达物体内部。因此点云信息都是物体表面信息，不涉及物体内部。

3.6.3 激光扫描外业作业流程

1. 制定作业计划

作业计划的制定需要根据测量任务、要求以及现场条件决定：

（1）坐标系的选择：确定扫描点云数据的工程坐标系。

（2）扫描仪及其配准靶标的选择：根据测程、范围、测量速度、测量精度等选择扫描仪，同时，依据作业现场，合理选择靶标类型。

（3）扫描站的选择：确定仪器和靶标的放置位置，以有效地提高精度和作业效率。

2. 现场扫描

根据作业计划，连接相关的设备，设置扫描参数，如扫描范围、扫描距离、扫描间隔、重复测量次数等，然后在不同的站上架设扫描仪进行扫描。同时，布设靶标。靶标主要用于扫描站之间的坐标转换或扫描坐标系与用户坐标系之间的转换。因此，扫描靶标个数一般要求布设4~6个，而且靶标点的空间布设形状要合理和经济。扫描过程包括靶标扫描和目标扫描。

(1)三维激光扫描仪采用的靶标主要有两种形状：球状靶标和平面靶标。其表面白色部分都是采用反射率极高的材料。有些底部设置磁铁，可以吸附在铁质材料上。为了获得高精度的公共点，一般都采用最高精度和最高密度方式扫描靶标。如图3.6.2所示。

①球体靶标可以从任意角度扫描得到球心坐标作为公共点。可以不随扫描仪换站而动，实际使用中较为方便。但对于全站仪测量球心坐标会带来一定的困难。

②平面靶标的中心采用的是白色圆，这样可以方便地利用扫描数据获取圆心，也非常方便全站仪测量圆心。但在扫描仪换站时，需要调整靶标的朝向。

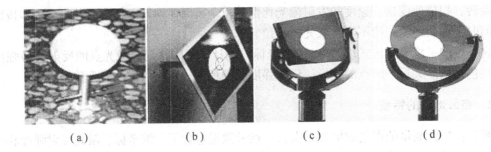

(a)　　　　(b)　　　　(c)　　　　(d)

图3.6.2　扫描靶标

(2)三维激光扫描仪进行目标扫描时，都需要以框选方式确定本次扫描的范围。根据扫描仪的结构不同(见3.6.5节)，具有两种方式。

①内置相机式：直接通过CCD相机获取的影像，利用鼠标直接框选扫描范围，如图3.6.3(a)所示。

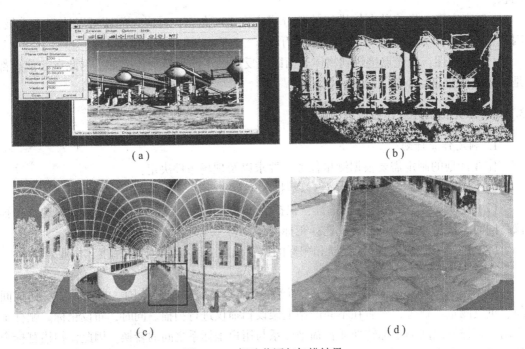

(a)　　　　　　　　　　　　(b)

(c)　　　　　　　　　　　　(d)

图3.6.3　框选范围与扫描结果

144

②非内置相机式：首先扫描仪进行低分辨率的全景扫描，然后根据该全景点云用鼠标框选择扫描范围，如图 3.6.3(a)所示。

通过其他测量手段(全站仪、GPS 等)测量不同位置的靶标的坐标，便于将点云数据纳入到选定的用户坐标系中。

3.6.4　激光扫描数据内业处理

对基于三维激光扫描的形状测量而言。一般需要用专用软件对点云数据进行处理。目前各个仪器厂家针对自己的扫描仪产品都有专门的点云数据处理软件。这些软件各有其特点。同时，还有一些其他商用的通用软件，这些主要是针对工业制造中的逆向工程。如图 3.6.4 所示。

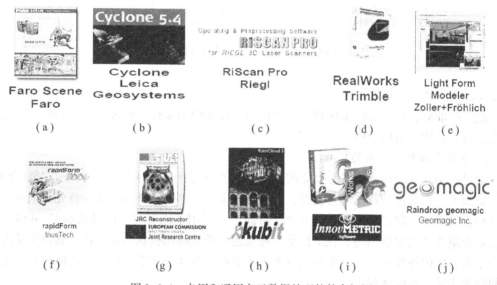

图 3.6.4　专用和通用点云数据处理软件商标图

虽然激光扫描仪能得到非常密集的点云，但并不是所有的数据点都能用于曲面重构。过多的数据点会导致计算机运行、存储和操作的低效率，生成曲面模型需要消耗更多的时间。并且过于密集的点云会影响重构曲面的光顺性。为避免上述问题，需要删除部分数据点，即对数据点云进行精简处理，然后对由三角网构成的表面几何数据进行去噪、平滑、压缩、分割和修补等。点云处理的主要流程如图 3.6.5 所示。

1. 点云编辑
通过对每个扫描站测量的点云进行编辑，裁剪掉粗差以及与建模无关的点云。

2. 配准和拼接
寻找并求得不同测站上的公共点坐标，然后根据公共点坐标将不同测站测量的点云转换到统一坐标系中，实现点云的拼接，形成一个整体。配准的方法主要有三种：
(1)靶标配准：利用多个公共靶标点的三维坐标进行配准。
(2)点云配准：在两站的重叠点云中选取多个同名特征点，实现配准。
(3)根据测站坐标和定向点坐标配准：如果扫描站的坐标和靶标坐标均已知，则直接

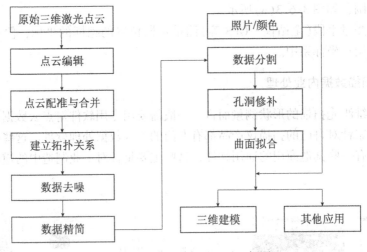

图 3.6.5　点云数据处理过程框图

计算出转换参数，实现配准。

点云配准后，根据靶标坐标和它们在用户坐标系中的坐标，通过变换，将配准后的整体点云转换到用户坐标系中。

3. 点云数据拓扑关系的建立

通过扫描获取的点云通常是孤立的点，称之为散乱点云。每个点只与其一定范围内的周围点相关。在对点云数据进行去噪、平滑、压缩、分割和修补等之前，首先必须建立点云的拓扑关系。空间点云拓扑关系的建立目前主要采用了八叉树、网格法和k—d树。这里主要介绍八叉树数据结构。该结构是一种描述三维空间的树状数据结构，其每个节点表示一个正方体的体积元素，每个节点有 8 个子节点。将 8 个子节点所表示的体积元素加在一起就等于父节点的体积。

八叉树数据结构就是将所要表示的三维空间 V 按照 X、Y、Z 三个方向，从中间进行分割，把三维空间 V 分割成八个立方体，然后根据每个立方体中所含的点数来决定是否对各立方体继续进行八等分的划分，一直划分到每个立方体至预先定义的不可再分的体积为止，或者没有目标为止。如图 3.6.6 所示。

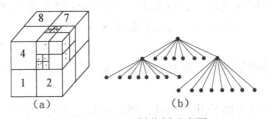

图 3.6.6　八叉树分割示意图

（1）算法的主要思想

①确定数据点最小包围盒的边长 L_{min}，作为包围盒递归分割的结束条件。

②将点云的包围盒平均分割为 8 个子盒，对包含有多个数据点的子盒继续分割，直至

每个子盒达到分割结束条件(边长小于L_{min})为止，分割过程用八叉树记录。

③广度遍历生成的八叉树，利用数据点的空间分布与包围盒的对应关系，快速搜索出任意点的邻域点集，完成拓扑结构的寻找工作。

(2)最小包围盒的边长

为保证每个子包围盒仅包含一个数据点，需要知道整个数据点点云中两点之间的最小距离，也就是最小包围盒的边长L_{min}，以L_{min}作为分割结束的一个条件。假设数据集共有n个点，对于两点之间的最小距离的计算有两种方法。

①根据点集的最大坐标和最小坐标，得到数据集包围盒的边长$L = \max[(X_{max} - X_{min})$，$(Y_{max} - Y_{min})$，$(Z_{max} - Z_{min})]$，然后用$L_{min} = \dfrac{L}{\sqrt[3]{n}}$近似估计数据点点云中任意两点之间的最小距离。如果采样不是绝对均匀的，这种方法不可避免地会产生L_{min}估计过大的问题，从而会产生将多个点分配到同一个包围盒中的情况。

②求任意点与其他所有点之间的最小距离，然后从这个最小距离集合中选取最小值。这种方法在n较小时可行，但是若n较大，其时间与复杂度非常大。

4. 点云数据的去噪与光顺

由于测量过程中，被测对象表面的粗糙度、波纹、其他一些表面缺陷以及测量系统本身产生的影响等，在数据采样过程中，不可避免地在真实数据点中混有不合理的噪声点，其结果将导致重构曲线、曲面不光滑。因此，对于获得的数据必须处理噪声点。

平滑滤波是一种去噪的常用方法。数据平滑通常采用标准高斯法、平均法或中值滤波算法，滤波效果如图3.6.7所示。高斯滤波器在指定域内的权重为高斯分布，其平均效果较小，故在滤波的同时能较好地保持原数据的形貌。平均滤波器采样点的值取滤波窗口内各数据点的统计平均值。而中值滤波器采样点的值取滤波窗口内各数据点的统计中值，这种滤波器消除数据毛刺的效果较好。实际使用时，可以根据点云质量和后续建模要求灵活选择滤波算法。

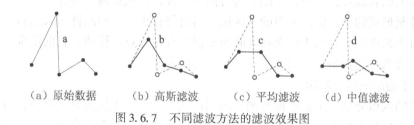

　（a）原始数据　　　（b）高斯滤波　　　（c）平均滤波　　　（d）中值滤波

图3.6.7　不同滤波方法的滤波效果图

5. 点云数据的精简

点云数据十分巨大，如果不进行必要过滤以滤除冗余点云，对其处理将成为一项复杂的工作。点云数据精简算法，大致可以分为以下几类：

(1)包围盒法

传统的数据精简主要是采用包围盒的方法。这种方法采用体包围盒来约束点云，然后将大包围盒分解成若干个均匀大小的小包围盒。在每个小包围盒中，选取最靠近包围盒中心的点来代替整个包围盒中的点。使用该方法获得的点云数据等于包围盒的个数，对于均匀的点云能够取得一定的效果。但是由于包围盒的大小是由用户任意规定的，因此无法保证所构建的模型与原始点云数据之间的精度。

（2）随机采样法

随机采样法是较为简单的点云精简算法，只要有一个能够产生恰好覆盖点云数据量范围的随机数的函数，就可以不断地产生随机数，把这个随机数所对应的点从点云中去除，直到达到预设的精简率为止。随机采样容易实现，并且速度很快。但其缺点亦显而易见，即随机性太大，无法控制精度，同时也无法重现。当去除的数据点较多时，就会导致大量的细节遗失，使得后续建模中生成的曲面或网格与原始数据偏差较大。

（3）曲率采样法

曲率采样法的原则是小曲率区域保留少量的点，而大曲率区域则保留足够多的点，以精确完整地表示曲面特征。该方法能较准确地保持曲面特征并有效减少数据点，但一般计算效率较低。实际应用中可以采用多种反映曲率变化的曲面特征参数作为精简点云的判别准则。曲面曲率的估算方法有很多，常用的估算方法有：抛物面拟合法、圆拟合法、样条曲线拟合法。

（4）均匀网格法

均匀网格法是首先在垂直于扫描方向的平面上建立一系列均匀的小方格，每一个扫描得到的点都被分配给某一个方格，计算出这一点到方格的距离，按距离大小排列所有分配到同一方格的数据点，取距离位于中间值的数据点代表所有分配于这个方格中的数据点，其他点则被删除。该方法能较好地适用于扫描方向垂直扫描表面的单块数据，且克服了样条曲线的限制，但由于使用均匀大小的网格，没有考虑所提供零件的形状，故对捕捉零件的形状不够灵敏，一些在形状急剧变化的表面处的点将会丢失。

6. 点云数据的分割

逆向工程中，反求对象的复杂表面通常包括多个不同类型的表面片，整体曲面的拟合往往较难实现，建模时，首先根据不同类型表面片的形状变化检测出表面片之间的边界轮廓，将三维测量数据分割成不同的区域，然后将不同表面区域的数据分别进行曲面重构，生成不同类型的表面片，并在此基础上进行曲面拼接，构成被测物体完整的表面模型。

数据分割形成的不同曲面类型的子区域，具有特征单一、凹凸性一致的特点。对每一子区域进行单独重构，有利于曲面拟合时减小误差和保持点云性质。目前散乱点云的分割主要有基于边的方法、基于面的方法、基于聚类的方法。

（1）基于边的区域分割法

基于边的区域分割方法是根据数据点的局部几何特性，先检测到边界点，再进行边界点的连接，最后根据检测的边界点将整个数据集分割成独立的多个点集。该方法的出发点是：测量点的法矢或曲率的突变是一个区域与另一个区域的边界，并将封闭边界的区域作为最终的分割结果。

基于边的区域分割方法的优点是速度快，对尖锐边界的识别能力强。但对于边界的确定仅用到边界的局部数据，受测量噪声影响较大，而且对于型面缓变或圆角半径较大的曲面往往找不准边界。

（2）基于面的分割法

基于面的技术是确定哪些点属于某个曲面，这种方法和曲面的拟合结合在一起，在处理过程中，这种方法同时完成了曲面的拟合。该方法可以分为自下而上和自上而下两种。

自下向上的方法即区域增长法，首先选定一个种子点，由种子点向外延伸，判断其周围邻域的点是否属于同一个曲面，直到在其邻域不存在连续的点集为止，最后将这些邻域组合在一起。这就是所谓的"区域生长"过程。该方法的关键在于种子点的选择、扩充策略。

自上向下的方法假设所有点都属于同一个面，拟合过程中误差超出要求时，则把原集合分为两个子集。这种方法的关键是选择在何处分割数据点集以及如何分割数据点集。主要问题是数据点集重新划分后，计算过程又必须从头开始，计算效率较低。因此这种方法实际使用较少。

基于面的分割方法对于二次曲面的分割比较有效，因为二次曲面可以由多项式表达；问题是难以选择合适的种子点以及难以区分光滑边界，而且其区域生长受设定阈值的影响较大，选择合适的生长准则也比较困难。

(3)基于聚类的区域分割法

根据微分几何中的曲面论知识，曲面在某一点处的主曲率由曲面的第一基本量和第二基本量计算得到，与曲面的参数选择无关。高斯曲率K是主曲率的乘积，根据高斯曲率的符号，可以将曲面上的点分为椭圆点($K > 0$)、抛物点($K = 0$)和双曲点($K < 0$)，平均曲率H是两个主曲率的算术平均值，用来表明曲面的凹凸。区域分割就是将具有相似局部几何特征参数的数据点，利用人工神经网络等数学工具对数据点的局部几何特征参数进行聚类。聚类的依据是根据高斯曲率和平均曲率的正负符号组合，将点附近的曲面元分为8种基本类型：平面，峰，阱，极小曲面，脊，鞍形脊，谷，鞍谷。

基于聚类的方法对于曲面类型较为明显的曲面分块存在一定的优势，但是对于复杂的曲面而言，要直接确定曲面的分类个数和曲面类型比较困难。

单纯地采用上述的某一种策略，在稳健性、唯一性和快速性等方面各存在不足。因此，综合各种方法是一种有效的分割策略。例如结合基于边和基于区域生长方法的思路为：首先用双二次曲面拟合测量数据点集，然后计算曲面的高斯曲率和平均曲率，通过这两个参数进行初始区域分割，然后用基于边的方法对初始区域分割进行边界提取得到最后的区域分割。

7. 孔洞的修补

激光扫描的过程中会因为各种原因(最常见的就是局部遮挡、零部件本身可能的部分损坏)造成漏测，进而形成点云孔洞。无论是何种原因造成的孔洞，孔洞所在部位总是与周围曲面之间具有一定的连续性，或者说与周围测量点之间存在必然的联系。基于这一事实，可以在孔洞部位依据周围的测量点来建立一张局部曲面片，然后再用面上取点的方法补出孔洞部位的缺失点。

根据孔洞修补与三角网格面重构在处理过程中的先后次序，孔洞的修补算法可以分为两种：第一种方法是在三角网格面重构之后，对三角网格面进行孔洞修补；第二种方法是先对散乱点云数据进行孔洞修补，然后再进行三角网格面重构。

以如图3.6.8所示的孔洞为例，采用三角网格面进行简单孔洞的修补方法与步骤如下：

(1)采用自动或人工交互式的方式确定孔洞的边界点。

(2)建立孔洞多边形特征面：取所有边界点的重心坐标作为原点，取所有边界点的法向量均值作为法方向，建立特征面，并在特征面上建立一个空间直角坐标系。

(3)坐标转换：对三角网格模型进行坐标系转换，便于寻找孔洞多边形任意两相邻边的最小夹角和校验新增三角片的合法性。首先将孔洞边界上的顶点和它们邻点的坐标值转换到新坐标系中，然后构造新增三角片，直至孔洞修补结束，最后再把这些修补点的坐标值转回到原坐标系。

（4）构造新增三角片：为了使填补孔洞的三角片具有良好的形状，可以运用以下构造方法：首先对孔洞多边形的每两个相邻边的夹角进行排序，确保每次构造新增三角片时都是从夹角最小的一对邻边开始（如图 3.6.8 所示，假定 θ 为最小角）。新增三角片的原则为：

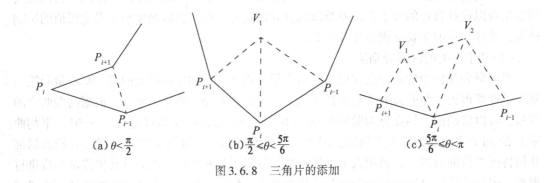

$$\text{(a) } \theta < \frac{\pi}{2} \qquad \text{(b) } \frac{\pi}{2} < \theta < \frac{5\pi}{6} \qquad \text{(c) } \frac{5\pi}{6} \leqslant \theta < \pi$$

图 3.6.8　三角片的添加

①当 $\theta < 90°$ 时，直接生成一个三角片。

②当 $90° < \theta < 150°$ 时，生成两个三角片，新增点 V 在 P_{i-1}、P_i、P_{i+1} 三点组成的平面上，P_iV 平分角 $\angle P_{i-1}P_iP_{i+1}$，P_iV 的长等于 $P_{i-1}P_i$、P_iP_{i+1} 的平均值。

③当 $150° < \theta < 180°$ 时，生成三个三角片，新增点 V_1、V_2 在 P_{i-1}、P_i、P_{i+1} 三点组成的平面上，P_iV_1、P_iV_2 三等分角 $\angle P_{i-1}P_iP_{i+1}$，P_iV_1 与 P_iV_2 的长相等，且等于 $P_{i-1}P_i$、P_iP_{i+1} 的平均值。

（5）检查新增三角片的合法性：首先保证新增三角片位置的正确性，即新增三角片与已有三角形不相交；其次保证新增点的顺序具有一致性，即新增三角片的法向量具有相同的方向。

8. 点云数据的三维建模

三维模型的构建中，曲面重构是最关键、最复杂的一个步骤，这项工作是利用实体的几何拓扑信息，通过一系列的离散点，构建一个逼近原型的近似模型。如图 3.6.9 所示。目前，在逆向工程领域内主要存在两大类以不同的曲面模型为基础的曲面重构方案：

（1）以三角网格面为基础的近似曲面重构方案。三角网格曲面就是用表面来包围内部体，具有构造灵活和边界适应性强的特点。

（2）以样条曲面为基础的自由曲面重构方案。非均匀有理 B 样条（Non-Uniform Rational B-Spline，NURBS）方法具有算法相对稳定、速度较快、曲面质量好等优势，该方法不仅可以表示自由曲面曲线，也能表示规则曲面，因此成为产品外型描述的工业标准。根据曲面拓扑形式的不同，目前自由曲面建模方式可以分为两大类：一类方法是以三角贝塞尔（Bezier）曲面为基础的曲面构造方法；另一类方法是以 B-Spline 曲面或非均匀有理 B 样条（NURBS）曲线、曲面为基础的矩形域参数曲面拟合方法。近年的研究多以 NURBS 曲面重构展开。通用的 CAD/CAM 系统大都采用第二类曲面构建方法。

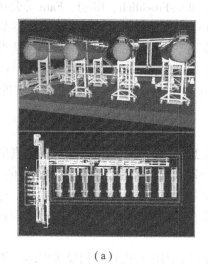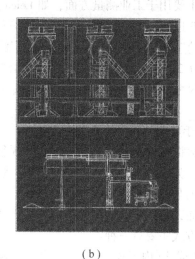

（a）　　　　　　　　　　　　　　（b）

图3.6.9　点云三维建模

3.6.5　地面三维激光扫描仪类型的划分

如图3.6.10所示，是市场上常见的各类地面三维激光扫描仪。

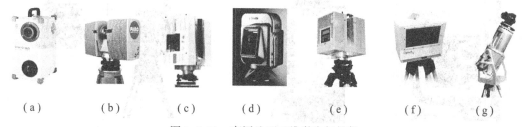

（a）　　（b）　　（c）　　（d）　　（e）　　（f）　　（g）

图3.6.10　商用地面三维激光扫描仪

1. 基于测距方式的分类

激光扫描测量获取坐标时，必须测量距离。与大多数全站仪测距不同的是，激光扫描仪测距不是通过合作目标—反射棱镜来进行的，而是利用激光点在物体表面的漫反射，使发射信号回到仪器的接收器中。但无论是镜面反射还是漫反射，最终都要对反射的测距信号进行处理才能计算出时间来计算距离。因此，就此而言，激光扫描的测距方式可以分为脉冲式、相位式和三角式。

（1）脉冲式：脉冲式测距的基本原理与过程见第2章相关章节。这种靠漫反射的测距方式的范围可以达到数百米到千米。但距离测量的频率慢（一般小于1万点每秒），点的精度相对较低（毫米级到厘米级）。因此，一些远程扫描仪都采用这种方式，主要用于土木建筑工程、滑坡等测量，如Mensi，Riegl的产品。

（2）相位式：相位式测距的基本原理与过程见第2章相关章节。这种漫反射测距方式的范围通常在100m内，亦即这种扫描仪测程较短，精度相对较高，但测量速度极快（一般数百万点每秒）。因此，一些中短程扫描仪采用了相位式，相位式测距的精度可以达到毫米级，主要用于工业测量方面，如 Leica、Zoller+Froehlich、Riegl、Faro 等公司的产品。

（3）基于光学的三角测量原理：光学三角测距的基本原理见第 2 章相关章节。三角法测距以快速、简便和精度高的特性，被广泛应用于小距离和微小距离测量，这类扫描仪的测量范围在 2m 左右，但测量精度可以达到数十个微米，光学三角测距主要包括工业生产线上工件尺寸的检测和小位移精密测量、医学、考古等领域，如柯尼卡—美能达公司的产品。

2. 基于与相机组合方式的分类

点云数据虽然密度很大且含有强度颜色信息，但是测量边界和颜色的逼真度方面则远不如像片。为了便于对点云数据的辨识、解释以及建立模型，需要增加点云的真实纹理。将点云数据与数码像片相融合，这是点云数据处理方面的一项重要研究内容。许多软件都有这一功能，但融合的自动化程度和精准度尚存在一定的问题。目前，将数码相机与扫描仪组合的方式主要有三种：

（1）集成式（内置式）：这种组合方式直接将数码像片内置在扫描仪内部，如图 3.6.11（a）所示。

（2）组合式（外置式）：在扫描仪上有设计的专用支架供放置相机，如图 3.6.11（b）所示。

（3）分离式：直接手持相机拍摄，如图 3.6.11（c）所示。

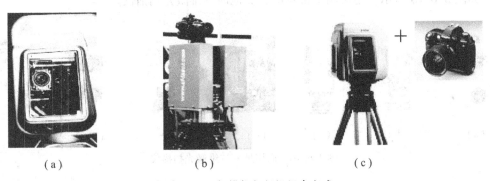

（a）　　　　　　　　（b）　　　　　　　　（c）

图 3.6.11　扫描仪与相机组合方式

3.6.6　地面三维激光扫描测量精度影响因素分析

地面三维激光扫描仪提供的最原始信息是利用仪器厂家提供的随机商用软件获得的基于仪器坐标系的三维坐标数据。这些原始的点云数据是大量悬浮在空中没有属性的离散点阵数据，且包含了大量的粗差和系统误差，必须经过一系列的数据处理之后，才能用于实际的工程。地面三维激光扫描仪测量成果的精度主要受到仪器的角度测量精度、距离测量精度、分辨率、边缘效应、测量对象的反射特性、环境条件及后期的数据处理方法等因素的综合影响。就原始数据本身而言，角度测量精度和距离测量精度是影响测量成果精度的两个主要因素。

1. 影响测量精度的主要因素

（1）角度测量

水平向和垂直向角度是扫描仪直接获得的两个基本观测量，其误差将直接影响所获得的点云坐标精度。尽管目前激光扫描仪的角度测量精度已经能够达到秒级，但由于仪器的制造误差或性能限制(如步进电机转动的不均匀、仪器的微小振动及读数误差等)，使得角度测量中仍然包含一定量的系统性误差。

(2)距离测量

地面三维激光扫描仪的距离测量是通过测量激光脉冲从发射出去到接受回来的时间，然后按照相应公式来计算距离。这和一般的电磁波测距工作原理相同。与电磁波测距类似，完成测距的各个环节都会带来一定的误差，这些误差可以分为固定误差和比例误差两部分。

(3)分辨率

分辨率表征了仪器探测目标的最高解析能力。这里涉及两个基本的参数，即相邻采样点之间的最小角度间距和一定距离上光斑的最小尺寸。这两个参数直接决定了激光光斑的尺寸和光斑的点间距，对模型的构建精度有着直接的影响。

(4)边缘效应

无论激光扫描仪的聚焦能力有多高，激光脚点的光斑都具有一定的大小，而距离测量依赖于光斑范围内的反射能量。这样就会出现两种所谓的边缘效应：一种是在不同目标的交界处，会出现光斑的一部分在测量目标内，另一部分在相邻的目标内，两部分的反射能量都能到达接受系统，造成类似于 GPS 多路径效应的效果，从而使测量结果产生系统性偏差；另一种是目标边缘的背景是天空或是其他已超出了距离测量有效测程的目标，光斑部分在测量目标内，同时也只有这部分的光斑能量能返回测距接受系统，其他能量将不能返回，造成激光测距的盲点，即无法获得该边缘点的测量信息。

(5)反射特性

激光测距依赖于来自目标的反射激光能量。在任何情况下，反射信号的强度都将受到物体反射特性的影响。由于物体表面反射特性的差异，将导致激光测距产生一定的系统性偏差。一般情况下，物体的反射特性受到物体的材质、表面色彩(光谱特性)及粗糙度的影响。对某些材质的目标，由反射特性导致的系统性误差甚至会高出正常激光测距标准差的若干倍。

(6)环境条件

和其他测距仪器一样，地面三维激光扫描仪还将受到温度和气压的影响。地面三维激光扫描仪只能正常工作在一定的温度范围，超出这个范围，将引起系统性的误差。温度和气压还会造成光传播速度的改变，但由于其对近距离影响较小，通常被忽略掉了。

(7)倾斜和粗糙度影响

激光扫描测距系统中激光测距单元由激光发射头和激光接收器两部分组成。由于三维激光回波信号有多值性的特点，有些三维激光扫描系统只处理首次反射回来的回波信号；有些三维激光扫描系统只处理最后反射回来的回波信号；也有一些三维激光扫描系统能够综合处理首次和最后反射回来的回波信号。无论哪种方式，都会因粗糙度引起测距误差。这里以处理首次反射回来激光回波信号为例，如图 3.3.12 所示。

由于激光发射和接收共用一条光路且激光光束具有一定的发散角 γ，扫描到目标物体表面就形成激光脚点光斑。当扫描目标物体表面切平面法线与激光光束方向不重合时，就会产生测距误差 dS_1。同样，目标物体表面粗糙不平也会引起激光脚点位置误差 dS_2。

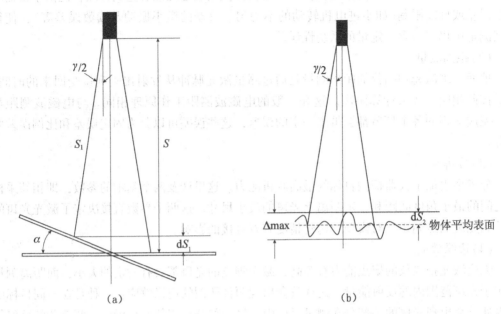

（a）   （b）

图 3.6.12   目标表面倾斜和粗糙度引起的误差

3.6.7   工程应用

衡量激光扫描仪有多种参数，包括价格、操作、性能等。一般在选择使用激光扫描仪时应结合工程具体情况合理决定，以达到最佳的经济效益和工程效益。如表 3.6.1 ~ 表 3.6.3 所示，是在网上查询的三类仪器厂家给出的主要技术参数，供参考。

表 3.6.1   柯尼卡—美能达 VIVID910

距离测量方法		光学的三角测量
受光镜头		长焦：f = 25mm 中焦 f = 14mm 广角 f = 8mm
扫描范围		0.6 ~ 2.5m
最佳三维测量范围		0.6 ~ 1.2m
激光等级		2 级
输入范围	X	111 ~ 463mm（长焦）198 ~ 823mm（中焦）359 ~ 1196mm（广角）
	Y	83 ~ 347mm（长焦）148 ~ 618mm（中焦）269 ~ 897mm（广角）
	Z	40 ~ 500mm（长焦）70 ~ 800mm（中焦）110 ~ 750mm（广角）
精度		X：0.22mm Y：0.16mm Z：0.10mm
扫描时间		0.3sec（快速模式）2.5sec（精确模式）
取景框		320×240 Pixel
尺寸与质量		213×413×271mm 11kg
温度范围		10 ~ 40℃（工作），－10 ~ 50℃（存储）

154

表 3.6.2	RIEGL LMS—Z620
距离测量方法	脉 冲 法
测距范围	2 ~ 2000m(80%反射率)2 ~ 650m(10%反射率)
单点测量精度	10mm/100m, 4mm/50m
测量速度	8000 ~ 11000 点/秒
激光点发散度	0.15mrad 100m 范围内激光宽度为 15mm
视场范围	垂直: 0 ~ 80°, 水平: 0 ~ 360°
角度分辨率	垂直: 0.002°, 水平: 0.0025°
角度步频率	垂直: 0.004 ~ 0.2°, 水平: 0.004 ~ 0.75°
激光等级	1 级
尺寸与重量	463(长)×210mm(直径), 16kg
温度范围	0 ~ 40℃(工作)-10 ~ 50℃(存放)

表 3.6.3	徕卡 HDS6000
距离测量方法	相 位 法
测距范围	79m(90%反射率)50m(18%反射率)
单点测量精度	4mm/1 ~ 25m, 10mm/50m
距离测量精度	≤4 ~ 5mm(25m 内); ≤5 ~ 6mm(50m 内);
模型表面精度	90%反射率下: 2mm/25m, 4mm/50m; 10%反射率下: 3mm/25m, 7mm/50m;
测量速度	50 万点/秒
激光光斑大小	3mm+40″发散角; 8mm/25m; 14mm/50m
视场范围	垂直: 310°, 水平: 360°
角度分辨率	垂直: 0.002°, 水平: 0.0025°
角度步频率	垂直: 0.004 ~ 0.2°, 水平: 0.004 ~ 0.75°
激光等级	3R 级
尺寸与重量	244×351×190mm, 14kg
温度范围	0 ~ 40℃(工作)-20 ~ 50℃(存放)

由上述可知, 三维激光扫描仪能够大面积、快速精细地测量物体表面, 因此, 三维激光扫描仪在工业测量中应用相当广泛, 特别是在复杂形状物体的建模方面。如图 3.6.13 所示。

(1)复杂工业设备的测量与建模: 一些工厂管线林立, 纵横交错, 用传统的测量方法效率低下。而利用激光扫描仪测量和数据处理后就可以生成这些复杂工业设备的 3D 模型, 为设备的制造和工厂规划提供可视化的三维模型, 极大提高工作效率, 测量资料还可以用于工厂管理。

（a）管线测量　　　　　　（b）隧道测量　　　　　　（c）文物测量

（d）逆向工程　　　　　　（e）变形测量　　　　　　（f）医学测量

图 3.6.13　地面三维激光扫描应用

（2）工业与医学测量：在这个领域的应用特点是测程短（<4m），测距精度要求高（<1mm），例如 Minolta VI 900 配置的长、中、广三种不同焦距的镜头，测距精度高于 0.1mm，测程 0.6～2.5m。这类短程激光扫描仪主要应用于工业测量中流水线和工业机器人在线质量控制、工业设计以及医学中外科整形、人体测量、矫正手术等。

（3）建筑测量与文物保护：一些著名建筑物、文物、雕塑等，其形状怪异、表面凸凹不平，不方便（也不允许）在其上粘贴测量标志，即要求无接触测量。以前是以摄影测量为主，现在可以充分利用激光扫描仪的高密度和高精度点云数据，来获取建筑物表面的精细结构，随时得到等值线、断面、剖面等。当建筑物和文物等遭到破坏后能及时而准确地提供修复和恢复数据。

（4）逆向工程：逆向工程是指用一定的测量手段对实物或模型进行测量，根据测量数据通过三维几何建模方法重构实物的 CAD 模型的过程。传统的复制方法是先做出一比一的模具，再进行生产。这种方法无法建立工件尺寸图档，也无法做任何的外形修改，已渐渐为新型数字化的逆向工程系统所取代。由于三维激光扫描仪能对已有的样品或模型进行准确、高速的扫描，得到其三维轮廓数据，配合反求软件进行曲面重构，并对重构的曲面进行精度分析、评价构造效果。

三维激光扫描仪也存在许多问题：如何全面检验和评价三维激光扫描仪测量的精度；如何加快软件对海量数据的处理速度；如何使作业人员尽快掌握数据处理技术；如何降低设备费用等，都是工业测量学科领域今后一个时期必须攻克的课题。

三维激光扫描仪今后的研究和发展应主要体现在以下三个方面：

（1）进一步改进硬件，使激光扫描仪有更高的测量精度、更快的采样速度以及低廉的价格，同时还具备全站仪的部分功能（如整平、定向、单次测量等），使其能在精密工程测量和工业测量中得到广泛应用。

（2）与其他传感器集成，如与 GPS、摄影测量/CCD 的集成，与动态测量车的集成等，相互利用其优势，扩展应用领域，提高工作效率。

（3）进一步完善和开发后处理软件，使处理的数据量更大、数据处理的速度更快，软件操作更容易。

3.6.8　平面激光扫描仪

1. 平面激光扫描仪的测量原理

平面激光扫描仪的距离测量采用脉冲式测量原理。仪器发射一束激光，激光遇到被测物体后被反射。反射回来的信号由激光接收器记录。将脉冲的发射与接收之间的时间直接按比例换算成距离。

脉冲激光束由仪器内部的一个旋转平面镜引导偏转方向，使之形成一个扇形的扫描空间。被测物体的轮廓线由序贯的激光脉冲确定。测量数据可以通过数据接口实时获取，并进一步处理。平面激光扫描仪是非接触测量系统，并以极坐标方式测量物体表面的二维坐标。

由于平面激光扫描仪获得的是物体扫描截面的二维坐标。为了获得物体的三维坐标，或者将多个平面激光扫描仪(一般2~3个)适当地组合起来，或者直线移动激光扫描仪，被测物体不动；或者激光扫描仪不动，被测物体直线运动，通过串口的同步连接实现同步测量。如图3.6.14所示。

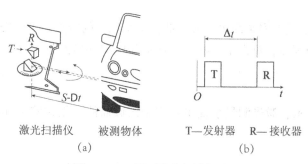

激光扫描仪　　被测物体　　　　　T—发射器　　R—接收器

(a)　　　　　　　　　　　　　　　(b)

图3.6.14　平面激光扫描仪测量

在可视的极坐标域，一个光脉冲斑点以0.25°、0.5°或1°的角间隔发射。这些光斑会在测量物体上重叠或相隔一定的距离。图3.6.15描述了光斑间隔/光斑直径与之间距离对应的关系。

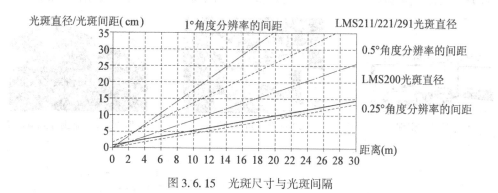

图3.6.15　光斑尺寸与光斑间隔

2. 平面激光扫描仪的主要特点与应用

(1)主要特点

如图3.6.16所示，是德国SICK公司的LMS2XX系列几款激光扫描仪。可以分为户外

157

型(如 LMS5XX,LMS291)和室内型(如 LMS200,LMS400)。户外型激光扫描仪的工作环境要恶劣一些,工作温度可以在零下 30℃ 左右;具有滤波功能,可以防止雨雪等干扰物体。

依据型号的不同,在 10% 反射率前提下,激光扫描仪的主要技术参数为:扫描范围在 70°~180°,角度分辨率可以设置成 0.25°、0.5° 和 1°,分辨率为 1~10mm,测量精度为 ±10~35mm,测量最佳距离为 10~30m,马达速度为 75~500Hz。

（a）LMS200

（b）LMS5XX

（c）LMS400

（d）LMS291

图 3.6.16　几款典型的 SICK 激光扫描仪

平面激光扫描仪具有安装简单,成本低,系统稳定的特点,可以安装在任意位置。采用 1~2 级激光防护等级,对人眼、物体的背景和周围环境测量不产生影响,对被测物体没有光照要求。

(2)应用范围

如图 3.6.17 所示,激光测量系统主要用于区域监测、轮廓测量和定位测量。具体而言,包括:

（a）机器人自动生产防撞

（b）建筑物开放空间安全监测

（c）机场行李体积测量

（d）运载体识别

（e）货物装卸自动检测

（f）集装箱吊车辅助导航与防撞

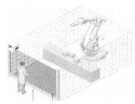
（g）车间安全保护

（h）运载体积测量

图 3.6.17　平面激光扫描仪的应用

158

①测定散装物体、包裹、集装箱等物体的轮廓或体积；

②测定集装箱、运输船等的位置；

③用于避免车辆或起重机的碰撞；

④控制船舶进港过程(定位)；

⑤运载体探测与识别；

⑥检查悬突体/多层汽车停车场的区域监视；

⑦建筑物开放空间安全监测(正面、地面、竖井等)。

3.7 关节臂式坐标测量系统(PCMMS)

关节臂式坐标测量系统是一种非笛卡儿式测量仪器。若干个长度精确已知的连杆通过旋转关节连接在一起构成测量臂，在最后一级杆件上安装测量探头，通过角度编码器测量各关节的旋转角度变量后，再通过空间齐次变换的方法求得被测点的空间位置坐标，从而达到空间坐标测量的目的。如果配上非接触式的激光扫描测量头，则可以灵活高效地运用于逆向工程中的实体曲面的测量。

关节臂式坐标测量系统作为一种新型的多自由度非笛卡儿式坐标测量系统，具有体积小、重量轻、运动灵活、方便现场进行测量、价格较便宜等优点，在工业测量中具有广泛的应用空间。

3.7.1 关节臂式坐标测量系统的组成

关节臂式坐标测量系统各个部分组成如图 3.7.1 所示。

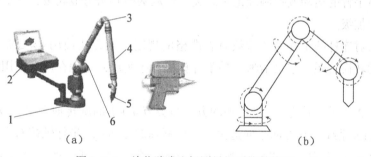

图 3.7.1 关节臂式坐标测量机系统结构图

图 3.7.1 中 1 是测量机的基座，基座可以方便地安装在被测对象的现场。基座 1 还可以做成磁性座，能吸附在被测工件或机器上。测量机有一系列的臂 4，它们可以绕相邻关节灵活转动，其关节结合处装有角度编码器 3，用以测量两个臂的相对转角。为转动灵活，某些关节还配有平衡部分 6。臂 4 上贴有测温元件，可以对臂的温度误差进行补偿。与基座 1 相连接的臂称为第一节，在最后一节臂的末端装有触发测头 5，操作人员用手抓住与触发测头 5 邻近的臂，可以方便地探测被测工件内外表面上的各个点。当各臂的长度已知时，根据角度传感器测得的每级臂的转角，利用笔记本计算机 2 上携带的测量软件计算出被测点的坐标位置，并可以进行进一步的数据处理，得出待测参数值或偏差。

159

3.7.2 数学模型和参数确定

1. 齐次坐标变换

空间中任意一点在直角坐标系中的三个坐标分量用 $(x, y, z)^T$ 表示。若有 4 个不同时为零的数 $(x', y', z', k)^T$ 与 $(x, y, z)^T$ 存在以下关系：$x = \dfrac{x'}{k}$，$y = \dfrac{y'}{k}$，$z = \dfrac{z'}{k}$，则称 $(x', y', z', k)^T$ 为空间齐次坐标。一般用到齐次坐标时，都默认 $k = 1$。

对式 (3.3.1) 所表示的两个空间直角坐标之间的变换关系，若不考虑尺度比，可以转换成齐次矩阵 H 的表示形式，即

$$\begin{bmatrix} u \\ v \\ w \\ 1 \end{bmatrix} = \begin{bmatrix} a_1 & a_2 & a_3 & X_S \\ b_1 & b_2 & b_3 & Y_S \\ c_1 & c_2 & c_3 & Z_S \\ 0 & 0 & 0 & 1 \end{bmatrix} \cdot \begin{bmatrix} x \\ y \\ z \\ 1 \end{bmatrix} = \boldsymbol{H} \cdot \begin{bmatrix} x \\ y \\ z \\ 1 \end{bmatrix} \qquad (3.7.1)$$

式 (3.7.1) 中的 H 就是齐次矩阵，$\boldsymbol{H}$ 是一个 4×4 阶方阵。其中，左上角的 3×3 阶方阵表示坐标系之间的旋转变换关系，这个方阵描述了姿态关系，左上角的 3×1 阶矩阵表示坐标系之间的平移量，这个列阵描述了位置关系。矩阵中的 1 表示比例系数。所以，齐次坐标变换矩阵又称为位姿矩阵。

2. Denavit-Hartenberg 方法

1955 年，Denavit 和 Hartenberg 提出了一种后来称为 Denvait-Hartenberg 矩阵的方法或者 D-H 方法，用于解决两个相连且可以相互运动的构件之间的坐标转换问题。该方法广泛应用于机械手臂的运动或控制理论中。关节臂从基座开始为最底级，顺次从下到上每一个关节轴逐个加级。

D-H 方法对连杆的坐标系及参数有着严格的规定，该方法使用 4×4 阶齐次矩阵来表达空间坐标的转换关系，定义清晰、易于计算机程序实现，是现在广泛使用的一种坐标转换方法。

如图 3.7.2 所示。首先，z_n 坐标轴的方向与关节 $n+1$ 的旋转轴方向一致；x_n 坐标轴沿着 z_n 和 z_{n-1} 的公垂线，其方向指向远离 z_{n-1} 坐标轴的方向；y_n 坐标轴按右手法则确定。其次，杆件长度 a_n 定义为 z_{n-1} 和 z_n 两轴的最小距离，为其公垂线；连杆距离 d_n 定义为 a_n 和 a_{n-1} 的距离；连杆的夹角 θ_n 为轴 x_n 与轴 x_{n-1} 的夹角，方向以绕轴 z_{n-1} 右旋转为正方向；扭转角 α_i 为轴 z_{n-1} 和 z_n 的夹角，以绕轴 x_n 右旋转为正方向。

从坐标系 ($x_n - z_n$) 通过以下四步标准运动即可到达下一个坐标系 ($x_{n+1} - z_{n+1}$)：

(1) 绕 z_n 轴旋转 θ_{n+1}，使得 x_n 和 x_{n+1} 互相平行；

(2) 沿 z_n 轴平移 d_{n+1} 距离，使得 x_n 和 x_{n+1} 共线；

(3) 沿 x_n 轴平移 a_{n+1} 的距离，使得 x_n 和 x_{n+1} 的原点重合；

(4) 将 z_n 绕 x_{n+1} 轴旋转 α_{n+1}，使得 z_n 轴与 z_{n+1} 轴重合。

通过右乘表示四个运动的四个矩阵就可以得到变换矩阵 $\boldsymbol{K}_{n, n+1}$，矩阵 $\boldsymbol{K}_{n, n+1}$ 表示了四个依次的运动。由于所有的变换都是相对于当前坐标系的，因此所有的矩阵都是右乘，从而得到 D-H 方法的齐次转换矩阵，即

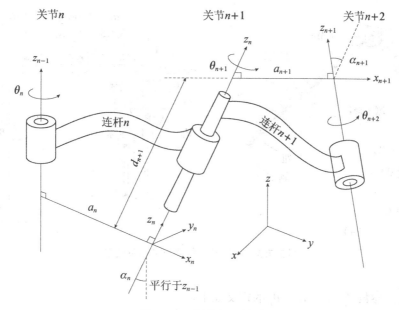

图 3.7.2　杆件相互关系

$$K_{n,\ n+1} = \begin{bmatrix} \cos\theta_{n+1} & -\sin\theta_{n+1}\cos\alpha_{n+1} & \sin\theta_{n+1}\sin\alpha_{n+1} & a_{n+1}\cos\theta_{n+1} \\ \sin\theta_{n+1} & \cos\theta_{n+1}\cos\alpha_{n+1} & -\cos\theta_{n+1}\sin\alpha_{n+1} & a_{n+1}\sin\theta_{n+1} \\ 0 & \sin\alpha_{n+1} & \cos\alpha_{n+1} & d_{n+1} \\ 0 & 0 & 0 & 1 \end{bmatrix} \quad (3.7.2)$$

3. 运动数学模型

假如一台关节臂式的坐标测量机由 6 个旋转关节将各测量杆件连接在一起组成的系统，每个关节处均装有高精度的旋转编码器，其结构原理如图 3.7.3(a)所示。图 3.7.3(b)中的小梯形和同心圆均表示旋转关节。其中梯形所表示关节的旋转轴线方向是由梯形下底边中点指向上边中点，两个同心圆所代表的关节的旋转轴线方向由纸面垂直向外。

采用 D-H 方法建立测量机的坐标变换模型。首先确定基准坐标系(即参考坐标系)，然后依次建立其余 6 个关节的坐标系，图 3.7.3(b)表示了当整个坐标系统处于零位位置时仪器和坐标系的姿态。

基准坐标系建于测量机基座上，原点位于关节 1 的中心轴线上，z_0 轴指向关节 1 远离基座的方向，x_0 轴方向为关节 2 轴套延伸方向，图 3.7.3 中为向右，y_0 轴方向根据右手法则确定。其余 6 个坐标系的建立步骤如下($i=1$，2，3，4，5，6)：

(1)确定 z_i 轴，z_i 轴沿关节 $i+1$ 的轴向。

(2)确定原点 O_i，O_i 在过 z_{i-1} 轴与 z_i 轴的公垂线上，公垂线与 z_i 轴的交点即为原点 O_i。

(3)确定 x_i 轴，x_i 轴沿着 z_{i-1} 轴与 z_i 轴的公垂线，指向远离 z_{i-1} 轴的方向。

(4)确定 y_i 轴，根据右手法则确定。

根据 D-H 方法的原理，测量机共有 5 组结构参数，即：杆长 d_i、关节长度 a_i、扭转角 α_i、关节转角 θ_i、测头(P_x，P_y，P_z)。除测头参数外，每组含有 6 个参数，共计 27

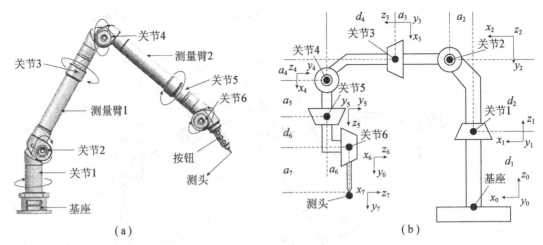

图 3.7.3　系统基准位姿与坐标系设定

个结构参数。参数 d_i、a_i、α_i、θ_i 的定义如下：

d_i 为 x_{i-1} 轴与 x_i 轴之间的距离；

a_i 为 z_{i-1} 轴与 z_i 轴之间的距离；

α_i 为 z_{i-1} 轴与 z_i 轴之间的夹角，以绕 x_i 轴右旋为正；

θ_i 为 x_{i-1} 轴与 x_i 轴之间的夹角，以绕 z_{i-1} 轴右旋转为正。

图 3.7.3(b) 为测量机在位姿 $\theta = [0°,\ -90°,\ 180°,\ -90°,\ 180°,\ -90°]$ 下的测量机示意图。在测量机的结构形式确定之后，上述的 5 组参数中只有关节转角 α_i 是变量，其通过角度传感器测量获得。

如果将从坐标系 $i-1$ 向坐标系 i 的变换矩阵记为 $\boldsymbol{K}_{i-1,\,i}$，如式(3.7.2)，则测量头在基座坐标系下的齐次坐标可以表示为：

$$\boldsymbol{P} = \boldsymbol{K}_{01} \cdot \boldsymbol{K}_{12} \cdot \boldsymbol{K}_{23} \cdot \boldsymbol{K}_{34} \cdot \boldsymbol{K}_{45} \cdot \boldsymbol{K}_{56} \cdot \boldsymbol{K}_{67} \cdot \boldsymbol{P}_7 \qquad (3.7.3)$$

式中，$\boldsymbol{P} = (P_x,\ P_y,\ P_z,\ 1)^{\mathrm{T}}$ 表示测头在基准坐标系下的坐标，$\boldsymbol{P}_7 = (0,\ 0,\ 0,\ 1)^{\mathrm{T}}$ 表示测头在最末端坐标系下的坐标。式(3.7.3)中

$$\boldsymbol{K}_{01} = \begin{bmatrix} 1 & 0 & 0 & 0 \\ 0 & 1 & 0 & 0 \\ 0 & 0 & 1 & d_1 \\ 0 & 0 & 0 & 1 \end{bmatrix}$$

$$\boldsymbol{K}_{12} = \begin{bmatrix} \cos\theta_1 & -\sin\theta_1\cos\alpha_1 & \sin\theta_1\sin\alpha_1 & a_2\cos\theta_1 \\ \sin\theta_1 & \cos\theta_1\cos\alpha_1 & -\cos\theta_1\sin\alpha_1 & a_2\sin\theta_1 \\ 0 & \sin\alpha_1 & \cos\alpha_1 & d_2 \\ 0 & 0 & 0 & 1 \end{bmatrix}$$

$$\boldsymbol{K}_{23} = \begin{bmatrix} -\sin\theta_2 & -\cos\theta_2\cos\alpha_2 & \cos\theta_2\sin\alpha_2 & a_3\cos\theta_2 \\ \cos\theta_2 & \sin\theta_2\cos\alpha_2 & -\sin\theta_2\sin\alpha_2 & a_3\sin\theta_2 \\ 0 & \sin\alpha_2 & \cos\alpha_2 & 0 \\ 0 & 0 & 0 & 1 \end{bmatrix}$$

$$K_{34} = \begin{bmatrix} \cos\theta_3 & -\sin\theta_3\cos\alpha_3 & \sin\theta_3\sin\alpha_3 & a_4\cos\theta_3 \\ \sin\theta_3 & \cos\theta_{31}\cos\alpha_3 & -\cos\theta_3\sin\alpha_3 & a_4\sin\theta_3 \\ 0 & \sin\alpha_3 & \cos\alpha_3 & d_4 \\ 0 & 0 & 0 & 1 \end{bmatrix}$$

$$K_{45} = \begin{bmatrix} -\sin\theta_4 & -\cos\theta_4\cos\alpha_4 & \cos\theta_4\sin\alpha_4 & a_5\cos\theta_4 \\ \cos\theta_4 & \sin\theta_4\cos\alpha_4 & -\sin\theta_4\sin\alpha_4 & a_5\sin\theta_4 \\ 0 & \sin\alpha_4 & \cos\alpha_4 & 0 \\ 0 & 0 & 0 & 1 \end{bmatrix}$$

$$K_{56} = \begin{bmatrix} -\sin\theta_5 & -\cos\theta_5\cos\alpha_5 & \cos\theta_5\sin\alpha_5 & a_6\cos\theta_5 \\ \cos\theta_5 & \sin\theta_5\cos\alpha_5 & -\sin\theta_5\sin\alpha_5 & a_6\sin\theta_5 \\ 0 & \sin\alpha_5 & \cos\alpha_5 & d_6 \\ 0 & 0 & 0 & 1 \end{bmatrix}$$

$$K_{67} = \begin{bmatrix} \cos\theta_6 & -\sin\theta_6\cos\alpha_6 & \sin\theta_6\sin\alpha_6 & a_7\cos\theta_6 \\ \sin\theta_6 & \cos\theta_6\cos\alpha_6 & -\cos\theta_6\sin\alpha_6 & a_7\sin\theta_6 \\ 0 & \sin\alpha_6 & \cos\alpha_6 & 0 \\ 0 & 0 & 0 & 1 \end{bmatrix}$$

当仪器处在如图 3.7.3（b）所示位置时，在以上矩阵中的关节旋转变量 θ_i（ $i=1$，2，…，6）值均应为 0。但由于角度编码器的安装必然存在误差，即当仪器处于零位位置时，各角度编码器的读数不为零，而是一个与零接近的较小值，将该值定义为关节变量的零位误差，用 $\Delta\theta_i$ 表示。

在以上参数中只有关节变量 θ_i 是在仪器制造和装配完成后的可变量，其值可以由角度编码器读出，其余参数 d_i，α_i 和零位误差 $\Delta\theta_i$ 均为固定的结构参数。

3.7.3　测量误差影响分析与标定

关节式坐标测量机是一种非笛卡儿式测量仪器。若干个杆件通过旋转关节连接在一起构成测量臂，并在最后一级杆件上安装测量头，通过编码器测量各关节的旋转角度变量后，再通过空间齐次变换的方法求得被测点的空间位置坐标。

由于存在加工和装配误差，以及环境温度变化和受力变形的影响，都将引起系统各关节臂产生误差。式(3.7.2)中主要参数有四个：α，θ，a 和 d。$\Delta\alpha$ 是角度编码器的理论零位与实际零位不重合产生的零位误差；$\Delta\theta$ 是两相邻回转轴不垂直产生的角度误差；Δa 是由于相邻关节的旋转轴线不相交于一点而产生的误差；Δd 是转动臂的长度误差。由于关节式坐标测量机的各级测量杆通过旋转关节串联在一起，导致各级误差不是简单的叠加而是由杆长而逐级放大。因此，必须采取有效的措施对误差校准和控制。

由于这些误差是仪器的结构参数误差，在仪器的机械结构制造和装配完成后就已固定下来，因此属于系统误差，通过标定和补偿可以基本消除这些误差因素对测量的影响。标定的主要步骤如下：

（1）将式(3.7.3)展开成 3 阶矩阵，用隐函数表示为：
$$P = f(L, \alpha, \theta)$$
式中 $L = (d_1, d_2, d_4, d_6, a_2, a_3, a_4, a_5, a_6, a_7)^T$，$P = (P_x, P_y, P_z)^T$

163

$$\boldsymbol{\alpha} = (\alpha_1, \alpha_2, \alpha_3, \alpha_4, \alpha_5, \alpha_6)^T, \boldsymbol{\theta} = (\theta_1, \theta_2, \theta_3, \theta_4, \theta_5, \theta_6)^T$$

使用矩阵全微分法建立线性误差方程

$$\Delta P = J \cdot \Delta \delta \qquad (3.7.4)$$

式中 ΔP 为坐标改正数向量；$\Delta \delta$ 为 22 个系统参数误差改正数向量；J 为雅可比矩阵（偏微分矩阵）。

（2）用待标定的关节臂式坐标测量机测量空间坐标已知的点，将厂商给定的结构参数值和此时从角度编码器读出的关节旋转角度数据，代入式(3.7.3)中可以求出该空间点各坐标分量的实测值。再将理想值与实际值的差 ΔP 代入式(3.7.4)，这样就可以得到 3 个关于未知量 $\Delta \delta$ 的方程。由于 $\Delta \delta$ 有 22 个未知分量，所以需要测量至少 8 个坐标已知点。为了计算的准确性和可靠性，一般用 15～20 个已知点利用最小二乘原理解算出各个参数。

（3）用求得的 $\Delta \delta$ 修正结构参数和关节变量的初始值后，再进行第（2）步反复迭代计算，直至取得满意的测量精度。

编码器测量误差（或关节旋转角度误差）会导致坐标测量误差。这种误差由角度编码器本身固有的测量精度所决定，所以必须根据坐标测量机测量臂的长度、测量的范围和设计的测量精度选择编码器的精度等级。由于编码器的精度是系统误差标定的基础，并且测量误差中还包含其他的随机误差，所以实际所选编码器的精度应相对较高。具体地说，由编码器测量精度引起的测量误差应只有设计允许误差的十分之一以下。但同时还应考虑仪器成本和角度编码器的体积问题。

3.7.4　关节式坐标测量机的特点与应用

与传统的坐标测量机相比较，关节式坐标测量机的优点是：体积和重量小，便于携带及现场测量，测量灵活，范围大，环境适应性好，可以大量应用于对大型零部件(如汽车覆盖件，汽车车身)几何尺寸的测量。如果配上非接触式的激光扫描测量头，则可以灵活高效地用于各种逆向工程中的实体曲面的测量。

国外在关节臂式坐标测量机这一领域已经取得了非常瞩目的成就。ROMER 公司自从 1986 年推出了第一台关节臂式坐标测量机，目前主要开展设计、开发和推广便携式测量机，用于车间或实验室环境下的检测、测量和逆向工程。如图 3.7.4 所示，配备了集成 Wi-Fi8.02.11b 无线电通信技术以及锂电池的 INFINITE 关节臂式坐标测量机，采用了主轴无限旋转专利技术、先进的碳纤维材料、全新设计的集成式灵巧平衡机构、集成式 USB 数字相机和测头的自动识别等，便于携带。经济型关节式三坐标测量臂 STINGER Ⅱ 可靠性高，配有激光扫描头。每个测头均设有唯一的标识，更换测头时系统可以自动识别所用测头并作相应测头补偿，不必重新标定，大大提高了测量速度和效率。表 3.7.1 和表 3.7.2 分别列出 Cimcore 公司的两大系列产品特性参数。

表 3.7.1　　　　　INFINITE(无极臂)系列关节臂式测量机特性参数

测量范围(直径)	1.2m	1.8m	2.4m	2.8m	3.0m	3.6m
单点球测精度(A)	0.004mm	0.008mm	0.013mm	0.017mm	0.031mm	0.043mm
锥座测量精度(B)	0.010mm	0.016mm	0.020mm	0.029mm	0.034mm	0.050mm
长度测量精度(C)	0.015mm	0.023mm	0.029mm	0.041mm	0.050mm	0.068mm

（a）INFINITE关节臂式坐标测量机　　　　　　（b）关节式三坐标测量臂STINGER Ⅱ

图3.7.4　INFINITE系列关节臂式坐标测量机

表3.7.2　　　　　　　　STINGER Ⅱ系列关节臂式测量机特性参数

测量范围(直径)	1.8m	2.4m	3.0m	3.6m	4.6m
单点球测精度（A）	0.004mm	0.008mm	0.013mm	0.017mm	0.043mm
锥座测量精度（B）	0.010mm	0.016mm	0.020mm	0.029mm	0.050mm
长度测量精度（C）	0.015mm	0.023mm	0.029mm	0.041mm	0.068mm

加拿大 FARO 公司自1982年成立以来，也开始从事基于关节臂式坐标技术的医疗产品研发、销售，目前已广泛应用于航空航天、机械、汽车车身及逆向工程等领域。FARO测量臂采用航空标准级复合碳素材料制造，具有重量轻、高硬度和抗弯曲性等特点；内置式平衡机构保证测量机操作应用时，测量空间内任意位置无死角，主轴可以无限制旋转，其中铂金系列单点精度可达0.005mm，空间长度精度可达0.018mm。表3.7.3给出了Platinum系列各个型号的主要特性参数。

表3.7.3　　　　　　　　Platinum 系列各个型号的特性参数

	测量范围	单点精度	长度精度	重量
	1.2m	0.005mm	0.018mm	9.10kg
	1.8m	0.010mm	0.028mm	9.30kg
	2.4m	0.019mm	0.036mm	9.50kg
	3.0m	0.028mm	0.046mm	9.75kg
	3.7m	0.036mm	0.058mm	9.98kg

关节臂式坐标测量机的主要优点有：

（1）量程大、体积小、重量轻。关节臂式坐标测量机可以将臂折叠起来，放入专用箱中随意携带。例如测量3m范围内的点，必要的条件仅需各臂的长度总和超过3m。如果关节臂与关节臂之间不形成运动障碍，理论上测量机可探及半径为3m的球内的任意点。一台最大探测距离为3.7m的关节臂式坐标测量机，其主要部件的重量仅有10kg左右。

（2）可以方便的在现场进行测量，甚至装在被测工件或机器上测量。这是由其便携性和定位方便的特点决定的。

(3)运动灵活、活动部分质量小，可以探测工件或机器上用光学方法不易探及的点。

(4)由于其柔性的特点和采用人手操作，测量速度快、灵活、快捷，无需考虑路径优化等问题。

关节臂式坐标测量机以其独有的特性在工业测量中得到广泛应用。图3.7.5列出了一些应用实例。

（a）现场测量　　　（b）白车身测量　　　（c）航空航天测量　　　（d）铸件测量

（e）冲压件测量　　　（f）管件测量　　　（g）人机工程学　　　（h）模具检测

（i）逆向工程　　　（j）重、大物体的测量　　　（k）夹具检测　　　（l）检具检测

图3.7.5　关节臂式坐标测量机应用实例

3.8　室内GPS测量系统——Indoor GPS(iGPS)

根据GPS测量原理，21世纪初，人们提出了基于区域GPS技术的三维测量理念，进而开发出了一种具有高精度、高可靠性和高效率的室内GPS，或称Indoor GPS或iGPS系统，主要用于解决大尺寸空间测量与定位问题。其原理像GPS一样，利用三角测量原理建立三维坐标体系，不同的是采用红外激光代替了卫星(微波)信号。

Indoor GPS是一个高精度的角度测量系统，利用室内的激光发射装置(发射器)不停地向整个空间内发射单向的带有位置信息的红外激光(扫描激光扇面)，接收器接收到信号后，从中得到发射器与接收器间的2个角度值(类似于经纬仪的水平角和垂直角)。在已知了发射器的位置和方位信息后，只要有两个以上的发射器就可以通过角度交会的方法计算出接收器的三维坐标。利用发射器发出红外光信号，众多接收器就能独立地计算出各自当前的位置。

iGPS对大尺寸的精密测量提供了一种新的方法。以前对飞机整机、船身、火车车身和装甲车身等大尺寸的精密测量非常困难。现在，采用iGPS就能很方便地解决这一难题。另外，iGPS系统能够建立一个大尺寸的空间坐系。一旦建立后，就能完成如坐标测量、跟踪测量、准直定位、监视装配等测量任务。

3.8.1 系统组成

iGPS 系统主要由以下部分组成(见图 3.8.1):信号发射器、探测器、接收器、基准尺和系统软件。

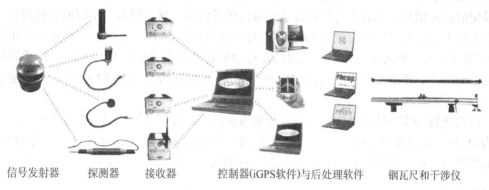

信号发射器　　探测器　　接收器　　控制器(iGPS软件)与后处理软件　　钢瓦尺和干涉仪

图 3.8.1　iGPS 系统组成

iGPS 的各部件的功能如下:

(1)发射器通过旋转不断向周围发射红外光线信号,转速为 40~50Hz。每个发射器能够发射出两道具有固定角度的扇面激光和一个选通脉冲,激光不会对人眼造成伤害。激光的测距范围为 2~50m,水平测角范围为 ±135°,垂直覆盖范围为 ±30°。标准的 iGPS 系统含有 4 个计量型发射器。在工作范围内,每个传感器(接收器)在任何时候都应至少与 3 个发射器直接交换信息。

(2)探测器检测到红外光线信号并将此信号传输给接收放大器。探测器视其安装位置,设计成了各种形状,如丁字型、平面型、球型、圆柱型等,可探测不同范围的信号。如圆柱形探测器可以探测到 360° 水平方向和 ±60° 的垂直方向的范围;平面型探测器一般安装在被测工件上,其水平方向的接收角度达 ±60°;一个 5 自由度的手持式测量工具(包含着两个探测器)可以配 2 个传感器的集线盒,进行隐蔽点测量。

(3)放大器和信号处理电路板接收器,封装在一个集线盒中,构成接收器,可以与 1~8 个探测器连接。放大器将探测器的红外光信号转换成数字信号后,传输给电路板接收器。电路板接收器再将接收的数字信号转换成角度数据。

(4)角度信息通过调制解调器无线网络传输到中央控制室的计算机中,然后利用专用软件 WORKSPACE 将角度信息处理成为位置信息。用户使用第三方软件(SA、Metrolog 等)来处理这些位置信息。

(5)钢钢尺为整个系统的提供长度基准和空间定位。

整个系统工作流程过程:发射器发出两个呈扇形的激光面(图 3.8.2),这两个激光扇面的相对位姿固定,与垂直平面的夹角分别为 30° 和 -30°,扇面的俯仰覆盖范围也为 ±30°,每个发射器对应的旋转角速度 ω 并不一样;探测器接收来自发射器发出的激光模拟信号,并将其传送给放大器;接收器接收来自放大器的数字信号,并将其转变成角度数据信息;角度信息通过调制解调器无线网络传输到中央控制室的计算机中,然后利用第三方软件把所获角度信息处理为准确的三维坐标信息，并在整个工作区域和网络中共享，以便工作区域内无穷多个用户可以使用。

3.8.2 单台发射器测角原理

如图 3.8.2(a)所示，发射器是构建测量系统的基本单元。发射器能够产生 3 束信号：两路围绕发射器头的红外激光扇形光束和一路选通脉冲。这些信号能够利用光电检测器转化成定时脉冲信号。发射器头的旋转速度可以单独设置。通过设置其不同的旋转速度来分辨各个发射器。发射器发射的扇形光束相对于垂直旋转轴有一定的倾斜角度 φ（通常为 30°。若无倾斜，则两个扇形光束之间以及选通脉冲与光束之间的信号脉冲被传感器接收的时间差为零，垂直角度始终为零）。两个扇形光束在方位平面的夹角为 $\varPhi$（通常为 90°）。发射器头部的旋转速度为 ω。

以选通脉冲作为计时零位，也就是起始方位线。其发射范围是以发射点为中心，水平角为 $\pm135°$，垂直角为 $\pm30°$。它是垂直传播的。当接收器接收到选通脉冲后，计时开始。发射器发出的第一束扇形光束到达接收器的时刻为 t_1，发出的第二束扇形光束到达接收器的时刻为 t_2。

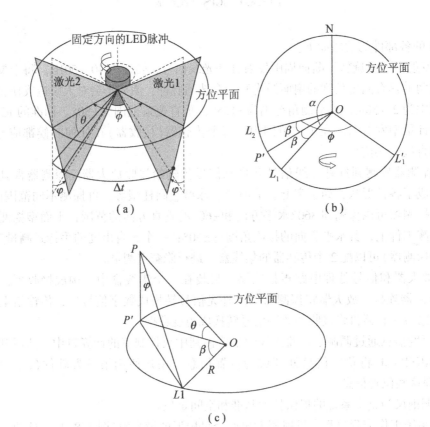

图 3.8.2 iGPS 角度确定原理

图 3.8.2 中，o 为发射器旋转中心，P 为接收器，P' 为接收器在方位平面的投影。假定 LED 脉冲触发时，第一束扇形光与方位平面的交线为 $o-N$，这相当于水平度盘上的零刻

划线。$o - L_1$ 为第一束光到达接收器时刻该光束与方位平面的交线；$o - L_2$ 为第二束光到达接收器时刻该光束与方位平面的交线，而此刻第一束光与方位平面的交线为 $o - L_1'$。由图 3.8.2(b) 显然有：

$$\alpha = \omega \cdot t_1, \qquad \Phi - 2\beta = (t_2 - t_1) \cdot \omega \tag{3.8.1}$$

由式(3.8.1)可以得到方位角：

$$\angle NoP' = \alpha - \beta = \frac{(t_1 + t_2) \cdot \omega - \Phi}{2} \tag{3.8.2}$$

图 3.8.2(b) 和图 3.8.2(c) 中，有关系式：

$$P'L_1 = 2R\sin\left(\frac{\beta}{2}\right) , \; P'P = P'L_1\cot\varphi , \; \tan\theta = \frac{P'P}{R} \tag{3.8.3}$$

由此可以得到垂直角：

$$\theta = \arctan\left(\frac{P'P}{R}\right) = \arctan\left[2 \cdot \cot\varphi \cdot \sin\frac{\Phi - (t_2 - t_1) \cdot \omega}{4}\right] \tag{3.8.4}$$

式(3.8.2)和式(3.8.4)分别是 iGPS 测量方位角和垂直角的计算公式。式中，t_1，t_2 是观测值，ω，Φ，φ 是系统的设计参数，是已知值。

3.8.3 系统测量过程

如图 3.8.3 所示，首先定义 iGPS 的坐标系为：原点位于第一个发射器的中心，X 轴为第一个发射器中心指向第二个发射器中心，并在第一个发射器方位平面的投影，按照右手法则定义三维坐标系。

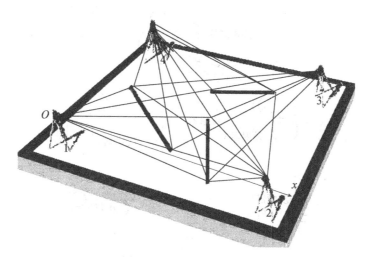

图 3.8.3 iGPS 系统标定

然后，启动 iGPS 系统。这时每个发射器向外连续不断地发射水平角和垂直角等激光信息。发射器产生的两个激光平面在工作区域旋转。每个发射器有特定的旋转频率，转速约为 3000r/min。依次在不同的位置放置基准尺或者矢量测量棒。基准尺或者矢量测量棒的两端安置有接收器，接收器接收到的激光信息。在多个不同位置处，测量出基准尺或者矢量测量棒两端点的接收器与发射器之间的水平角及垂直角。

最后，按照经纬仪光束法平差原理计算其它发射器相对于给定坐标系的平移量和空间姿态(旋转角),从而完成整个系统的构建。

在完成了系统构建以后,每个发射器的空间位姿(坐标和方位)是已知的。通过至少两个不同发射器的组合,就可以计算接收器(测量点)的X、Y、Z坐标。发射器越多,测量越精确。为了提高测量精度和可靠性,一般一个测量点至少能接收到4个发射器的信号。也就是说,一个iGPS系统至少由4台发射器组成。一般建议在30m×30m的空间内放置6个发射器。

当有足够多数量的发射器,iGPS的工作区域将不受限制。其测点定位原理如图3.8.4所示。

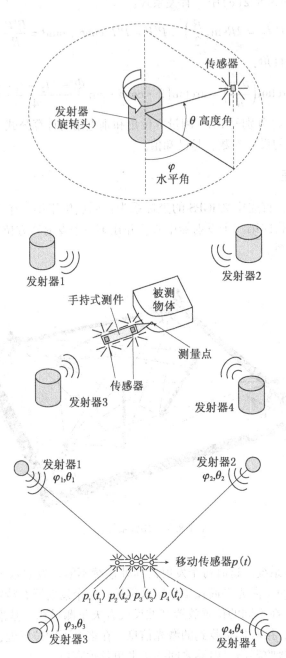

图3.8.4　测点定位

3.8.4 系统误差分析

作为一种角度前方交会，对于两个发射器而言，接收器处于不同位置时的精度差别很大(图3.8.5(a))，而四个发射器不仅能使各处接收器的定位精度显著提高，而且更加均匀(图3.8.5(b))。

室内GPS测量系统组成复杂，测量方法灵活，影响系统测量不确定度的因素很多，有些因素甚至是相关的。定位精度度取决于发射器的数量和位置、接受器的数量以及工作空间的大小。

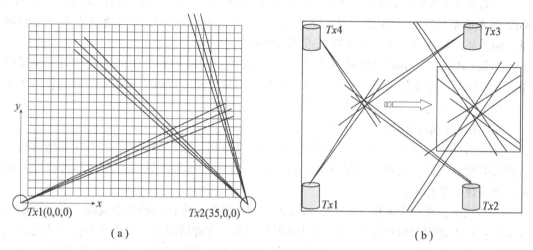

图3.8.5 多个发射器的交会结果

角度测量误差是造成坐标测量最主要的误差源，而且角度测量误差的影响会随距离的增大而增大。iGPS系统的整个误差模型一个非常复杂的非线性模型，下面列举了主要误差源：

(1)与发射器有关的误差：

①发射器的校准误差，它会造成接收器位置测量误差；

②发射器顶部发出的扇形光束随环境温度变化会有微小的偏移，造成水平角测量误差，最大达0.25″；

③发射器头部倾斜误差。由于旋转轴本身不够稳定，当受到外界振动时，其头部会轻微的抖动，造成垂直角测量误差，最大达1″；

④光束的不严格对称造成水平角测量误差，约1″。

⑤旋转噪声误差。是由于发射器头部不能很平滑的转动，使角度测量产生误差。通过引入系统参数进行补偿，可大大降低其影响。

(2)与接收器有关的误差：接收器由电子元件组成，如检波器、放大器等。接收器种类有丁字型、球形、圆柱形等。以圆柱形为例，误差主要有：

①其形状不严格对称；

②放大器在放大信号时会使脉冲产生漂移，特别是当发射器和接收器距离很近时(<1m)，产生的误差尤为显著。近距离的反射造成脉冲信号失真。

（3）计时时钟误差：该测量系统在工作时是通过测时来确定测量角度，将光信号转换成数字信号，因此计时误差会对测量造成一定的误差。可以能过系统补偿加以减弱。

（4）外界环境对其产生的影响：因该系统发射的光信号主要是红外光，当在室外进行测量时，大气不稳定对光线传播会产生影响，进而造成测量误差。

（5）模型误差：在此系统中，系统理论数学模型实际测量系统之间有一定的误差。

3.8.5　特点与应用

1. 特点

与其他 3D 测量技术相比，iGPS 拥有相当多的优势。例如，在大空间的加工环境中，iGPS 技术成本低廉而且耐用。iGPS 技术的另一个优点就是可以围绕被测物体 360°空间测量，而不需要转换坐标系，从而降低或消除转站造成的误差。

类似 GPS 一样，iGPS 把同样的定位性能从地球空间缩小到封闭的区域和局部测量应用。它利用对眼睛无害的红外激光信号器替代了卫星，建立局域坐标体系，并为各种工业测量提供精密的定位信息。它具有如下技术特点：

①高精度：最高精度可达 0.2mm。

②灵活性：可以根据环境灵活布设，包括室外应用，布设时间快；当整个系统进行一次固定装配标定后，就可以无限次数的使用。所有进入这个区域的待测物都可以马上测量，无需建立坐标系。

③高效率：在一个装配车间内，常常需要同时监控一个部件的多个关键点线、面的位置关系；也可能同时监控不同部件之间的相互关系。这种情况下，只要发射信号能覆盖监测区域，都可以在测点上安装多个接收器或者由多人手持接收器，实现多用户同时测量，互不干扰。

④可靠性：iGPS 系统可以对系统自身进行监控。如果有发射器出现位移或出现问题的情况，系统会自动报警，这样就可以在最短的时间内发现系统的问题。局域 iGPS 精密测量系统的工作范围为 -10 ~ 50℃，受环境影响很小。

⑤大尺寸测量：基本上不受空间限制，通过增加发射器，可以大大扩展测量范围，特别适合于大尺寸工件的安装（比如飞机机翼与机身的自动对接）。

2. iGPS 系统技术指标

①测量范围 2 ~ 50m。

②激光波长 785nm。

③单次测量角精度 <20″。

④覆盖空间：水平 270°(±135°)，垂直 60°(±30°)。

⑤空间测量精度：在 10m 工作区域内，测量精度为 0.12mm；在 40m 区域内，测量精度为 0.25mm。

⑥发射器位置的布置及使用不同种类的接收器会产生不同的测量精度，例如：3 个发射器相对于 2 个发射器其测量精度可提高 50%，4 个发射器相对于 3 个发射器其测量精度可提高 30%，5 个发射器相对于 4 个发射器其测量精度可提高 10% ~ 15%（图 3.8.6）。此外，平测头、圆柱测头及矢量测头具有不同的精度。

3. iGPS 的应用

当要进行大范围、大量点三维坐标同时测量时，iGPS 无疑是一个非常强大的测量系

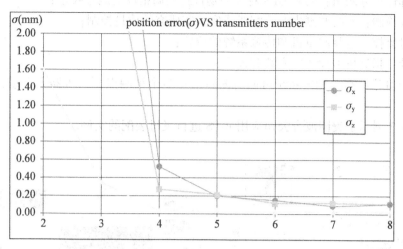

图 3.8.6　iGPS 定位精度与发射器数量的关系

统。发射器可以安装在墙面上或者天花板上；安装在任意一个工件上的接收器只要接收到
2 个（最好大于或等于 4 个）发射器就可以实时确定其位置了。使用时，首先，建立起
iGPS 的坐标系统。该坐标原点位于第一个发射器的中心，可根据需要转移到工装或飞机
上。对于发射器的布置而言，应遵循的主要原则是发射器之间的最小距离及最佳测量区域
的设置，保证各个接收器与发射器之间有较好的几何构型。

室内 GPS 可以根据不同的测量环境灵活的布设高精度的局部空间测量体系。它其实
并不限制于室内应用，在室外也同样可以工作。它在航空航天工业、汽车工业、重工业加
工、工业机械人等方面都有着广阔的应用前景。

（1）航空航天应用

①自动装配：飞机大型部件的自动安装控制、校正和连接；

②大型部件的长度和水平度测量；

③工具检测：操作工具的定期检查和校正；

④逆向工程：获得重要部件的三维坐标和图形，指导生产；

⑤实时监控：实时监控被测物在生产、安装和维修过程中的位置和状态；

⑥移动导航：跟踪和导航工作区域内的起重机、机器人或其他移动设备和工具；

⑦资产的追踪：记录和监控工具、材料的位置，以便于寻找。

（2）汽车及船舶工业应用

①在线检测：实现对组装线的部件实时检查功能；

②校准机器人：准确地监控工作中机器人并不断对其进行校准；

③实时监控：实时监控操作工具上的关键点，并在超出允许范围时报警；

④逆向工程：获得重要部件的三维坐标和图形，指导生产；

⑤汽车设计工具：代替传统的测量工具 PCMMs，为汽车设计工程师提供一种便携的、
无线的、高精度测量工具；

⑥无转站测量：360 度全方位检测车身，无需移动和重新标定测量系统。

（3）工业测量与机器人应用

①大部件尺寸测量：局域 GPS 对大型物件提供高精度的测量技术；

②在线检测：实时监测生产装配线或实验室研究的质量控制；

③实时监控：监督起重机和传输系统的位置；

④校准：指导机械设备的安装和校准；

⑤同步追踪：室内 GPS 系统可同时测量追踪多个被测点，为机器人自动控制提供准确信息。

图 3.8.7 展示了美国波音公司应用 iGPS 进行飞机装配的实例。

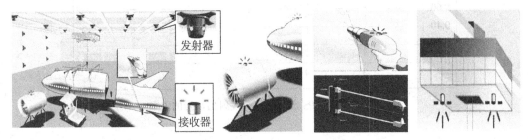

图 3.8.7　iGPS 在飞机装配中的应用

3.9　三坐标测量机测量系统

三坐标测量机(Coordinate Measuring Machining，CMM)是 20 世纪 60 年代发展起来的一种新型高效的精密测量仪器。三坐标测量机的出现，一方面是由于自动机床、数控机床高效率加工以及复杂形状的零件加工，需要有快速可靠的测量设备与之配套；另一方面是由于电子技术、计算机技术、数字控制技术以及精密加工技术的进步为三坐标测量机的产生提供了技术基础。1960 年，英国 FERRANTI 公司研制成功世界上第一台 CMM，到 20世纪 60 年代末，已有近 10 个国家的 30 多家公司在生产 CMM，不过这一时期的 CMM 尚处于初级阶段。进入 20 世纪 80 年代后，以 ZEISS、LEITZ、DEA、LK、三丰、SIP、FERRANTI、MOORE 等为代表的众多公司不断推出新产品，使得 CMM 的发展速度加快。现代 CMM 不仅能在计算机控制下完成各种复杂测量，而且可以通过与数控机床交换信息，实现对加工的控制，并且还可以根据测量数据，实现逆向工程。

3.9.1　三坐标测量机测量的系统组成与测量原理

简单地说，三坐标测量机测量系统是由机械系统和电子系统(含控制软件以及数据处理软件等)组成的一个三坐标测量系统，也可以分为主机、测头、电气系统三大部分。如图 3.9.1 所示。

在三个相互垂直的方向上有导向机构、测长元件、数显装置，有一个能够放置工件的工作台(大型和巨型不一定有)，测头可以以手动或机动方式轻快地移动到被测点上，由读数设备和数显装置把被测点的坐标值显示出来。

将被测零件放入三坐标测量机允许的测量空间，三坐标测量机就是通过测头在三个相互垂直导轨的移动，精确地测出被测零件表面点在空间的三个坐标位置的数值。处理这些

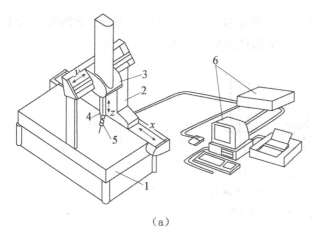

（a）　　　　　　　　　　　　　　　（b）

1—工作台；2—移动桥架；3—中央滑架；4—Z轴；5—测头；6—电子系统

图3.9.1　三坐标测量机组成

点的坐标数值采用的软件可以分为通用测量软件，专用测量软件，统计分析软件和各类驱动、补偿功能软件。例如海克康斯（Hexagon）公司生产的PC—DMIS是其中一款功能比较强大的CAD通用测量软件。其主要功能如下：

（1）基础形位（点、线、面、体）及其公差的测量，同时具备下拉菜单及图形界面方便操作；

（2）可以直接与CAD软件相连接，进行测量比对；

（3）可以利用其内部语言环境，或外部VB/VC进行编程，实现自动测量；

（4）检测数据可以直接与EXCEL连接，导出进行脱机分析、编程及逆向工程；

（5）具有一些特殊的测量模块，实现特殊测量要求，如：薄壁件的测量。

3.9.2　三坐标测量机测量系统

三坐标测量机的测量系统包含测量标尺系统和测头系统，作为三坐标测量机的关键组成部分之一，这两个系统决定了三坐标测量机测量精度。

1. 测量标尺系统

测量标尺系统是用来度量各轴的坐标数值的。目前CMM上使用的标尺系统种类很多，按照性质可以分为机械式标尺系统（精密丝杆加微分鼓轮、精密齿条及齿轮）、光学标尺系统（光栅、激光干涉、光学编码器）和电气式标尺系统（感应同步器，磁栅）。主流上使用最多的是光栅，其次是同步感应器和光学编码器，有些高精度CMM使用了激光干涉仪。

2. 测头系统

测头是用来拾取信号的。测头的性能直接影响测量精度和效率。按照结构原理可以分为机械式、光学式和电气式。按照测量方法又可以分接触式和非接触式。

接触式测头（硬测头）需与待测表面发生实体接触来获得测量信号；而非接触式测头则不需与待测表面发生实体接触（例如激光扫描）。在可以使用接触式测头时慎用非接触式测头，一般只测量尺寸及位置要素的情况下通常采用接触式测头。

175

（1）接触测量

①机械测头：机械测头是刚性测头，其种类较多，按形状可以分为圆锥形测头、圆柱形测头、球形测头、半圆形测头、点测头、V形块测头等。如图3.9.2所示。

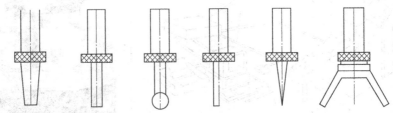

（a）圆锥形　（b）圆柱形　（c）球形　（d）半球形　（e）针点型　（f）V形

图3.9.2　不同种类的机械测头

机械测头形状简单，制造容易。应用机械测头时，主要用于人手直接操作的手动测量，部分也可以用于自动测量。测量力往往较难控制，这不仅与操作者有关，还与测量机的运动部件（即测量位移装置）的摩擦阻力大小有关。因此采用机械测头时，要求摩擦阻力越小越好，以保证精度。一般要求测量力在0.1~0.4N的范围内，至多不大于1N。机械测头多用于精度要求不太高的小型测量机中。机械测头成本较低、操作简单，效率较低。目前使用得较少。

②电气测头：电气测头是应用范围最广、使用最多的一种测头。测头多采用电触、电感、电容、应变片、压电晶体等作为传感器来接收测量信号，电气测头可以达到很高的测量精度。

如图3.9.3所示，测杆安置在芯体上，而芯体则通过三个沿圆周120°分布的钢球安置在三对触点上。当触点不受测量力时，芯体上的钢球与三对触点保持接触。当测杆的球状端与工件接触时，无论受到哪个方向的接触力，至少会引起一个钢球与触点脱离接触，从而引起电路断开，产生跃阶信号。通过计算机控制采样电路，将沿三轴方向的坐标数据送至存储器。

（2）非接触测量

非接触测量主要采样光学测头，多数情况下光学测头与被测物体没有机械接触。采用

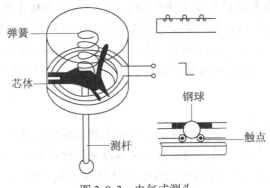

图3.9.3　电气式测头

非接触光学测头测量工件，有以下优点：

①没有测量力，可以用于测量各种柔软的和易变形的物体，也无摩擦；

②可以快速对物体进行扫描测量，测量速度和采样频率较高；

③光斑可以做得很小，可以探测一般机械测头难以探测的部位，不必进行测端半径的补偿；

④不少光学则头具有大的量程，如十毫米至数十毫米，一般接触测头难以达到；

⑤同时探测的信息丰富，非接触光学测头还能测得物体的光学特性。

目前光学测头发展很快，在 CMM 上应用的种类也很多，如三角法测头、激光聚焦测头、光纤测头、光栅测头等。

3.9.3 三坐标测量机测量步骤

1. 测头校准

测头校准是三坐标测量机进行工件测量前必不可少的一个重要步骤。因为一台测量机配备有多种不同形状及尺寸的测头和配件，为了准确获得所使用测头的参数信息（包括直径、角度等），以便进行精确的测量补偿，达到测量精度要求，必须要进行测头校准。另外实际测量工作中，零件是不能随意搬动和翻转的，为了便于测量，需要根据实际情况选择测头位置和长度、形状不同的测针。为了使这些不同的测头位置、不同的测针所测量的元素能够直接进行计算，要把它们之间的关系测量出来，在计算时进行换算。所以需要进行测头校准。

测头校准的目的主要有两个：一是正确计算测头的直径；二是正确计算出测头的相对位置。

2. 建立坐标系

测量较为简单工件的几何尺寸（包括相对位置）使用机器坐标系就可以了。而在测量一些较为复杂的工件需要在某个基准面上投影或要多次进行基准变换时，测量坐标系（或称为工件坐标系）的建立在测量过程中就显得尤为重要。

建立测量坐标系有三个步骤，并且有其严格的顺序。具体是：

(1)确定空间平面，即选择基准面；

(2)确定平面轴线，即选择 X 轴或 Y 轴；

(3)设置坐标原点。

实际操作中先测量一个面将其定义为"基准面"，也就是确定了 Z 轴的正方向；再测一条线将其定义为"X 轴"或"Y 轴"；最后选择或测一个点将其设置为坐标原点，这样一个测量坐标系就建立完成了。对于坐标系方向一般使用的是"右手定则"。

3. 工件测量

(1)测量分析

测量工件前必须对工件进行测量要求的分析，这是三坐标测量机应用中一个最基本的环节。工件测量的具体流程如图 3.9.4 所示。

(2)基本元素的测量

所谓基本元素就是直接通过对工件表观特征点的测量就可以得到结果的测量项目，如：点、线、面、圆、圆柱、圆锥、球、环带等。测量一个圆上的三个点就可以知道这个圆的圆心位置及直径，这就是所谓的"三点确定一个圆"，如果多测一个点就可以得到圆

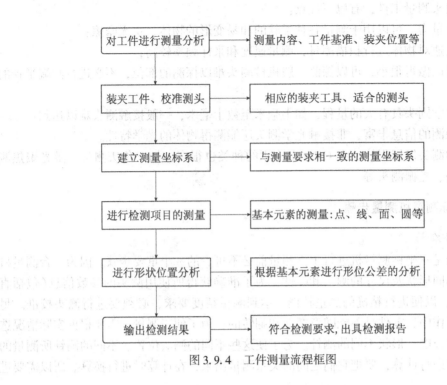

图 3.9.4　工件测量流程框图

度，所以为提高测量准确度就要适当增加点数。如图 3.9.5 所示，要测量工件上一圆柱孔的直径，可以在垂直于孔轴线的截面内，触测内孔壁上三个点，根据这三个点的坐标值就可以计算出孔的直径个圆心坐标；如果测量了更多的点，就可以采用适当的数据处理方法计算圆截面的圆度误差；如果测量了多个垂直于孔轴线的截面圆，则可以计算孔的圆柱度误差以及各截面的圆心坐标，再根据圆心坐标计算空轴线的位置。从原理上来说，基本元素的测量可以测量工件上任意元素的任何参数。

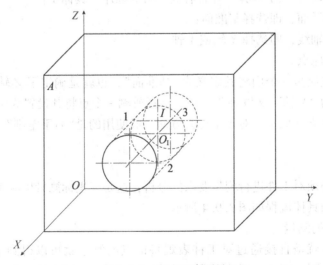

图 3.9.5　基本元素测量

(3)构造相关几何量

某些几何量是无法直接测量得到的,必须通过对已测得的基本元素构造得出(如:角度、交点、距离等)。同一面上两条线可以构造一个角度(一个交点),空间两个面可以构造一条线。这些在测量软件中都有相应的菜单,按要求进行构造即可。

(4)检测报告

测量完成后需要提交检测报告。检测报告包括检验人员、采用的检验设备、被检工件的参数、检验条件以及相关资质等。

3.9.4 三坐标测量机的测量误差

任何形状都是由空间的点组成,所有的几何量测量都可归结为空间点的测量,因此精确进行空间坐标点的采集,是评定任何几何形状的基础。

1. 工作基准选择不当造成的误差

(1)工作面选择不当而造成的误差

因工作面选择不当而造成的误差是由于数学模型的计算方法和数据采集的不一致而造成的。如图 3.9.6 所示,如果希望以圆为被测要素来采数据并按照圆来处理数据,而在实际的采集工作中由于轴线在 XY 面存在垂直方向的偏移,造成采集的数据为一椭圆,如果按照圆来处理便造成了一定的误差。因此针对这类问题,在测量时首先应进行坐标系旋转,将某一坐标轴旋转至与被测回转体的轴线平行方向进行测量。另外,测量时应尽量正确选择被测对象,如测量圆柱的直径时,最好按圆柱状来测量而不要取单一截面圆来测量。

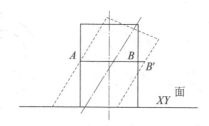

图 3.9.6　工作面选择不当引起的误差

(2)基准选择不恰当而造成的误差

经常需要测量点与基准线的位置偏差和在用户坐标系下的坐标位置,此时基准线的选择就尤为重要。如图 3.9.7 所示,测试的要求是面 A、B 关于中心线的对称度及短圆柱面 C 相对圆心 O 的位置。基准的原点 O,可以非常简单准确的测量到,但是基准的方向 Y 却不易测得,由于面 C 的这个圆柱的中心线相对整个工件很短,而且面 A,B 又距工件过远,这时测量机的主要误差来源于短轴中心线与理论基准线存在的夹角 θ 所带来的误差 $\delta = L\tan\theta$(L 是面 C 到面 D 的距离)。对于这类基准较短且被测元素距基准较远的测量,宜采取整体试测,选择辅助基准的方法,在试测后发现面 D 与面 C 的平行性较好,用面 D 来确定方向 X,也就确定了基准 Y 的方向。当然,这种方法要针对每一工件的具体情况而定,有一定的局限性。但总的原则是,在测量时,基准轴的选择应尽量长,减小由此带来的轴线确定偏差。

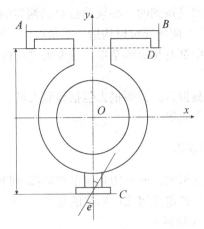

图 3.9.7　基准选择不当引起的误差

2. 测量方法选择不当造成的误差

测量的准确度与所选择的测量方法也有非常重要的关系。以如图 3.9.8 所示平面内求孔心为例，测量三点即可求得孔心坐标。孔心 O 的坐标误差既与测点的坐标误差有关，又与三个测量点在孔内的分布有关。三点位置选择不同，其孔中心坐标的误差也不同。三点均匀分布时，孔中心的坐标误差最小。一般来说，测量时测点越多越好，测点相对位置越均匀越好。

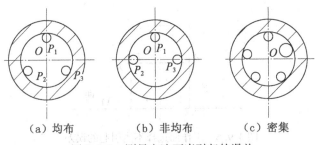

（a）均布　　　（b）非均布　　　（c）密集

图 3.9.8　测量方法不当引起的误差

3. 软件的局限性造成的误差

许多坐标测量机自带的曲线测量程序只能测量圆或是椭圆，而对一些函数曲线，用手动采点方式进行测量会带来非常大的测量误差，购买专用测量程序则需要花费大量资金。针对这种情况，只有通过不断摸索和积累经验(合理采样、变通装夹等)，来克服现有设施的局限性。

3.9.5　三坐标测量机系统分类

1. 按测量范围分类

按测量机的测量范围分类可以分为小型、中型与大型。

（1）小型坐标测量机用于测量小型精密的模具、工具、刀具与集成线路板等。这些零部件的精度较高，因而要求测量机的精度也高。小型坐标测量机的测量范围，一般是 X

轴方向(即最长的一个坐标方向)小于 500mm。可以是手动的,也可以是数控的。常用的结构形式有仪器台式、卧镗式、坐标镗式、悬臂式、移动桥式与极坐标式等。

(2)中型坐标测量机的测量范围在 X 轴方向为 $500\sim2000$mm。此类型规格最多,需求量也最大,主要用于对箱体、模具类零部件的测量。操作控制有手动与机动两种,许多测量机还具有计算机数字控制(Computer number control,CNC)的自动控制系统。其精度等级多为中等,也有精密型的。从结构形式看,几乎包括仪器台式和桥式等所有形式。

(3)大型坐标测量机的测量范围在 X 轴方向应大于 2000mm,主要用于汽车与飞机外壳、发动机与推进器叶片等大型零部件的检测。大型坐标测量机的自动化程度较高,多为CNC 型,但也有手动或机动的。精度等级一般为中等或低等。结构形式多为龙门式(CNC型,中等精度)或水平臂式(手动或机动,低等精度)。此外,还有一些采用非正交坐标系的大型测量机。

2. 按测量精度分类

三坐标测量机按照测量精度有低精度、中等精度和高精度的测量机。

(1)低精度测量机主要是具有水平臂的三坐标划线机。低精度测量机的单轴最大测量不确定度大体在 $1\times10^{-4}L$ 左右,而空间最大测量不确定度为 $\pm(2\sim3)\times10^{-4}L$,其中 L 为最大量程。

(2)中等精度测量机及一部分低精度测量机常称为生产型测量机。生产型测量机常在车间或生产线上使用,也有一部分在实验室使用。中等精度的三坐标测量机,其单轴最大测量不确定度与空间最大测量不确定度分别为 $1\times10^{-5}L$ 和 $\pm(2\sim3)\times10^{-5}L$。

(3)高精度测量机称为精密型测量机或计量型测量机,主要在计量室使用。精密型测量机单轴最大测量不确定度与空间最大测量不确定度分别小于 $1\times10^{-6}L$ 和 $\pm(2\sim3)\times10^{-6}L$。

3. 按结构类型分类

三坐标测量机按照结构来分主要有以下几种:悬臂式、桥式、龙门式等若干种,如图3.9.9 所示。概括而言,悬臂式测量机的优点是开敞性较好,但精度低,一般用于小型测量机。桥式测量机承载力较大开敞性较好,精度较高,是目前中小型测量机的主要结构型式。龙门式测量机一般为大中型测量机,要求有好的地基,相对测量尺寸有足够的测量精度。

图3.9.9(a)是移动桥式结构测量机,这种测量机是目前应用最广泛的一种结构形式,结构简单,敞开性好,工件安装在固定工作台上,承载能力强。但其 X 向驱动位于桥框一侧,桥框移动时容易产生绕 Z 轴偏摆,且 X 向标尺也位于桥框一侧,在 Y 向存在较大的阿贝差。由于偏摆会产生较大的阿贝误差,因而该结构测量机主要用于中等精度的中小机型。

图3.9.9(b)为固定桥式结构测量机,其桥框固定不动,X 标尺和渠道结构可以安置在工作台的下方中部。阿贝臂以及工作台绕 Z 轴偏摆小,其主要部件的运动稳定性好,运动误差小,适合于高精度测量。但工作台负载能力小,结构敞开性不好,主要用于高精度的中小机型。

图3.9.9(c)为中心门移动式测量机,其结构比较复杂,敞开性一般,兼具有移动桥式结构测量机的承载能力和固定桥式结构精度高的优点,适合于高精度、中型尺寸以下的机型。

图3.9.9(d)为龙门式结构测量机,这种测量机的移动部分只是质量小的横梁,整个

结构的刚性好，可以保证大范围测量精度，适用于大机型，但是其立柱限制了工件装卸，单侧驱动时有较大的阿贝误差。

图3.9.9(e)为悬臂式结构测量机，其结构简单，有很好的开放性，但当滑架在悬臂上作 Y 向运动时，会使悬臂变形，故适用于测量精度要求不高的小型测量机。

图3.9.9(f)为单柱移动式结构测量机，这种测量机是在工具显微镜的结构基础上发展起来的。其优点是操作方便，测量精度高，其但结构复杂，测量范围小，适合于高精度小型数控机型。

图3.9.9(g)为单柱固定式结构测量机。这种测量机是在坐标镗的基础上发展起来的。其结构牢靠，敞开性好。但工件的重量对工作台运动有影响，同时二维平动工作台行程有限，适合于测量精度中等的中小型测量机。

图3.9.9(h)横臂立柱式结构测量机，也称水平臂式结构测量机。其结构简单，敞开性好，尺寸可以较大。但因其横臂前后伸曲时会有较大变形，故测量精度不高，适用于中大型机。

图3.9.9(i)为横臂工作台移动式结构测量机，其敞开性能好，横臂部件质量小，但工作承台有限，两个方向的运动范围较小，适合于中等精度的中小机型。

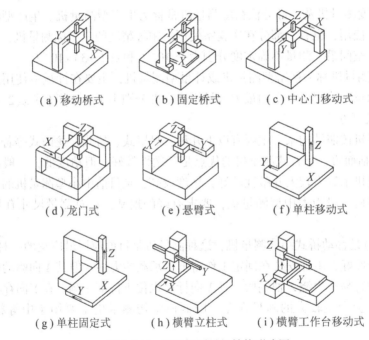

（a）移动桥式　　（b）固定桥式　　（c）中心门移动式

（d）龙门式　　（e）悬臂式　　（f）单柱移动式

（g）单柱固定式　　（h）横臂立柱式　　（i）横臂工作台移动式

图3.9.9　三坐标测量机结构形式图

4. 按采点测量方式分

三坐标测量机采点的方法有接触式与非接触式两种。接触式测量机测量精度高，但测量效率较低，适用于高精度常规零部件的测量，特别是箱体类零部件的测量。当然也能用于对曲线曲面的测量。非接触式测量机又分为激光测量机与 CCD 测量机两种，精度相对较低，但其采点速度快，多用于复杂外表形面的测量，如汽车中的内外饰件、车身复盖件等。此外，由于非接触式测量机具有的快速性，已越来越多地应用在生产线上的在线测量。

3.9.6　工程应用

　　三坐标测量机是对三维尺寸进行测量的设备，能测量复杂形状的工件，如箱体、模具、凸轮、发动机零部件、汽轮机叶片等空间曲面，此外还可以用于划线、定中心孔、光刻集成电路，可以对连续曲面进行扫描及制备数控机床的加工程序等，故广泛用于机械制造、仪器制造、汽车工业、电子工业、航空航天工业等。三坐标测量机不仅能用于计量室的产品检验，而且也是整个生产系统进行前置反馈控制的重要环节，三坐标测量机可以对下一批零部件的加工工艺、加工参数进行修正，对产品质量进行管理和误差诊断，实现大系统的闭环控制，以保证加工质量。由于三坐标测量机的通用性强、测量范围大、精度高、效率高、性能好、能与柔性制造系统相连接，已成为一类大型精密仪器。如图3.9.10 所示。

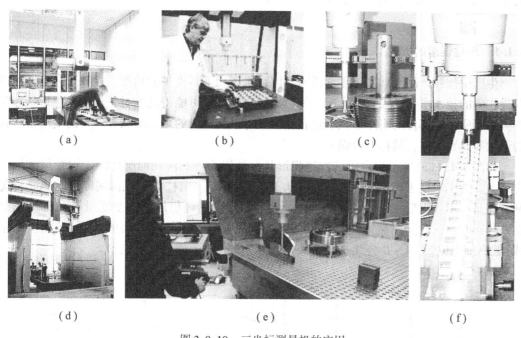

（a）　　　　　　　（b）　　　　　　　（c）

（d）　　　　　　　（e）　　　　　　　（f）

图 3.9.10　三坐标测量机的应用

第4章 工业测量数据处理

前面两章的内容主要涉及的是数据的采集工作。通过对采集的数据进行处理，可以获得一维到三维的坐标数据。在工业测量中，直接使用坐标的情形是很少的，更多的是利用这些坐标获取工业构件之间的相互关系，或者说是几何关系，并根据这些几何关系进行质量评判。因此，在工业测量数据处理中，形位关系的确立方法及其误差的确定是非常重要的内容。

4.1 形位误差与公差基础

4.1.1 形位误差的概念

生产中按照产品图样加工零部件时，因受机床和工具夹具的精度、加工工艺、方法以及操作者的技术水平等因素的影响，加工出的零部件不可能得到绝对正确的理想形状和位置。加工所得零部件的实际形状和位置相对图样上所给出的理想形状和位置的变动量，称为形状和位置误差，简称形位误差。

如图 4.1.1(a)所示，台阶轴的理想形状和位置为：三段几何圆柱体，轴线位于同一直线上。加工所得零部件实际形状如图 4.1.1(b)所示。圆柱体横截面实际形状不是理想圆，而是呈不规则形状的曲线轮廓，这个实际形状偏离理想形状的变动量 f_1，即为形状误差。同时，三段圆柱面钓轴线也不在同一直线位置，中间圆柱面的轴线(被测实际轴线)偏离理想位置(A—B 公共基准轴线)的变动量量 f_2，即为位置误差。

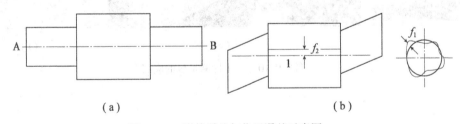

图 4.1.1　形状误差与位置误差示意图

为了保证零部件的功能要求，必须控制其形位误差的变动量。为此，在图样上给出了形位公差。形位公差是指图样上所给出的、用以限制零部件的实际形状和位置相对于理想形状和位置的变动范围。由此可见，公差与误差是两种不同的概念：公差是图样上给定的、用来限制误差变动范围的技术要求指标，为一确定值。而误差则是表示加工出的零部件实际存在状况，即表示该零部件的实际要素相对于理想要素的变动量。

零部件的加工过程是根据图样上给出的公差技术要求指标，采用适当的工艺方法来完成的。加工好的零部件还必须通过正确的方法进行检测，以判别其误差大小。若误差值小于或等于所给定的公差值，该零部件为合格品。否则为不合格品。因此，形位误差检测是机械生产中不可忽视的重要环节。

4.1.2 形位误差检测的要求和原则

1. 形位误差检测的要求

加工后的零部件形状和位置误差虽是客观存在的，但要确切地认识它却又比较困难。因为构成零部件的各个要素，其实际形状和位置的变动量，相对零部件形体尺寸来讲都是极其微小的。生产中只能采用检测手段去近似地认识。形位误差检测就是利用合适的量具或仪器，测得零部件的近似形状和位置，以判别其形位误差值的大小。其目的是判别零部件是否符合图样所规定的精度要求，以及根据所测得形位误差变动规律，分析误差产生的原因，采取有效措施改进加工工艺，不断提高产品的加工精度。为此，对形位误差检测提出以下要求：

(1)相对准确性：虽然生产中不可能按照形位误差的定义完全准确地测得误差值，但测量结果应尽可能与零部件的实际状况接近。

(2)经济性：形位误差检测是通过一定的测试手段来完成的，因而要求具备一定的设备条件和技术水平。在保证产品质量的前提下，应选用简易可行的方法，以取得最好的经济效果。

2. 形位误差检测的原则

为了保证形位误差检测过程在概念上与测量精度一致，并考虑到测量的方便和经济，规范标准对形位误差测量过程中需共同遵守的一些基本规则作了规定，作为拟定检测方案进行测量的依据。

(1)评定形位误差时，用通过实际测量所能认识到的要素作为实际要素。

虽然实际要素不能完全正确地认识，但只要达到一定的精确程度，就可以满足零部件的精度要求。根据这一规定，形位误差测量可以不对整个要素的所有部位进行，而只要合理地选择测量截面、测点数目及布置方法即可。这些选择应根据被测要素的结构特征、公差大小(即精度高低)、功能要求和加工工艺因素等方面来确定。测点数目的多少则应根据被测表面积的大小、加工方法及对测量精度的要求等因素来确定。如经磨削加工或研磨过的表面，一般取较少的测点数目即可。

(2)测量形位误差的标准条件是：标准温度为20℃，标准测量力为零。

在一般生产条件下，测量精度要求不高时，通常可以不考虑上述影响。如果精度要求较高或环境条件与标准条件差异很大时，应进行测量误差校正。

(3)测量形位误差时，零部件的表面粗糙度、擦伤等外观缺陷，应排除在外。

因上述缺陷不属于形位误差范围，若将其计算在误差中，造成误差值扩大，把一些合格品当成废品，会给生产带来不应有的损失。

4.1.3 形位误差的分类

形位误差分为形状误差和位置误差两大类，如表4.1.1所示。形状误差是指单一要素的被测实际形状对其理想形状的变动量，位置误差则是指关联要素的被测实际要素对其理想要素的变动量。根据对理想要素的不同要求，位置误差又可以具体分为定向误差、定位误差和跳动误差等三类。

表 4.1.1　　　　　　　　　　　形位误差的表示方法

误差分类	误差项目	相应的公差符号	误差分类	误差项目	相应的公差符号
形状误差	直线度误差	——	位置误差	平行度误差	//
	平面度误差	▱	定向误差	垂直度误差	⊥
	圆度误差	○		侧斜度误差	∠
	圆柱度误差	⌀	定位误差	同轴度误差	◎
	线轮廓度误差	⌒		对称度误差	=
				位置度误差	⊕
	面轮廓度误差	⌓	跳动误差	圆跳动	↗
				全跳动	⌰

形状误差、位置误差的评定如表 4.1.2、表 4.1.3 所示。

表 4.1.2　　　　　　　　　　　形状误差的评定

项　目	意　义
直线度	直线度是表示零部件上的直线要素实际形状保持理想直线的状况。也就是通常所说的平直程度。直线度公差是实际线对理想直线所允许的最大变动量，即在图样上所给定的、用以限制实际线加工误差所允许的变动范围
平面度	平面度是表示零部件的平面要素实际形状保持理想平面的状况。亦即通常所说的平整程度。平面度公差是实际表面对平面所允许的最大变动量，即在图样上给定的、用以限制实际表面加工误差所允许的变动范围
圆度	圆度是表示零部件上圆的要素实际形状与其中心保持等距的状况。亦即通常所说的圆整程度。圆度公差是在同一截面上，实际圆对理想圆所允许的最大变动量，即图样上给定的、用以限制实际圆的加工误差所允许的变动范围
圆柱度	圆柱度是表示零部件上圆柱面外形轮廓上的各点对其轴线保持等距状况。圆柱度公差是实际圆柱面对理想圆柱面所允许的最大变动量，即图样上给定的，用以限制实际圆柱面加工误差所允许的变动范围
线轮廓度	线轮廓度是表示在零部件的给定平面上，任意形状的曲线保持其理想形状的状况。线轮廓度公差是指非圆曲线的实际轮廓线的允许变动量，即图样上给定的、用以限制实际曲线加工误差所允许的变动范围
面轮廓度	面轮廓度是表示零部件上的任意形状的曲面保持其理想形状的状况。面轮廓度公差是指非圆曲面的实际轮廓线对理想轮廓面的允许变动量，亦即图样上给定的，用以限制实际曲面加工误差的变动范围

186

表 4.1.3 位置误差的评定

项　目	意　义
平行度	平行度是表示零部件上被测实际要素相对于基准保持等距离的状况，亦即通常所说的保持平行的程度。平行度公差是指被测要素的实际方向与基准相平行的理想方向之间所允许的最大变动量，即图样上所给出的，用以限制被测实际要素偏离平行方向所允许的变动范围
垂直度	垂直度是表示零部件上被测要素相对于基准要素保持正确的90°夹角状况，亦即通常所说的两要素之间保持正交的程度。垂直度公差是指被测要素的实际方向，对于基准相垂直的理想方向之间所允许的最大变动量，即图样上给出的，用以限制被测实际要素偏离垂直方向所允许的最大变动范围
倾斜度	倾斜度是表示零部件上两要素相对方向保持给定角度的正确状况。倾斜度公差是指被测要素的实际方向相对于基准成的角度的理想方向之间所允许的最大变动量
对称度	对称度是表示零部件上两对称中心要素保持在同一中心平面内的状态。对称度公差是实际要素的对称中心面(或中心线、轴线)对理想对称平面所允许的变动量。该理想对称平面是指与基准对称平面(或中心线、轴线)共同的理想平面
同轴度	同轴度是表示零部件上被测轴线相对于基准轴线保持在同一直线上的状况，亦即通常所说的共轴程度。同轴度公差是指被测实际轴线相对于基准轴线所允许的变动量，即图样上给出的、用以限制被测实际轴线偏离由基准轴线所确定的理想位置所允许的变动范围
位置度	位置度是表示零部件上的点、线、面等要素相对其理想位置的准确状况。位置度公差是指被测要素的实际位置相对于理想位置所允许的最大变动量
圆跳动	圆跳动是表示零部件上的回转表面在限定的测量面内，相对于基准轴线保持固定位置的状况。圆跳动公差是指被测实际要素绕基准轴线无轴向移动地旋转一整圈时，在限定的测量范围内所允许的最大变动量
全跳动	全跳动是零部件绕基准轴线作连续旋转时沿整个被测表面上的跳动量。全跳动公差是指被测实际要素绕基准轴线连续的旋转，同时指示器沿其理想轮廓相对移动时所允许的最大跳动量

4.1.4　形位测量的基准确定

基准是位置误差检测的基本依据，图样上位置公差要求中给出的基准都是理想要素，而实际加工后零部件上的实际基准要素不可避免地存在形状误差，在位置误差检测时，不能直接作为基准使用。因此，要根据实际基准要素建立基准。

1. 基准要素及其分类

零部件上用来确定被测要素的方向或位置的要素称为基准要素，在图样上都用基准符号标注出来。基准要素按几何特征可以分为：

(1)点基准：以球心或圆心作为基准。

(2)线基准：以指定的线或轴线、中心线作为基准。

(3)面基准：以指定的表面或中心面作为基准。

按基准要素的构成情况基准要素可以分为：

(1)单一基准要素：作为一个基准使用的单一要素。如图4.1.2(a)所示底平面和圆柱面轴线。

(2)组合基准要素：由两个或两个以上的要素构成作为单一基准使用的一组要素，如图4.1.2(b)所示，A、B两个圆柱面的轴线，所构成的一条公共基准轴线。

(3)基准目标：在零部件的基准要素上，指定某些点、线或局部表面，用以构成基准体系的各基准平面。如图4.1.2(c)所示，基准平面是用由三个点所确定的平面作为基准平面。

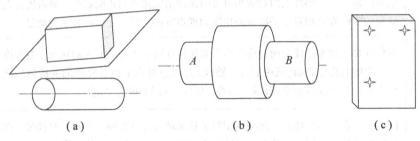

(a)　　　　　　　(b)　　　　　　　(c)

图4.1.2　形位基准示意图

2. 基准建立的原则及方法

若直接以实际基准要素来评定被测要素的位置误差，因受自身形状误差的影响，不可能得出统一的误差评定结果。因此，必须根据实际基准要素建立相应的理想要素，作为被测要素定向或定位的基准。

基准的建立原则是：实际基准要素以相应的理想要素取代，且理想要素的位置应符合最小条件。

(1)基准点的建立：点的基准要素通常是指圆心和球心。当以实际圆确定基准点时，按最小条件原则，应以两同心圆包容实际圆，使两圆之半径差为最小，这两同心圆的圆心即为基准点。以实际球面确定基准点时，则应以两同心球包容实际球面，使两球的半径差为最小时，这两同心球的球心即为基准。

(2)基准直(轴)线的建立：由实际轮廓线建立基准直线时，应以处于实体之外，且符合最小条件的理想直线作为基准直线(见图4.1.3(a))。当以实际轴线建立基准轴线时，应采用一圆柱面包容实际轴线，使其直径为最小，该理想圆柱面的轴线即为基准轴线(见图4.1.3(b))。

(3)基准平面的建立：以实际表面确定基准面时，应以一理想平面取代实际表面，该理想平面位于实际表面实体之外，且符合最小条件(图4.1.3(c))。

(4)公共基准轴线的建立：由两条或两条以上实际轴线建立公共基准轴线时，应以一条理想轴线来取代，这个理想轴线是包容组合基准的所有实际轴线，且直径为最小的圆柱面的轴线(见图4.1.3(d))。

(5)公共基准平面的建立：由两个或两个以上实际表面建立公共基准平面时，应以一理想平面来取代。这个理想平面应包容组合基准要素的所有实际表面，距离为最小的两平行平面之中，位于零部件实体之外的一平面(见图4.1.3(e))。

(6)公共基准中心面的建立：由两个或两个以上实际中心面建立基准中心面时，应以一理想中心面来取代，即为包容组合基准的所有实际中心面，且距离为最小的两平行平面的中心面(见图4.1.3(f))。

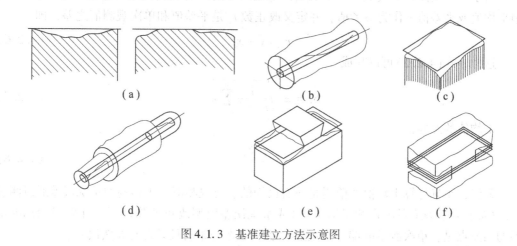

图4.1.3　基准建立方法示意图

4.2　数据处理的误差理论

4.2.1　测量精度的概念

1. 算术平均值，标准差和置信区间

(1)算术平均值与标准差

在测量数据处理中，经验标准偏差 s_x 常常作为测量精度的尺度。由同一人、用同一仪器、同一方法和在同样的外部条件下，对同一个量进行多次重复测量后，由其偶然误差分布可以推导出来。通过单次测量值 x_i 可以得到算术平均值以及经验标准偏差，即

$$\bar{x} = \frac{1}{n} \sum_{i=1}^{n} x_i \tag{4.2.1}$$

$$S_x = \sqrt{\frac{1}{n-1} \sum_{i=1}^{n} (\bar{x} - x_i)^2} \tag{4.2.2}$$

式中，n 为测量次数。x_i 中含有的未知的、固定的系统误差，可以通过相减予以消除，故系统误差对 s_x 不产生影响。人们也称 s_x 为经验标准偏差或重复标准偏差。

从统计的意义而言，当 $n \to \infty$ 时，经验标准偏差就是标准差 σ_x 的估值。如果用观测量 X 的期望值 μ_x 代替样本均值 $\bar{x}$，当在测量时没有系统误差 Δ_x 而仅仅只有偶然误差 ε_i 时，则期望值 μ_x 和真值 $\tilde{X}$ 是相等的。

对于单次测量

$$x_i = \tilde{X} + \varepsilon_1 + \Delta x \tag{4.2.3}$$

偶然误差

$$\varepsilon_1 = x_i - \mu_x \qquad (4.2.4)$$

系统误差

$$\Delta_x = \mu_x - \widetilde{X} \qquad (4.2.5)$$

由于一个观测量的真值和期望值通常都是未知的，而观测次数又总是一定的。因此，用平均值或平差值 $\bar{x}$ 作为参考值，并定义改正数 v_i 是平差值和单次观测值之差，即

$$v_i = \bar{x} - x_i \qquad (4.2.6)$$

这样，式(4.2.2)可以写成

$$S_x = \pm \sqrt{\frac{1}{n-1} \sum_{i=1}^{n} v_i^2} \qquad (4.2.7)$$

平均值的经验偏差为

$$S_{\bar{x}} = \frac{S_x}{\sqrt{n}} \qquad (4.2.8)$$

显然，正确计算平均值的前提是所有已知的、对观测值产生影响的系统误差通过测量方法(如盘左、盘右的方向测量取平均)或系统误差模型改正消除掉了。计算经验标准偏差的出发点是：单次测量的偏差改正数 v_i 服从正态分布而且只含有偶然误差。

有一种很少出现的情况，有时又必须考虑的，就是在测量时因大气条件变化引起、但采用的测量方法暂时又无法消除的未知系统误差。这个影响随着时间改变，但其变化缓慢。虽然这种变化对结果不产生重要作用，却以相同的量级影响所有观测值。亦即观测值不是独立而是相关的。我们称之为物理相关。

如果确定了测量值之间的相关程度——相关系数 $r(-1 \leq r \leq 1)$，那么，考虑观测值相关的情况下，观测序列中单个测量值的标准偏差为

$$(S_x) = S_x \sqrt{\frac{1}{1-r}} \qquad (4.2.9)$$

算术平均值标准偏差为

$$(S_{\bar{x}}) = S_x \sqrt{\frac{1 + (n-1)r}{(1-r)n}} \qquad (4.2.10)$$

对于一个可靠的精度估计必须计算相关系数，但这非常困难。实际工作中要么忽略，要么采用经验估计相关系数。

(2)置信区间

区间估计就是由子样构成两个子样函数 $\hat{\theta}_1$ 和 $\hat{\theta}_2$，而用区间($\hat{\theta}_1, \hat{\theta}_2$)作为母体 $\hat{\theta}$ 可能的取值范围的一种估计。若对于一个给定值 α 能满足

$$P\{\hat{\theta}_1 \leq \theta \leq \hat{\theta}_2\} = 1 - \alpha \qquad (4.2.11)$$

那么，就称区间($\hat{\theta}_1, \hat{\theta}_2$)为 $\hat{\theta}$ 的($1-\alpha$)置信区间，$\hat{\theta}_1$ 为置信上限，$\hat{\theta}_2$ 为置信下限，$1-\alpha$ 为置信水平或置信度。

均值 $\bar{x}$ 及其标准差 $s\bar{x}$ 是未知量 μ_x 和 σ_x 的估值，也可以利用概率 $P = 1 - \alpha$ 计算置信边界来确定 $\bar{x}$ 和 $s\bar{x}$ 的置信区间。α 是出错概率，亦即真值出现在置信区域以外的概率。在工业测量中常常取 $\alpha = 5\%$，相应的置信水平 $1 - \alpha$ 就是 95%。

真值 $\widetilde{X}$ 的置信区间通过 t-分布计算,亦即

$$P\left\{\bar{x} - t_{f, \frac{1-\alpha}{2}} \cdot s_{\bar{x}} \leqslant \widetilde{X} \leqslant \bar{x} + t_{f, \frac{1-\alpha}{2}} \cdot s_{\bar{x}}\right\} = 1 - \alpha \qquad (4.2.12)$$

式中,$t_{f, \frac{1-\alpha}{2}}$ 是自由度为 f 的 t 分布值,可以从数理统计表中查取。置信区间的宽度与标准偏差 $s_{\bar{x}}$ 有关。对于自由度较少的情况,$s_{\bar{x}}$ 本身就不可靠。

同计算观测量的置信区间一样,$s_{\bar{x}}$ 的置信区间可以按式(4.2.13)确定,即

$$P\left\{C_{\sigma, \mu} \leqslant \sigma_x \leqslant C_{\sigma, o}\right\} = 1 - \alpha \qquad (4.2.13)$$

式中

$$C_{\sigma, o} = s_x \sqrt{\frac{f}{\chi^2_{f, \frac{\alpha}{2}}}}, \qquad C_{\sigma, u} = s_x \sqrt{\frac{f}{\chi^2_{f, \frac{1-\alpha}{2}}}} \qquad (4.2.14)$$

χ^2 分布值可以在相应的数理统计表中查取。

实际工作中,当观测值数量较少时,一般不按照式(4.2.13)计算经验标准偏差 $s_{\bar{x}}$ 置信区间。而是引入一个接近于期望值 σ_x 的经验值,以减少错误估计置信区间的风险。例如采用仪器厂商通过多次检验测量而给出的测量仪器的精度指标来作为标准偏差的估计。

最特殊的假定就是选择的经验标准偏差是母体偏差 σ_x,对于标准正态分布而言,真值 $\widetilde{X}$ 的置信区间为

$$P\left\{\bar{x} - k_{f, \frac{1-\alpha}{2}} \cdot \sigma_{\bar{x}} \leqslant \widetilde{X} \leqslant \bar{x} + k_{f, \frac{1-\alpha}{2}} \cdot \sigma_{\bar{x}}\right\} = 1 - \alpha \qquad (4.2.15)$$

如果将式(4.2.14)计算的限差值带入式(4.2.15)中,就可以估计与经验标准偏差相关的真值的置信区间:当 $P = 0.95$ 时,$k_{\frac{1-\alpha}{2}} = 1.96$;当 $f = 15$ 时,$C_{\sigma, u} = 0.7 s_{\bar{x}}$,$C_{\sigma, o} = 1.6 s_{\bar{x}}$。

如果将 $C_{\sigma, o}$ 作为最大值,则:$P\left\{\bar{x} - 3.14 \cdot s_{\bar{x}} \leqslant \widetilde{X} \leqslant \bar{x} + 3.14 \cdot s_{\bar{x}}\right\} = 0.95$;

如果将 $C_{\sigma, u}$ 作为最小值,则:$P\left\{\bar{x} - 1.37 \cdot s_{\bar{x}} \leqslant \widetilde{X} \leqslant \bar{x} + 1.37 \cdot s_{\bar{x}}\right\} = 0.95$.

(3)精密度和准确度

为了更好地理解测量误差,必须理解三个基本概念——分辨率、精密度和准确度,这三个基本概念之间的关系如图4.2.1(b)所示。

Resolusion:分辨率:可以用仪器测量的最小值(最小计数单位)。

Precision:精密度:多次重复测定同一量时各测定值之间彼此相符合的程度。可以根据式(4.2.2)计算重复测量标准差 s_x 进行衡量。由此计算的置信区间可以得到偶然误差分量。偶然误差分量是偶然误差大小的反映,表征实测值与足够大 n 的算术平均值的分散程度;也称为内精度,重复精度或标准偏差。

Accuracy:准确度:一个测量序列的期望值和其真值的偏差。这个偏差对应的是系统误差分量。系统误差分量是系统误差大小的反映。表征了实测值在足够大 n 时的算术平均值对真值的偏离程度。

2. 测量精度的计算

对于一个测量序列,处理后的最终结果就是要给出改正了系统误差的平均值 $\bar{x}$ 及其由上限和下限确定的置信区间。上限值与平均值之差或下限值与平均值之差就是测量精度 u。一般而言,上限值和下限值是相同的,故测量结果可以表示为

$$y = \bar{x} \pm u \qquad (4.2.16)$$

测量精度 u 是通过不确定度来衡量的,u 包含了偶然误差分量 u_z 和系统误差分量 u_s

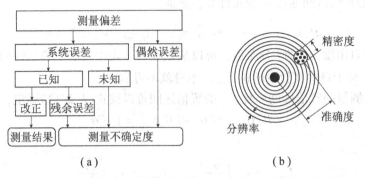

图 4.2.1　测量偏差、瞄准靶的精密度、准确度、分辨率关系图

（见图 4.1.1（a））。系统误差分量一般只能通过经验估计，有时候可以通过比较测量得到，即对同一个观测量，在不同的测量条件下（不同的仪器、不同的方法、不同的人员、不同的大气条件等）重复测量，从不同测量结果分布来比较标准偏差，进一步推导出系统误差分量。如果没有这些比较值，可以根据仪器制造商给出的指标或者自身经验确定。

如果标准偏差 σ_x 未知，则偶然误差分量就是由式（4.2.12）计算的置信边界 $t_{f,\,1-\frac{\alpha}{2}}s_{\bar{x}}$。如果 σ_x 已知，则偶然误差分量就是由式（4.2.15）计算的边界值 $k_{1-\frac{\alpha}{2}}\sigma_x$。

根据相关文献，对于 $P = 0.95$，偶然误差分量可以由下式计算

$$u_z = 1.96\sqrt{\frac{f}{f - 0.5 + \frac{1}{8f}} \cdot s_{\bar{x}}} \qquad (4.2.17)$$

对于较小的自由度，式（4.1.17）的计算值小于式（4.2.12）的计算值。随着自由度增加，两个结果都接近于正态分布的 $1.96\,s\,\bar{x}$。

系统误差分量和偶然误差分量可以采用两种方法组合。在工业测量中，比较偏向于线性相加法，因为这样可以回避测量精度被低估的风险，特别是一个分量明显大于另外一个分量的时候，即

$$u = u_z + u_s \qquad (4.2.18)$$

如果两个分量基本相当，也可以采用平方和的方式，即

$$u = \sqrt{u_z^2 + u_s^2} \qquad (4.2.19)$$

对于一个由 n 个测量值组成的观测向量（用转置矩阵表示为）

$$\boldsymbol{x}^{\mathrm{T}} = [x_1,\ x_2,\ \cdots,\ x_n] \qquad (4.2.20)$$

如果对向量进行了 m 次观测，引入上述精度概念，就得到 m 次观测后的向量 x_i 平均值，即

$$x = \frac{1}{m}\sum_{i=1}^{m} x_i \qquad (4.2.21)$$

当 $m \to \infty$ 时，平均值就会接近期望向量 $\overline{\mu}_x$。类似于式（4.2.4）和式（4.2.5）可以得到偶然误差 ε_i 和系统误差 Δ_x 向量。

描述一个偶然随机向量 X 的随机特征，常采用协方差矩阵 $\boldsymbol{\Sigma}_{XX}$。其中，σ_i^2 表示 X_i 的方差，σ_{ik} 表示 X_i 与 X_k 之间的协方差，即

$$\boldsymbol{\Sigma}_{XX} = \begin{bmatrix} \sigma_1^2 & \sigma_{12} & \cdots & \sigma_{1n} \\ \sigma_{21} & \sigma_2^2 & \cdots & \sigma_{2n} \\ \vdots & \vdots & & \vdots \\ \sigma_{n1} & \sigma_{n2} & \cdots & \sigma_n^2 \end{bmatrix} \tag{4.2.22}$$

对于 n 维随机向量 X 也可以定义 n 维置信区间。由给定的置信概率 $1-\alpha$ 和期望值 μ_x 就有

$$P\{(X-\mu_X)^{\mathrm{T}}\boldsymbol{\Sigma}_{XX}^{-1}(X-\mu_X) \leqslant \chi_{n,\,1-\alpha}^2\} = 1-\alpha \tag{4.2.23}$$

这个方程描述了一个超椭圆，其半轴及其方向可以通过对 $\boldsymbol{\Sigma}_{XX}$ 的谱分解求得。当 $n=3$ 时，可以得到一个空间点三维坐标方向的置信椭球。当 $n=2$ 时，可以得到一个点二维坐标方向的置信椭圆。

协方差矩阵给出了观测量 X 的不确定尺度。这个不确定尺度顾及了观测值的随机相关。如果观测值是相关观测值函数，其相关系数可以由协方差矩阵中元素计算，即

$$\rho_{ik} = \frac{\sigma_{ik}}{\sigma_i \sigma_k} \tag{4.2.24}$$

对于有限的观测序列，其经验相关系数为

$$r_{ik} = \frac{s_{ik}}{s_i s_k} \tag{4.2.25}$$

由于相关系数的确定并不容易，有时都采用经验值会更可靠一些。

通常还有一种情况，就是随机量 X 不是直接测量的，而是观测量的函数。其方差和协方差就必须通过协方差传播定律来确定。

观测向量 X 及其函数 Y 为

$$y = \varphi(x) = \begin{bmatrix} \varphi_1(x) \\ \varphi_2(x) \\ \vdots \\ \varphi_n(x) \end{bmatrix} \tag{4.2.26}$$

由此可以得到一个函数矩阵 F，其分量是 Y 对 X 的偏导数，即

$$\boldsymbol{F}_{n,m} = \begin{bmatrix} \dfrac{\partial \varphi_1}{\partial x_1} & \dfrac{\partial \varphi_1}{\partial x_2} & \cdots & \dfrac{\partial \varphi_1}{\partial x_m} \\ \dfrac{\partial \varphi_2}{\partial x_1} & \dfrac{\partial \varphi_2}{\partial x_2} & \cdots & \dfrac{\partial \varphi_2}{\partial x_m} \\ \vdots & \vdots & & \vdots \\ \dfrac{\partial \varphi_n}{\partial x_1} & \dfrac{\partial \varphi_n}{\partial x_2} & \cdots & \dfrac{\partial \varphi_n}{\partial x_m} \end{bmatrix} \tag{4.2.27}$$

式中 n 为函数向量 Y 的分量个数，m 为观测向量 X 的个数。利用协方差传播定律，由函数矩阵和协方差矩阵可以最后计算出函数向量 Y 的协方差矩阵

$$\boldsymbol{\Sigma}_{YY} = F\boldsymbol{\Sigma}_{XX}F^{\mathrm{T}} \tag{4.2.28}$$

3. 几种常用模型的最小二乘解

在测量平差中，主要有两种基本模型：条件平差模型和间接平差模型。在实际数据处理中延伸出另外两种模型：附有条件的间接平差模型和附有未知数的条件平差模型。由于

条件方程式的通用性差，因此条件平差的实际应用很少。表4.2.1以矩阵的形式罗列出3种模型的基本方程、未知数解以及未知数精度评定等公式。详细推导过程可以查阅相关参考书。

表 4.2.1 平差模型及其计算公式

模型	基本方程	未知数解	协方差矩阵
间接平差	$V = AX - L$	$X = (A^\mathrm{T}A)^{-1}A^\mathrm{T}L$	$Q_{XX} = (A^\mathrm{T}A)^{-1}$
附条件的间接平差	$V = AX - L$ $BX - W = 0$	$\begin{pmatrix} X \\ K \end{pmatrix} = \begin{pmatrix} A^\mathrm{T}A & B^\mathrm{T} \\ B & 0 \end{pmatrix}^{-1} \cdot \begin{pmatrix} A^\mathrm{T}L \\ W \end{pmatrix} = \begin{pmatrix} Q_{tt} & Q_{tr} \\ Q_{rt} & Q_{rr} \end{pmatrix} \cdot \begin{pmatrix} A^\mathrm{T}L \\ W \end{pmatrix}$	$Q_{XX} = Q_{tt}(A^\mathrm{T}A)Q_{tt}$
附未知数的条件平差	$V = BV +$ $AX - W$	$\begin{pmatrix} K \\ X \end{pmatrix} = \begin{pmatrix} BB^\mathrm{T} & A \\ A^\mathrm{T} & 0 \end{pmatrix}^{-1} \cdot \begin{pmatrix} W \\ 0 \end{pmatrix} = \begin{pmatrix} Q_{rr} & Q_{rt} \\ Q_{tr} & Q_{tt} \end{pmatrix} \cdot \begin{pmatrix} W \\ 0 \end{pmatrix}$	$Q_{XX} = Q_{tt}$

4.2.2 限差确定原则与方法

1. 相对精度原则

对于一个工业检测对象，绝大多数情况下关注的是工业对象各个部分的相对位置与尺寸，而不顾及其绝对地理位置。因此，在坐标系选择和测量方案制定等方面，有极大的灵活性，各测量环节中的限差关系式均有其特殊性。

对于零部件制造，已经有了比较成熟的限差。但在工业测量的一些领域，应该有怎样的限差或者用怎样的精度实施测量都是未知的。当主要背景不可知并出于过高的安全考虑，往往就会提出过高的精度要求。因此，这种情况下，如何制定一个合理的测量精度，非常重要。

这里用一个离子加速器放样精度的例子可以说明这个问题。针对德国汉堡的德国电子同位素离子加速器建设，如果询问物理学家：圆形加速器的各个零部件在径向需要多高的定位精度？也许会得到这样的回答：至少零点几个毫米。但问题是：这个精度是相对于哪里的？答案之一是相对于加速器中心位置。该圆形加速器的直径是2000m，目前的测量技术根本达不到这样的精度。通过多次讨论和论证后认为：加速器运行过程中重要的是，在50~100m范围内，零部件之间的精度在零点几个毫米就可以满足要求。亦即，相邻零部件的相对精度达到零点几个毫米的精度就可以满足要求。而此时的边缘点相对于中心位置已经是几个毫米了。

对于加速器零部件，重要的是相邻精度而不是相对于中心的精度，根据这个特点就可以确定测量方法。而且测量费用会大大减少。许多工业测量都有这个特点。只有极少数情况是在较长距离要求绝对精度的。

如果受到系统误差的影响，估计出实际能达到的精度是非常困难的。因此，确定合适的精度值，需要多学科的专业知识和经验共同完成。

2. 测量限差的确定

事实上，在采用某一种测量方法测量的零部件偏差中，不仅仅含有零部件加工误差，还含有测量误差。如果测量误差过大，则给出的零部件偏差就不可靠，甚至出现错误。因此，根据实际情况合理确定测量精度非常重要。

整体限差 T_G 实质上是含有测量限差的。假定测量限差 T_M 占其中的份额为 p。如果按照平方式传播，则

$$T_M = \sqrt{T_G^2 - (1-p)^2 T_G^2} = T_G \sqrt{1 - (1-p)^2} \qquad (4.2.29)$$

如果按照线性式传播，则

$$T_M = p \cdot T_G \qquad (4.2.30)$$

取 $p = 10\%$，则按照式(4.2.29)计算得到 $T_M = 0.44 T_G$，按照式(4.2.30)计算得到 $T_M = 0.1 T_G$

这两种限差确定的方式既适用于整体构件，也适用于单个构件。在确定了测量限差以后，下一步将确定：应当采用什么样的精度测量，才能保证在限差范围内。

根据式(4.2.15)和式(4.2.18)，通过置信区间表示的测量误差为

$$u = k_{1-\frac{\alpha}{2}} \cdot \sigma + u_s \qquad (4.2.31)$$

式(4.2.31)不仅适合于测量序列的平均值，也适合于测量值的函数，因此，式(4.2.31)式中用 σ 替代了式(4.2.15)中的 $\sigma_{\bar{x}}$。同时假定了偶然误差与系统误差线性相加的方式以及正态分布形式。

根据测量误差与限差的关系式，用置信区间表示的测量误差为

$$T_M = 2 \cdot u = 2 \cdot (k_{1-\frac{\alpha}{2}} \cdot \sigma + u_s) \qquad (4.2.32)$$

由此而得测量标准差为：

$$\sigma = \frac{T_M - 2 \cdot u_s}{2 \cdot k_{1-\frac{\alpha}{2}}} \qquad (4.2.33)$$

在确定测量限差时应该顾及，测量的实际值的精度区间可能会超过限差区间。亦即当实际测量值在限差附近，甚至正好在限差上时，测量精度的一半区间都落在限差之外了。为此，除了错误概率 α 外，还要为超出限差引入概率 β ——接受风险概率，得

$$T_M = 2 \cdot \left[(k_{1-\frac{\alpha}{2}} + k_{1-\beta}) \cdot \sigma + u_s \right] \qquad (4.2.34)$$

这样，对于给定的测量限差，可以得到标准差为

$$\sigma = \frac{T_M - 2 \cdot u_s}{2 \cdot (k_{1-\frac{\alpha}{2}} + k_{1-\beta})} \qquad (4.2.35)$$

在不考虑系统误差的情况下，表4.2.1 中列出了对于不同的 p，整体限差计算测量限差和标准中误差的因子。表4.2.2 中还列出了在 $\alpha = 5\%$ 的前提下，考虑和不考虑接受风险 $\beta = 30\%$、20%和10%时的因子值。表4.2.2 中的因子值为单位值，亦即，实际值就是用表4.2.2 中数字直接乘以整体限差值。一般建议 β 至少30%，最好20%。根据表4.2.2 中的数据可以依照式(4.2.31)计算测量不确定度，并由此来确定相应的测量方法。

表 4.2.2　　　　　　　　测量限差和标准差的计算因子

$\alpha = 5\%$ $k_{1-\frac{\alpha}{2}} = 1.96$		$\dfrac{T_M}{T_G}$	$\dfrac{\sigma}{T_M}$			
			$\beta = 0$ $k_{1-\beta} = 0$	$\beta = 30\%$ $k_{1-\beta} = 0.52$	$\beta = 20\%$ $k_{1-\beta} = 0.84$	$\beta = 10\%$ $k_{1-\beta} = 1.28$
平方传播	$p = 10\%$	0.44	0.112	0.089	0.079	0.068
	$p = 20\%$	0.60	0.153	0.121	0.107	0.093
	$p = 30\%$	0.71	0.181	0.143	0.127	0.110
线性传播	$p = 10\%$	0.10	0.026	0.020	0.018	0.015
	$p = 20\%$	0.20	0.051	0.040	0.036	0.031
	$p = 30\%$	0.30	0.077	0.060	0.054	0.046
	$p = 40\%$	0.40	0.102	0.081	0.071	0.062
	$p = 50\%$	0.50	0.128	0.101	0.089	0.077
	$p = 60\%$	0.60	0.153	0.121	0.107	0.093

从表 4.2.2 中的数据可以看出：

（1）测量误差占的比例越高，则测量精度要求越低。

（2）纳伪概率越低，检验功效就越低，则测量精度要求越高。

对测量结束后处理的结果进行评判时，有如图 4.2.2 所示的三种情况：

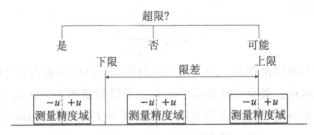

图 4.2.2　限差与测量精度

①平差值及其测量误差落在限差区内。没有超过限差，产品合格；

②平差值及其测量误差落在限差区外。超过了限差，产品不合格；

③平差值落在限差范围内，但其测量误差部分落在限差区外，超过限差，如果考虑到接受风险，可以以 $(1 - \beta)$ 的概率认为：没有超过限差。这种情况下最好选择精度较高的方法，来减小测量误差的区间，给出一个明确的结论。

3. 重要测量手段的极限精度

了解某测量手段在最佳条件下所能提供的最高精度，对测量方法的选择是非常重要的。一般而言分两种情况，一是可以直接参考测量设备上给定的测量精度指标，如游标卡尺的长度测量精度为 $\pm 10\mu m$。二是需要的精度指标要通过适当的换算才能获得，例如测角仪器(如电子经纬仪的前方交会)的极限精度是平距 d 与仪器测角中误差的乘积，即 $m_{min} = \pm \dfrac{d \cdot m''_\alpha}{206.265}$。如 $d = 2\mathrm{m}$，$m_\alpha = \pm 1''$，则 $m_{min} = \pm 10 \mu\mathrm{m}$。可见，缩短观测距离和适当提高测角仪器等级是保证工业测量精度的基本措施。又如摄影测量的极限精度是像点点位中误差 $m_{x,y}$ 与影像比例尺分母 m 的乘积，即 $m_{min} = m \cdot m_{x,y}$。可见，增大构像比例尺和保证像点点位精度是工业摄影测量精度的基本措施。

4.2.3 系统偏差产生的原因

在测量的过程中，总是试图避免系统误差出现，或者通过检校获得系统误差参数，或者通过测量方法消除系统误差。当然这样只能消除一部分。测量中总会残留系统误差，在确定误差时，需要考虑这部分残留系统偏差。下面通过一些典型实例说明系统偏差的出现，并给出其量级及其减弱的方法。

1. 违背阿贝(Abbe)检定原则

阿贝原则是长度计量仪器设计和使用时应尽量遵守的原则。阿贝原则的要点是：要使测量仪给出准确的测量结果，必须将被测件布置在基准件运动方向的延长线上。此时可以避免一阶误差。若违背阿贝原则，如图4.2.3(a)所示，标准尺线与被测件之间平行安置，两者相距 p。当装有读数瞄准器的支架沿导轨从一端移动到另一端时，由于导轨的直线误差，支架将会产生一个 φ 角的转动，使得测量长度 l' 与实际长度 l 之间产生误差 M_A，且

$$M_A = l' - l \approx p \cdot \varphi$$

若 $h = 100\mathrm{mm}$，导轨直线性误差 $\varphi = 60''$，则 $M_A \approx 0.03\mathrm{mm}$。

若遵守阿贝原则，如图4.2.3(b)所示，两者相距为 A，但位于一条直线上。测量时由于导轨的直线性误差，工件产生旋转角 φ，此时避免了一阶误差，而产生的误差为

$$M_A \approx 0.5 \cdot A \cdot \varphi^2$$

若工件长度 $L = 100\mathrm{mm}$，导轨直线性误差为 $\varphi = 60''$，$\delta_A \approx 0.004 \mu\mathrm{m}$。

可见，当导轨精度不高时，如果违背阿贝原则，对于仪器测量精度影响很大。或者为保证达到较高的精度，就要对仪器导轨直线性提出很高的要求。而当无法满足阿贝原则时，就会产生系统误差。

2. 激光干涉仪测距时的大气影响

由于测量空气温度、压力、湿度等或由点式折射仪等获得的折射系数与沿线的折射系数有偏差，则大气改正就不正确，这会导致测量结果出现系统偏差。温度变化1.0K或者压力变化3.4hPa时产生的改正变化为 10^{-6} 或 $1\mathrm{mm/km}$。

3. 量块、线尺和杆状测微器弯曲影响

较长的量块、线尺和杆状测微器在测量时应该精确放置在相应位置并加以支持。实际上机械式长度测量仪安置在贝塞尔点(线刻度尺支点在其全长的0.5594位置，其全长弯曲误差量为最小，此处称之为贝塞尔点)上时，可使弯曲最小。若这些支撑点变化，会引起弯曲变化，从而引起测量结果的系统偏差。

4. 温度对测量对象和量具的影响

当用量具(如钢尺)测量时，实际温度有异于其参考温度，对其测量的长度值要进行温度改正。由于温度测量的不准确会使结果含有系统误差。1K的温度变化会使钢制量具的测量结果产生 $11.5 \mu\mathrm{m/m}$ 的变化。因此测量对象的温度需要尽量精确确定。例如一台

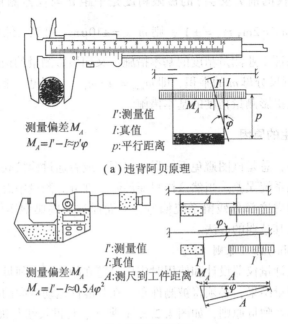

I'：测量值
I：真值
p：平行距离

测量偏差 M_A
$M_A = I' - I \approx p'\varphi$

（a）违背阿贝原理

I'：测量值
I：真值
A：测尺到工件距离

测量偏差 M_A
$M_A = I' - I \approx 0.5A\varphi^2$

（b）遵循阿贝原理

图 4.2.3　阿贝误差原理示意图

10m 长的钢制机器，温度必须测到 0.4K，这样大于 $50\mu m$ 时的长度变化就知道是由温度引起的，而不是测量偏差。

5. 忽视经纬仪误差

用经纬仪测量水平角和天顶距时，为了尽可能地获得高精度，应该在盘左、盘右测量，这样，仪器误差（视准轴误差、水平轴误差、视线偏心、调焦的视线变化等）就不会影响到测量结果。但是这些误差并不能看成是不变的。例如，在测量之前确定了相关的误差分量，测量时采用这些分量对一个度盘的方向测量值进行改正，但其结果常常会与盘左、盘右测量的方向值不一样。同样，随时间变化的水平轴误差也不能通过竖轴倾斜传感器改正。

如果望远镜支架两面的温差为 1K，则引起的视准轴倾斜 2.5″。特别是在工业测量领域，高差很大，视线倾斜，这样对水平方向的影响就很大。这时，如果只用一个读盘位置测量，就会产生系统误差。

6. 电子经纬仪竖轴误差引起的偏心

带有倾斜传感器的电子经纬仪首先通过圆气泡初略整平，残余竖轴误差通过倾斜传感器测量后，对水平方向和天顶距进行改正。由于没有进行精确整平，实际的方向测量中心（三轴交点）与经纬仪测站点中心就会不一致，例如视准轴高 0.2m 而倾斜传感器的工作范围为 2.5′ 时所产生的偏差为 0.16mm。因此，对于小范围工业测量而言，经常会出现短距离的水平方向测量，这样就会对这些方向值产生系统影响。例如在 5m 视距产生的方向值偏差就达 6″，远远超出了仪器的测量精度。因此，在特高精度测量而且短视距的情况下，尽管仪器带有倾斜测量补偿器，也应该精确整平。

7. 水准测量视距不等

在机械制造的几何水准测量中，由于实际局部场地的限制，无法使前后视距保持一致。十字丝校准的残余误差(在自动安平的水准仪中同样存在)会对测量结果产生系统影响。根据残余误差的大小和前后视距差大小引起的测量偏差可以达到零点几个毫米。

当由于局部场地限制只能用不等视距测量时，为达到高精度，可以采取以下措施：

(1)确定视准线倾角并进行计算改正；

(2)使用带有视线倾斜补偿器的仪器(如 Zeiss Ni002)消除视准轴倾斜误差。

8. 光学视线的折射

由于大气密度的不同，会导致光线不是直线行进，如图4.2.4所示。空气密度通过折射系数表示，视线曲率主要垂直于视线的折射分量引起。为了估计折射影响，假定垂直折射分量的梯度是常数，即 $\frac{\partial n}{\partial y} = a(\text{const})$ 。这样，从 A 到 E 的视线轨迹就是一个圆。由图4.2.4 中可以推导出：

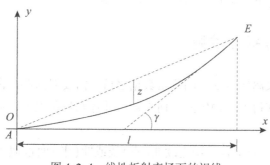

图4.2.4 线性折射率场下的视线

偏角： $$\gamma = a \cdot l$$

视线与直线间的最大偏差 z 的值为： $z = \dfrac{l^2}{8a}$

而影响折射率的最大因素是空气温度 T，近似的关系式有

$$\frac{\partial n}{\partial y} = -10^{-6} \cdot \frac{\partial T}{\partial y}$$

100m 距离当温度梯度变化为 0.1K/m 时，视线偏差为 0.12mm。由于垂直方向折射系数的梯度大于水平方向的梯度，折射对视线的影响区别很大。减少折射的方法可以有两种途径：或者用弥散方法可以得到一个不受折射影响的方向测量；或者在真空($10^{-2} \sim 10^{-3}$ hPa)中测量。

通过适当的措施减少垂直于视线的折射场梯度可以减少折射影响：一是通过搅动空气来破坏或阻止空气分层的形成；二是采用屏蔽措施或使用空调，尽可能减少折射率。例如让视线通过一个易散热的、外面用隔热泡沫塑料包裹的金属管，等等。

9. 调焦引起透镜位置变化

在用经纬仪测量时，需要通过移动调焦透镜使目标清晰地成像在十字丝平面上。调焦透镜并不是严格沿着望远镜光轴移动的，而是有偶然偏差和系统偏差。在 20m 范围内调焦，视准轴位置变化会导致光轴位置的改变。且望远镜外壳单面温度变化也会使视准轴位置变化。望远镜视准轴误差随透镜调焦和望远镜外壳的温度变化，会直接影响方向观测值。

如果采用盘左、盘右测量并且望远镜翻转时保持不调焦，就不会对测量值产生影响。因此，在机械制造车间对短视距进行方向测量时，并不是盘左依次测量所有的方向，然后盘右依次反向测量，而是在不调焦的情况下盘左、盘右测量第一个目标，然后再调焦瞄准下一个目标进行盘左、盘右测量。

10. 外界因素影响导致的电信号改变

模拟信号在转换成电信号的过程中，会受到各种外部因素的干扰，例如变化的环境温度、电场、磁场等。如果模拟信号传送到几分米的距离还没有问题，那么传送到数米或者数十米的距离就会产生系统偏差。

要减少其影响，可以应用屏蔽导线或补偿开关。也可以直接在现场将模拟信号转换成数字信号，然后以数字的形式传送到数据处理中心。

4.3 曲线(曲面)拟合准则

当获得了被测对象离散特征点的测量数据之后，需要对这些离散点所包含的几何特性进行处理和分析，以获得被测物体的几何参数，并评判形位误差。而拟合计算则是经常碰到的问题。

曲(直)线和曲(平)面拟合是用连续曲(直)线或曲(平)面近似地刻画或模拟物体表面离散点所表示的坐标之间函数关系的一种数据处理方法，如图 4.3.1 所示，其目的是根据试验获得的数据去建立因变量与自变量之间的经验函数关系。这项工作包括两个方面的问题：函数的选取和拟合准则的选择。机械设计中常用的函数有规则的平面曲线(如圆、抛物线和椭圆)和规则的二次曲面(如抛物面，球面等)。确定了函数以后，就要选择拟合准则获取函数参数。工业测量中常用的两个准则是最小二乘原理和整体最小二乘准则。

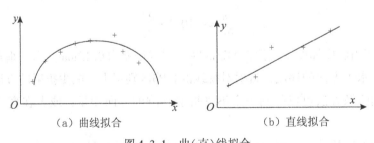

　　　　(a) 曲线拟合　　　　　　　　　　(b) 直线拟合

图 4.3.1　曲(直)线拟合

4.3.1 最小二乘法拟合

最小二乘法拟合的基本思路如下：

对给定的一组数据 (x_i, y_i, z_i), $i = 1, 2, \cdots, n$。要求在函数类 $\Phi = \{\Phi_0, \Phi_1, \cdots, \Phi_n\}$ 中找到一个函数 $z = f(x, y, C)$，可以得到误差方程式

$$v_i = f(x_i, y_i, C) - z_i \qquad (4.3.1)$$

如果已知参数 C 的近似值 C^0，改正数为 ΔC，可以将式(4.3.1)线性化，即

$$v_i = \frac{\partial f}{\partial C}\bigg|_{C = C^0, x = x_i, y = y_i} \cdot \Delta C + f(x_i, y_i, C^0) - z_i$$

写成矩阵形式为

$$V = A(x_i, y_i, C^0) \cdot \Delta C - L$$

要使拟合残差总体上尽可能小，通常的做法是：取

$$\|E\|^2 = \sum_{i=1}^{n} \varepsilon_i^2 = \min_{f(x) \in \Phi} \sum_{i=1}^{n} [f(x_i, y_i) - z_i]^2$$

这里就是要求 $\sum_{i=1}^{n} v_i^2 = \min$，可以得到参数解为

$$\Delta C = (A^{\mathrm{T}}A)^{-1}(A^{\mathrm{T}}L) \qquad (4.3.2)$$

这样获得参数新的初值。通过迭代可以得到参数 C 的最终解。如图4.3.2所示。

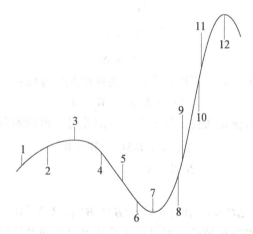

图 4.3.2　最小二乘准则的曲线拟合

4.3.2　整体最小二乘拟合

整体最小二乘拟合也称为全最小二乘拟合、正交最小二乘拟合等，其思路如下：

对于给定的拟合函数，要求各观测点到拟合曲线上的正交距离的平方和最小，即

$$\|E\|^2 = \min \sum_{i=1}^{n} S_i^2 = \min \sum_{i=1}^{n} (v_{x_i}^2 + v_{y_i}^2 + v_{z_i}^2)$$

其中，v_{x_i}，v_{y_i}，v_{z_i} 分别表示各观测点三维坐标方向的随机误差，S_i 相当于测点 (x_i, y_i, z_i) 到拟合曲线的距离。如图4.3.3所示。

假设拟合方程为 $F(\hat{X}, \hat{Y}, \hat{Z}, C) = 0$，其中 $\hat{X}$，$\hat{Y}$，$\hat{Z}$ 为观测点最或然值，C 为待定参数。近似值与改正数之间的关系为

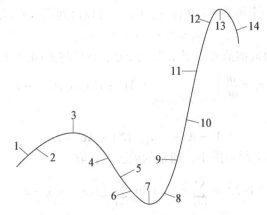

图 4.3.3　整体最小二乘准则的曲线拟合

$$\hat{X} = X^0 + v_X$$

$$\hat{Y} = Y^0 + v_Y$$

$$\hat{Z} = Z^0 + v_Z$$

$$C = C^0 + \Delta C$$

在各近似值的前提下，对方程线性化，并转换成线性方程：

$$AV + B\Delta C + W = 0 \qquad\qquad (4.3.3)$$

在距离平方和最小且满足条件式的前提下，由此可以得到附有条件的间接平差模型

$$AA^{\mathrm{T}}K + B\Delta C + W = 0$$

$$B^{\mathrm{T}}K = 0$$

由此可得

$$\Delta C = -(B^{\mathrm{T}}(AA^{\mathrm{T}})^{-1}B)^{-1}B^{\mathrm{T}}(AA^{\mathrm{T}})^{-1}W \qquad\qquad (4.3.4)$$

由此能得到参数的新近似值后，通过迭代算法可以得到参数最佳估值。

4.3.3　两种拟合准则比较

从以上两种拟合准则的定义不难看出：采用最小二乘拟合准则进行处理时，把自变量坐标分量当成没有改正数的真值，而只有因变量含有误差；采用整体最小二乘拟合准则进行处理时，则把所有自变量坐标分量看成含误差的观测量。两种原则各自的特点如下：

(1)最小二乘拟合准则计算简单。但忽略了自变量的误差，拟合结果使得拟合函数沿一个方向与实际曲面(线)最佳逼近。当自变量的误差较小时，忽略自变量的误差，对拟合参数的影响较小，可以采用。

(2)整体最小二乘拟合准则同时顾及了因变量和自变量的误差，拟合的结果从整体上保持最佳。从几何意义理解，这种拟合原则更加合理。但对于一些较为复杂的曲面，计算模型比较复杂。

(3)许多情况下，最小二乘拟合的结果可以为整体最小二乘拟合提供高精度的近似值。

(4)在不顾及自变量误差的情况下，整体最小二乘拟合准则就退化成最小二乘拟合准则。

4.4 平面曲线拟合

4.4.1 平面直线

平面直线方程为：$y = ax + b$。对直线进行一系列测量(x_i，y_i)，$i = 1$，2，$\cdots$，n。通过这些测点确定直线参数a，b。

1. 直线的最小二乘拟合

对于某测点(x_i，y_i)，假定x_i无误差，y_i的误差为v_i，可以建立误差方程式

$$v_i = ax_i + b - y_i \tag{4.4.1}$$

式(4.4.1)中a，b为待定参数。n个测量点组成n个误差方程式，用矩阵表示为

$$V = AX - L \tag{4.4.2}$$

式中

$$A = \begin{bmatrix} 1 & x_1 \\ 1 & x_2 \\ \vdots & \vdots \\ 1 & x_n \end{bmatrix}, \quad X = \begin{bmatrix} b \\ a \end{bmatrix}, \quad L = \begin{bmatrix} y_1 \\ y_2 \\ \vdots \\ y_n \end{bmatrix}$$

在 $\min \sum\limits_{i=1}^{n} v_i^2$ 的约束下，得到未知数的最小二乘解

$$X = (A^T A)^{-1}(A^T L) \tag{4.4.3}$$

式中，$A^T A = \begin{bmatrix} n & \sum\limits_{i=1}^{n} x_i \\ \sum\limits_{i=1}^{n} x_i & \sum\limits_{i=1}^{n} x_i^2 \end{bmatrix}$，$\quad A^T L = \begin{bmatrix} \sum\limits_{i=1}^{n} y_i \\ \sum\limits_{i=1}^{n} x_i y_i \end{bmatrix}$

上述拟合是建立在x_i无误差的基础上的。由于观测坐标x_i和y_i是同等地位的，在进行直线拟合时，如果认为x为因变量，y为自变量，则可以得到以下误差方程式

$$v_i = cy_i - d - x_i \tag{4.4.4}$$

在同样的拟合原则下可以得到c，d的最小二乘解。但式(4.4.1)中的(a，b)和式(4.4.4)中的c，d并不满足：$c = \dfrac{1}{a}$，$d = \dfrac{b}{a}$。亦即交换自变量和因变量，拟合的直线是不相同的。这种拟合原则导致直线拟合的多义性。

2. 直线的整体最小二乘拟合

x_i和y_i都是含有误差的观测量。假定各自的改正数分别为v_{x_i}和v_{y_i}。整体最小二乘准则要求：

$$Q = \sum_{i=1}^{n} (v_{x_i}^2 + v_{y_i}^2) = \sum_{i=1}^{n} [(\hat{x}_i - x_i)^2 + (a\hat{x}_i + b - y_i)^2] = \min \tag{4.4.5}$$

对式(4.4.5)中的参数a，b，$\hat{x}_i$求偏导，并令其等于零，则得到$n + 2$个方程，即

$$\begin{bmatrix} n & \sum_{i=1}^{n} \hat{x}_i \\ \sum_{i=1}^{n} \hat{x}_i & \sum_{i=1}^{n} i^2 \end{bmatrix} \cdot \begin{bmatrix} b \\ a \end{bmatrix} = \begin{bmatrix} \sum_{i=1}^{n} y_i \\ \sum_{i=1}^{n} \hat{x}_i y_i \end{bmatrix} \qquad (4.4.6)$$

$$(1 + a^2) \cdot \hat{x}_i = (ay_i + x_i - ab) \qquad i = 1, 2, \cdots, n \qquad (4.4.7)$$

与式(4.4.3)相比较可以看出,式(4.4.6)就是采用最小二乘拟合的法方程。采用整体最小二乘拟合的法方程式(4.4.6)、式(4.4.7)是非线性方程,待求参数有两个部分:回归参数(4.4.6)和自变量估值(4.4.7)两类。可以采用迭代法求解:

(1)解式(4.4.6),得到 a,b;

(2)将 a,b 带入式(4.4.7)解 n 个 $\hat{x}_i$;

(3)重复以上两步,直至相邻两次解出的未知数之差小于给定的阈值,结束计算。

4.4.2 空间直线拟合

空间直线方程的点向式方程为

$$\frac{x - x_0}{m} = \frac{y - y_0}{n} = \frac{z - z_0}{p} \qquad (4.4.8)$$

式中(x_0,y_0,z_0)为直线通过的一点,m,n,p 为直线的空间方向分量。

1. 空间直线的最小二乘拟合

方法一:将空间中三维分布的点集拟合为一维的直线,其本质就是降维。因此可以按照主成分的思想,对三维分布的空间数据进行主成分分析,提取第一主成分向量作为直线方向向量。在最小二乘准则下,空间直线必须通过数据中心点。由此,可以由直线点向式方程确定空间直线方程。按此思路给出求解算法如下:

(1)计算三维空间中 n 个数据点的三维坐标 X 的平均值 $\overline{X} = (x_0, y_0, z_0)^{\mathrm{T}}$,拟合直线必过此点;

(2)计算协方差矩阵 $\underset{3 \times 3}{S} = \frac{1}{n}(X - \overline{X})^{\mathrm{T}} \cdot (X - \overline{X})$;计算 S 的最大特征值对应的特征向量(m,n,p);

(3)根据(x_0,y_0,z_0)和(m,n,p)按照式(4.4.8)建立空间直线方程。

方法二:将空间直线方程拟合转化为平面直线方程拟合,可以简化拟合过程。空间直线在三个坐标系 XOY、XOZ、YOZ 中的投影也是直线,可以先将空间直线的投影拟合成直线。因为平面直角坐标系中的直线方程也是空间直角坐标系中的平面方程,两个平面的交线就是要求的空间直线,所以只要拟合出两条投影直线就可以求出空间直线方程。具体算法如下:

(1)利用(x_i,y_i)、(x_i,z_i)(y_i,z_i)拟合出三条直线方程 L_{XY},L_{XZ} 和 L_{YZ}。由于误差的存在,三条直线不存在唯一性,亦即,由 L_{XY} 和 L_{XZ} 推导出的直线 L'_{YZ} 与 L_{YZ} 不重合。

(2)计算夹角:由 L_{XY} 和 L_{XZ} 推导出的直线 L'_{YZ},由 L_{XY} 和 L_{YZ} 推导出的直线 L'_{XZ},由 L_{XZ} 和 L_{YZ} 推导出的直线 L'_{XY},分别在各自平面坐标内计算推导直线 L' 与拟合直线 L 之间的夹角,共有三个夹角。

(3)比较这三个夹角的大小,选择偏离程度最小的直线作为待求直线。

2. 空间直线的整体最小二乘拟合

将空间直线方程用参数表示为

$$\begin{cases} x = x_0 + at \\ y = y_0 + bt \\ z = z_0 + ct \end{cases} \qquad (4.4.9)$$

式 $(4.4.9)$ 中，$(x_0, y_0, z_0)^{\mathrm{T}}$ 为空间上距离原点最近的点，$(a, b, c)^{\mathrm{T}}$ 为空间直线的单位向量。

对于 n 个观测点 $(x_i, y_i, z_i)^{\mathrm{T}}$（$i = 1, 2, \cdots, n$），过 i 点且与直线垂直的平面为

$$a(x - x_i) + b(y - y_i) + c(z - z_i) = 0 \qquad (4.4.10)$$

将式 $(4.4.9)$ 带入式 $(4.4.10)$，顾及 $a^2 + b^2 + c^2 = 1$，得到参数 t，进而得到直线与平面交点 P 的坐标为

$$\begin{cases} x_p = x_0 + a^2 x_i + aby_i + acz_i - a^2 x_0 - aby_0 - acz_0 \\ y_p = y_0 + abx_i + b^2 y_i + bcz_i - abx_0 - b^2 y_0 - bcz_0 \\ z_p = z_0 + acx_i + bcy_i + c^2 z_i - acx_0 - bcy_0 - c^2 z_0 \end{cases} \qquad (4.4.11)$$

这样，测点 i 到直线的距离就是测点 i 与 P 点之间的距离，即

$$v_i = \sqrt{(x_i - x_p)^2 + (y_i - y_p)^2 + (z_i - z_p)^2}$$

这类似于测量平差中距离观测误差方程式。可以按照距离误差方程式展开、组成法方程，迭代计算求解 6 个参数 (x_0, y_0, z_0, a, b, c)。为了保证直线的唯一性，还需要附带两个条件：

(1) 直线向量为单位向量：$a^2 + b^2 + c^2 = 1$，相应的改正数方程：$a\delta a + b\delta b + c\delta c = 0$。

(2) $(x_0, y_0, z_0)^{\mathrm{T}}$ 为空间上距离原点最近的点，即 $(x_0, y_0, z_0)^{\mathrm{T}}$ 与 $(a, b, c)^{\mathrm{T}}$ 垂直，则

$$ax_0 + by_0 + cz_0 = 0$$

相应的改正数方程为

$$x_0 \delta a + y_0 \delta b + z_0 \delta c + a\delta x_0 + b\delta y_0 + c\delta z_0 = 0$$

4.4.3 二次平面曲线拟合

在工业设计中，圆、椭圆、抛物线、双曲线等都是经常出现的设计图形。在对工业产品进行质量检查时，将在这些曲线的特征点上采样，然后，根据这些采样点拟合特征曲线，进而对产品的几何质量进行评定。

1. 二次平面曲线特征

平面二次曲线的一般方程为

$$ax^2 + 2bxy + cy^2 + 2dx + 2ey + f = 0 \qquad (4.4.12)$$

式 $(4.4.12)$ 中的参数 $a \sim f$ 的变化，会产生不同的特征曲线，亦即：

(1) 下列三个函数

$$D = \begin{vmatrix} a & b & d \\ b & c & e \\ d & e & f \end{vmatrix}, \qquad \delta = ac - b^2, \qquad S = a + c$$

称为二次曲线不变量，即经过坐标变换后这些量是不变的。

（2）当 $\delta = ac - b^2 \neq 0$ 时，二次曲线的一切直径都通过同一点，称为中心，这种曲线称为有心二次曲线，如圆、椭圆、双曲线。其中心坐标为：

$$x_0 = \frac{be - cd}{ac - b^2}, \qquad y_0 = \frac{ae - bd}{ac - b^2}$$

（3）当 $\delta = ac - b^2 = 0$ 时，曲线称为无心二次曲线，如抛物线。

在求出了式（4.4.12）中的参数 $a \sim f$ 后，可以按照表 4.4.1 转换成标准方程。

表 4.4.1 二次曲线参数转换关系

判别式	标准方程	参数转换关系	曲线形状
$\delta = 0$	$Y^2 = 2pX$	$p = \dfrac{ae - bd}{(a + c)\sqrt{a^2 + b^2}}$	抛物线
$\delta > 0$	$AX^2 + BY^2 + \dfrac{D}{\delta} = 0$	$A = \dfrac{a + c + \sqrt{(a - c)^2 + 4b^2}}{2}$	椭圆
$\delta < 0$		$B = \dfrac{a + c - \sqrt{(a - c)^2 + 4b^2}}{2}$	双曲线

2. 最小二乘曲线拟合

（1）一般平面二次曲线拟合

采用代数距离准则的拟合比较简单。如果已知一系列平面点坐标（ x_i , y_i ）。由于式（4.4.12）中只有 5 个独立未知数，因此可以根据工件表面情况，确定参数的性质。例如，如果是圆或椭圆，则显然 $a \neq 0$，不妨令 $a = 1$，将测量坐标值（ x_i , y_i ）带入式（4.4.12），得到误差方程式

$$v_i = x_i^2 + 2bx_iy_i + cy_i^2 + 2dx_i + 2ey_i + f \qquad (4.4.13)$$

即

$$V = \begin{bmatrix} 2x_1y_1 & y_1^2 & 2x_1 & 2y_1 & 1 \\ 2x_2y_2 & y_2^2 & 2x_2 & 2y_2 & 1 \\ \vdots & \vdots & \vdots & \vdots & \vdots \\ 2x_ny_n & y_n^2 & 2x_n & 2y_n & 1 \end{bmatrix} \cdot \begin{bmatrix} b \\ c \\ d \\ e \\ f \end{bmatrix} + \begin{bmatrix} x_1^2 \\ x_2^2 \\ \vdots \\ x_n^2 \end{bmatrix}$$

对于 n 个上述方程式，在 $\sum v_i^2 = \min$ 的约束下，按照式（4.4.2）可以得到 5 个未知参数的解。然后，按照式（4.4.13）和表 4.4.1 计算曲线的特征参数，并评价误差。

（2）平面圆拟合

平面圆的方程为

$$(x - x_0)^2 + (y - y_0)^2 = R^2 \qquad (4.4.14)$$

展开并整理

$$-2x \cdot x_0 - 2y \cdot y_0 + (x_0^2 + y_0^2 - R^2) = -x^2 - y^2$$

令： $C = x_0^2 + y_0^2 - R^2$。对于 n 个离散测量点（ x_i , y_i ），可按式（4.4.13）联立 n 个误差方程式

$$-2x_i \cdot x_0 - 2y_i \cdot y_0 + C = -x_i^2 - y_i^2 \qquad (4.4.15)$$

即

$$\begin{bmatrix} -2x_1 & -2y_1 & 1 \\ -2x_1 & -2y_1 & 1 \\ \vdots & \vdots & \vdots \\ -2x_1 & -2y_1 & 1 \end{bmatrix} \cdot \begin{bmatrix} x_0 \\ y_0 \\ C \end{bmatrix} = \begin{bmatrix} -x_1^2 - y_1^2 \\ -x_2^2 - y_2^2 \\ \vdots \\ -x_n^2 - y_n^2 \end{bmatrix}$$

按照式(4.4.2)可以求解三个参数 x_0，y_0，C，进而能得到 $R = \sqrt{C - x_0^2 - y_0^2}$。

3. 整体最小二乘曲线拟合

(1)一般平面二次曲线拟合

根据式(4.4.9)，令 $a = 1$，可以得到拟合方程

$$F = \hat{x}^2 + 2b\hat{x}\hat{y} + c\hat{y}^2 + 2d\hat{x} + 2e\hat{y} + f \qquad (4.4.16)$$

对上式线性化，即 $\quad F = F_0 + \left. \dfrac{\partial F}{\partial X} \right|_{X = X_0} \cdot \delta X$

对上式中的所有变量求偏导

$$\frac{\partial F}{\partial \hat{x}_i} = 2x_i + 2by_i + 2d, \frac{\partial F}{\partial \hat{y}_i} = 2bx_i + 2cy_i + 2e, \frac{\partial F}{\partial b} = 2x_i y_i,$$

$$\frac{\partial F}{\partial c} = 2y_i^2, \frac{\partial F}{\partial d} = 2x_i, \frac{\partial F}{\partial e} = 2y_i, \frac{\partial F}{\partial f} = 1$$

得到误差方程

$$(2x_i + 2by_i + 2d, 2bx_i + 2cy_i + 2e) \cdot \begin{pmatrix} v_{x_i} \\ v_{y_i} \end{pmatrix} + (2x_i y_i, 2y_i^2, 2x_i, 2y_i, 1) \cdot \begin{pmatrix} \delta b \\ \delta c \\ \delta d \\ \delta e \\ \delta f \end{pmatrix} +$$

$$x_i^2 + 2bx_i y_i + cy_i^2 + 2dx_i + 2ey_i + f = 0$$

$$(4.4.17)$$

给点近似值以后，即可进行迭代求解获得式(4.4.16)中的 5 个参数。最后再转换成相应的二次曲线参数。

(2)平面圆拟合

对于式(4.4.12)的最终拟合方程为 $f = (\hat{x}_i - \hat{x}_0)^2 + (\hat{y}_i - \hat{y}_0)^2 - \hat{R}^2 = 0$，其中的参数有 $2n + 3$ 个，对各个参数求偏导显然有

$$\frac{\partial f}{\partial \hat{x}_i} = 2(x_i - x_0), \frac{\partial f}{\partial \hat{y}_i} = 2(y_i - y_0), \frac{\partial f}{\partial \hat{x}_0} = -2(x_i - x_0), \frac{\partial f}{\partial \hat{y}_0} = -2(y_i - y_0),$$

$$\frac{\partial f}{\partial \hat{R}} = -2R$$

这样得到一个附有未知数的条件

$$(x_i - x_0, y_i - y_0) \cdot \begin{pmatrix} v_{x_i} \\ v_{y_i} \end{pmatrix} + (x_0 - x_i, y_0 - y_i, R) \cdot \begin{pmatrix} \delta x_0 \\ \delta y_0 \\ \delta R \end{pmatrix} +$$

$$(x_i - x_0)^2 + (y_i - y_0)^2 - R^2 = 0 \qquad (4.4.18)$$

即

$$\begin{bmatrix} x_1 - x_0 & y_1 - y_0 & 0 & 0 & \cdots & 0 & 0 \\ 0 & 0 & x_2 - x_0 & y_2 - y_0 & \cdots & 0 & 0 \\ 0 & 0 & 0 & 0 & \cdots & 0 & 0 \\ 0 & 0 & 0 & 0 & \cdots & x_n - x_0 & y_n - y_0 \end{bmatrix} \cdot \begin{bmatrix} v_{x_1} \\ v_{y_1} \\ v_{x_2} \\ v_{y_2} \\ \cdots \\ v_{x_n} \\ v_{y_n} \end{bmatrix} +$$

$$\begin{bmatrix} x_0 - x_1 & y_0 - y_1 & R \\ x_0 - x_2 & y_0 - y_2 & R \\ \vdots & \vdots & \vdots \\ x_0 - x_n & y_0 - y_n & R \end{bmatrix} \cdot \begin{bmatrix} \delta x_0 \\ \delta y_0 \\ \delta R \end{bmatrix} + \begin{bmatrix} (x_1 - x_0)^2 + (y_1 - y_0)^2 - R^2 \\ (x_2 - x_0)^2 + (y_2 - y_0)^2 - R^2 \\ \vdots \\ (x_n - x_0)^2 + (y_n - y_0)^2 - R^2 \end{bmatrix} = 0$$

这就形成了式(4.4.3)的方程式,按照式(4.4.4)进行迭代可以求解出参数 $\hat{x}_0, \hat{y}_0, \hat{R}$。

(3)椭圆拟合

椭圆拟合可以按照式(4.4.17)联立方程式及完成相关解算步骤。下面介绍直接计算椭圆参数的迭代算法。

如图4.4.1所示,对于一个平面椭圆,可以用5个参数唯一地表示:中心坐标 $C(x_c, y_c)$,半轴长 $a, b (a > b)$,和长轴方向旋转 α。

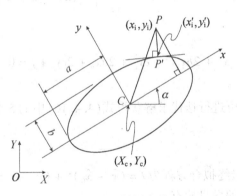

图4.4.1 椭圆参数

如图4.4.1所示,引入了一个临时坐标系 $c - xy$,在该坐标系下的椭圆方程为标准方程,即

$$\frac{(x - x_c)^2}{a^2} + \frac{(y - y_c)^2}{b^2} = 1 \tag{4.4.19}$$

在椭圆上采集 n 个测点。其中某测点 P_i 在椭圆线的投影点(垂足点)为 P_i'。在测量坐标系下它们的坐标为(X_i,Y_i)、(X_i',Y_i');在临时坐标系下它们的坐标为(x_i,y_i)、(x_i',y_i')。在几何距离平方和 $\sum_{i=1}^{n} [(X_i - X_i')^2 + (Y_i - Y_i')^2] = \min$ 的约束下求椭圆的5个参数。具体过程如下:

①计算投影点 P_i' 的坐标(X_i' , Y_i')。

为了以下表示方便，令 P 点在临时坐标系中的坐标向量为 $\boldsymbol{x}$ ，在测量坐标系中的坐标向量为 $\boldsymbol{X}$ ，它们之间存在如下关系：

$$\boldsymbol{x} = \boldsymbol{R}(\boldsymbol{X} - \boldsymbol{X}_c)$$
$$\boldsymbol{X} = \boldsymbol{R}^{-1}x + \boldsymbol{X}_c \tag{4.4.20}$$

其中，旋转矩阵 $\boldsymbol{R} = \begin{pmatrix} C & S \\ -S & C \end{pmatrix}$, $S = \sin\alpha$, $C = \cos\alpha$ 。

垂足点就是 P_i , P_i' 的连线垂直于过 P_i' 点的切线在椭圆线上的交点。根据两条直线正交满足斜率之积等于-1 这一条件，在临时坐标系中可以得到以下方程

$$\left.\frac{\mathrm{d}y}{\mathrm{d}x}\right|_{x=x_i', \ y=y_i'} \cdot \frac{y_i - y_i'}{x_i - x_i'} = -1$$

展开为

$$b^2 x_i'(y_i - y_i') - a^2 y_i'(x_i - x_i') = 0 \tag{4.4.21}$$

上式与椭圆方程式(4.4.19)共同联立求解可求解出垂足点坐标(x_i' , y_i')。

$$\begin{cases} f_1 = a^2 y_i'^2 + b^2 x_i'^2 - a^2 b^2 = 0 \\ f_2 = b^2 x_i'(y_i - y_i') - a^2 y_i'(x_i - x_i') = 0 \end{cases} \tag{4.4.22}$$

这是一组非线性方程组，需要采用牛顿法迭代求解，即

$$\boldsymbol{Q}_i = \begin{bmatrix} \dfrac{\partial f_1}{\partial x_i'} & \dfrac{\partial f_1}{\partial y_i'} \\ \dfrac{\partial f_2}{\partial x_i'} & \dfrac{\partial f_2}{\partial y_i'} \end{bmatrix} = \begin{bmatrix} b^2 x_i' & a^2 y_i' \\ (a^2 - b^2)y_i' + b^2 y_i & (a^2 - b^2)x_i' + a^2 x_i \end{bmatrix}$$

$$\boldsymbol{Q}|_{x=x_i} \cdot \Delta x_i' = -f(x_i)$$
$$x_{i+1}' = x_i' + \Delta x_i'$$

计算出垂足点坐标 $\boldsymbol{x}_i' = (x_i', y_i')^\mathrm{T}$ 后，再通过坐标转换式(4.4.20)换算到测量坐标系中，就得到测量坐标系中垂足点 P_i' 的坐标 $\boldsymbol{X}_i' = (X_i', Y_i')^\mathrm{T}$ 。

② 椭圆上正交点的雅可比矩阵

定义参数向量 $\boldsymbol{a} = (X_c, Y_c, a, b, \alpha)^\mathrm{T}$ ，由坐标变换式(4.4.20)可以推导出

$$\frac{\partial \boldsymbol{x}_i}{\partial \boldsymbol{a}} = \frac{\partial \boldsymbol{R}}{\partial \boldsymbol{a}}(\boldsymbol{X}_i - \boldsymbol{X}_c) - \boldsymbol{R}\frac{\partial \boldsymbol{X}_c}{\partial \boldsymbol{a}} = \begin{pmatrix} -C & -S & 0 & 0 & y_i \\ S & C & 0 & 0 & -x_i \end{pmatrix}$$

对于椭圆上一垂足点 $\boldsymbol{X}_i'$,其雅可比矩阵为

$$\boldsymbol{J}|_{X=X_{ii}'} = \left.\frac{\partial \boldsymbol{X}}{\partial \boldsymbol{a}}\right|_{X=X_i'} = \left[\boldsymbol{R}^{-1}\frac{\partial \boldsymbol{x}}{\partial \boldsymbol{a}} + \frac{\partial \boldsymbol{R}^{-1}}{\partial \boldsymbol{a}}x + \frac{\partial \boldsymbol{X}_c}{\partial \boldsymbol{a}}\right]_{X=X_i'}$$

$$= \left.\boldsymbol{R}^{-1}\frac{\partial \boldsymbol{x}}{\partial \boldsymbol{a}}\right|_{X=X_i'} + \left.\begin{pmatrix} 1 & 0 & 0 & 0 & -xS & -yC \\ 0 & 1 & 0 & 0 & xC & -yS \end{pmatrix}\right|_{X=X_i'}$$

简化后为

$$\boldsymbol{J}|_{X=X_{ii}'} = (\boldsymbol{R}^{-1}\boldsymbol{Q}\boldsymbol{B})|_{X=X_{ii}'} \tag{4.4.23}$$

式中
$$\boldsymbol{B} = (\boldsymbol{B}_1, \boldsymbol{B}_2, \boldsymbol{B}_3, \boldsymbol{B}_4)$$

$$\boldsymbol{B}_1 = \begin{pmatrix} b^2 xC - a^2 yS \\ b^2(y_i - y)C + a^2(x_i - x)S \end{pmatrix}, \quad \boldsymbol{B}_2 = \begin{pmatrix} b^2 xS + a^2 yC \\ b^2(y_i - y)S - a^2(x_i - x)C \end{pmatrix}$$

$$\boldsymbol{B}_3 = \begin{pmatrix} a(b^2 - y^2) \\ 2ay(x_i - x) \end{pmatrix}, \quad \boldsymbol{B}_4 = \begin{pmatrix} b(a^2 - x^2) \\ -2bx(y_i - y) \end{pmatrix}, \quad \boldsymbol{B}_5 = \begin{pmatrix} (a^2 - b^2)xy \\ (a^2 - b^2)(x^2 - y^2 - x_i x + yy_i) \end{pmatrix}$$

$$\boldsymbol{Q} = \begin{pmatrix} b^2 x & a^2 y \\ (a^2 - b^2)y + b^2 y_i & (a^2 - b^2)x + a^2 x_i \end{pmatrix}。$$

③参数迭代求解

给出每个测量点坐标和参数近似值 $\boldsymbol{a}_0$ 后,可以按照式(4.4.23)计算两个方程,m 个测量点就能得到 $2m$ 个方程,即

$$\begin{bmatrix} \boldsymbol{J}|_{X'_1,X_C} & \boldsymbol{J}|_{X'_1,Y_C} & \boldsymbol{J}|_{X'_1,\alpha} & \boldsymbol{J}|_{X'_1,a} & \boldsymbol{J}|_{X'_1,b} \\ \boldsymbol{J}|_{Y'_1,X_C} & \boldsymbol{J}|_{Y'_1,Y_C} & \boldsymbol{J}|_{Y'_1,\alpha} & \boldsymbol{J}|_{Y'_1,a} & \boldsymbol{J}|_{Y'_1,b} \\ \vdots & \vdots & \vdots & \vdots & \vdots \\ \boldsymbol{J}|_{X'_m,X_C} & \boldsymbol{J}|_{X'_m,Y_C} & \boldsymbol{J}|_{X'_m,\alpha} & \boldsymbol{J}|_{X'_m,a} & \boldsymbol{J}|_{X'_m,b} \\ \boldsymbol{J}|_{Y'_m,X_C} & \boldsymbol{J}|_{Y'_m,Y_C} & \boldsymbol{J}|_{Y'_m,\alpha} & \boldsymbol{J}|_{Y'_m,a} & \boldsymbol{J}|_{Y'_m,b} \end{bmatrix} \begin{pmatrix} \Delta X_C \\ \Delta Y_C \\ \Delta a \\ \Delta b \\ \Delta \alpha \end{pmatrix} = \begin{pmatrix} X_1 - X'_1 \\ Y_1 - Y'_1 \\ \vdots \\ X_m - X'_m \\ Y_m - Y'_m \end{pmatrix}$$

换成矩阵形式就是:

$$\begin{cases} \boldsymbol{J} \cdot \Delta \boldsymbol{a} = \boldsymbol{d} \\ \Delta \boldsymbol{a} = (\boldsymbol{J}^{\mathrm{T}} \boldsymbol{J})^{-1} \cdot (\boldsymbol{J}^{\mathrm{T}} \boldsymbol{d}) \\ \boldsymbol{a} = \boldsymbol{a}_0 + \Delta \boldsymbol{a} \end{cases} \tag{4.4.24}$$

4.5 曲面拟合

4.5.1 空间平面拟合

一个空间平面的一般方程为

$$ax + by + cz + d = 0 \tag{4.5.1}$$

如果确认 $c \neq 0$,上式可以化为

$$ax + by + z + d = 0 \tag{4.5.2}$$

1. 最小二乘平面拟合

对于测量的散点坐标(x_i, y_i, z_i)带入式(4.5.2)中,可以得到 n 个误差方程式:

$$\begin{pmatrix} -z_1 \\ -z_2 \\ \vdots \\ -z_n \end{pmatrix} = \begin{pmatrix} x_1 & y_1 & 1 \\ x_2 & y_2 & 1 \\ \vdots & \vdots & \vdots \\ x_n & y_n & 1 \end{pmatrix} \cdot \begin{pmatrix} a \\ b \\ d \end{pmatrix}$$

按照式(4.1.3)即可求解参数 a, b, d。与直线的最小二乘拟合一样,这种平面拟合参数会随着自变量的不同而变化。

2. 整体最小二乘平面拟合

方法一:对于确定的平面方程(4.5.2),其法向量为 $s = (a, b, 1)^{\mathrm{T}}$,式中参数 d 确定了平

面的位置。点 $P_i(x_i, y_i, z_i)$ 到平面的距离的平方和为

$$Q = \sum \frac{(z_i + ax_i + by_i + d)^2}{a^2 + b^2 + 1}$$

令：$\frac{\partial Q}{\partial d} = 0$，可以得到

$$2\sum \frac{(z_i + ax_i + by_i + d)}{a^2 + b^2 + 1} = 0$$

展开有

$$\frac{\sum z_i}{n} + a\frac{\sum x_i}{n} + b\frac{\sum y_i}{n} + d = 0 ,$$

这相当于离散点重心 $P_s(\bar{x}, \bar{y}, \bar{z})$ 经过该拟合平面，即：$\bar{z} + a\bar{x} + b\bar{y} + d = 0$。

假设平面的法向量为 $s = (\alpha, \beta, \gamma)^T$，且为单位向量。点 $P_i(x_i, y_i, z_i)$ 到平面的距离即为 $d_i = (x_i - \bar{x}, y_i - \bar{y}, z_i - \bar{z}) \cdot s$

或

$$\begin{bmatrix} d_1 \\ d_2 \\ \vdots \\ d_n \end{bmatrix} = \begin{bmatrix} x_1 - \bar{x} & y_1 - \bar{y} & z_1 - \bar{z} \\ x_2 - \bar{x} & y_2 - \bar{y} & z_2 - \bar{z} \\ \vdots & \vdots & \vdots \\ x_n - \bar{x} & y_n - \bar{y} & z_n - \bar{z} \end{bmatrix} \cdot \begin{bmatrix} \alpha \\ \beta \\ \gamma \end{bmatrix} = A \cdot s$$

令 $Q = \sum_{i=1}^{n} d_i^2$，则 $Q = s^T A^T A s = s^T D s$。其中 $D = A^T A$。

求解条件极值

$$\begin{cases} s^T D s = \min \\ s^T s = \|s\|^2 = 1 \end{cases}$$

可以得到

$$(D - \lambda E)s = 0 \qquad\qquad (4.5.3)$$

上式表明，s 为矩阵 D 的一个特征向量，s 是对应于最小特征值的特征向量。

确定了平面法向量 s 和平面经过的一点 $P_s(\bar{x}, \bar{y}, \bar{z})$，即可确定式(4.5.1)中的平面方程。

方法二：对于式(4.5.1)中，有一个多余参数。为此给出一个条件：$a^2 + b^2 + c^2 = 1$，转换成线性式

$$a\delta a + b\delta b + c\delta c = 0 \qquad\qquad (4.5.4)$$

另外，测量点 $P_i(x_i, y_i, z_i)$ 到拟合平面的距离为 $D_i = |ax_i + by_i + cz_i - d|$。因此，误差方程式为

$$v_i = ax_i + by_i + cz_i + d \qquad\qquad (4.5.5)$$

式中，$v_i = \pm D_i$，代表点到拟合平面的距离。因此，$\sum D_i^2 = \min$ 与 $\sum v_i^2$ 是等价的。

将式(4.5.5)中的未知数变换近似值加改正数，即

$$v_i = x_i \cdot \delta a + y_i \cdot \delta b + z_i \cdot \delta c + \delta d + (ax_i + by_i + cz_i + d) \qquad\qquad (4.5.6)$$

式(4.5.6)和式(4.5.4)组成一个附有条件的间接平差模型，写成矩阵形式

$$V = A\delta X + L$$

$$B\delta X + W = 0$$

需要进行迭代完成解算。

4.5.2 二次曲面拟合

1. 标准二次曲面方程

球面、椭球面、双曲面、抛物面、柱面和锥面都是特殊的二次曲面,这类二次曲面也是工业设计中经常出现的曲面。表4.5.1中列举了标准二次曲面及其方程式。

表4.5.1 标准二次曲面及其方程

名称	标准方程	图形特征
椭球	$\dfrac{x^2}{a^2} + \dfrac{y^2}{b^2} + \dfrac{z^2}{c^2} = 1$	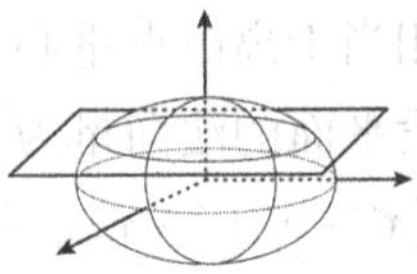
椭圆抛物面	$\dfrac{x^2}{2p} + \dfrac{y^2}{2q} = z$,$p,q$ 同号	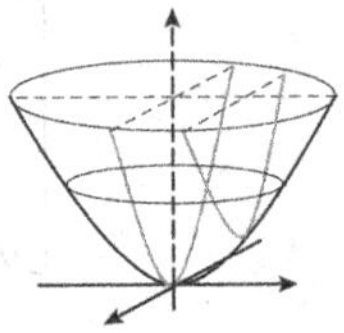
双曲抛物面	(鞍形曲面)$-\dfrac{x^2}{2p} + \dfrac{y^2}{2q} = z$,$p,q$ 同号	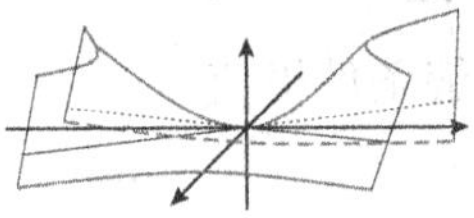
单叶双曲面	$\dfrac{x^2}{a^2} + \dfrac{y^2}{b^2} - \dfrac{z^2}{c^2} = 1$	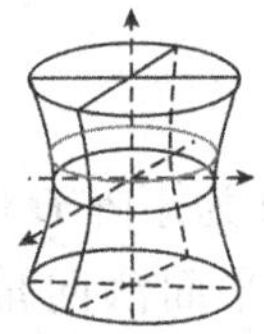
双叶双曲面	$\dfrac{x^2}{a^2} - \dfrac{y^2}{b^2} + \dfrac{z^2}{c^2} = -1$	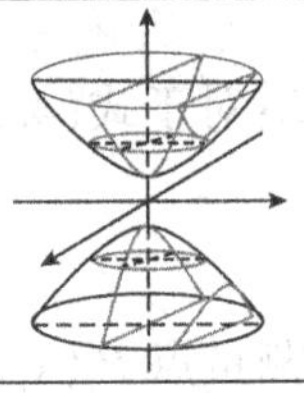
圆锥面	$\dfrac{x^2}{a^2} + \dfrac{y^2}{b^2} - \dfrac{z^2}{c^2} = 0$	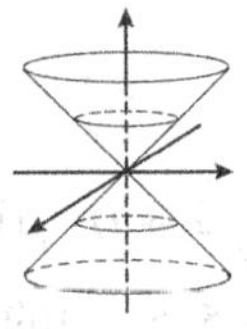

有唯一中心的二次曲面称为有心二次曲面,没有中心的二次曲面称为无心二次曲面,有无数中心构成一条直线的二次曲面称为线心二次曲面,有无数中心构成一平面的二次曲面称为面心二次曲面,二次曲面中的无心曲面、线心曲面与面心曲面统称为非中心二次曲面。

212

2. 一般二次曲面方程及其标准化

空间一般二次曲面由三元二次方程形式为：

$$ax^2 + by^2 + cz^2 + 2fyz + 2gxz + 2hxy + 2px + 2qy + 2rz + d = 0 \qquad (4.5.7)$$

对于二次曲面方程式(4.5.7)，由其系数组成下列 4 个函数

$$\Delta = \begin{vmatrix} a & h & g & p \\ h & b & f & q \\ g & f & c & r \\ p & q & r & d \end{vmatrix}, \qquad D = \begin{vmatrix} a & h & g \\ h & b & f \\ g & f & c \end{vmatrix}$$

$$I = a + b + c, \qquad J = ab + bc + ca - f^2 - g^2 - h^2$$

称为二次曲面的不变量，即经过坐标转换后，其值是不变量的。表4.5.2 中列出了二次曲面的标准方程与形状。

表 4.5.2   标准二次曲面变换

不变量		坐标变换后的方程	曲线形状
$D \neq 0$ 有心二次曲面	$\Delta > 0$	$Ax^2 + By^2 + Cz^2 + \dfrac{\Delta}{D} = 0$ 式中 A,B,C 为特征方程 $u^3 - Iu^2 + Ju - D = 0$ 的三个特征根	A,B,C 异号时为单叶双曲面 A,B,C 同号时无轨迹
	$\Delta < 0$		A,B,C 同号时为椭球面 A,B,C 异号时为双叶双曲面
	$\Delta = 0$		A,B,C 同号时无轨迹 A,B,C 异号时为二次锥面
$D = 0$ 无心二次曲面	$\Delta < 0$	$Ax^2 + By^2 \pm 2\sqrt{-\dfrac{\Delta}{J}}\,z = 0$	椭圆抛物面(A,B 都是正的时，根号前取负号； A,B 都是负的时，根号前取正号)
	$\Delta > 0$		双曲抛物面
	$\Delta = 0$	$J \neq 0$ $Ax^2 + By^2 + \delta = 0$	$\delta \neq 0$: A,B,C 同号时为椭圆柱面或无轨迹， A,B 异号时为双曲柱面 $\delta = 0$: A,B,C 异号时为一对相交平面， A,B 同号时无轨迹
		$J = 0$ $\begin{aligned} Ax^2 + py &= 0 \\ x^2 - a^2 &= 0 \\ x^2 + a^2 &= 0 \\ x^2 &= 0 \end{aligned}$	抛物柱面 一对平行平面 无轨迹 一对重合平面

3. 球面拟后

空间球面的一般方程为

$$(x - a)^2 + (y - b)^2 + (z - c)^2 = R^2 \qquad (4.5.8)$$

式中(a,b,c)为球心， R 为球半径。

现在在球面上测量了 n 个离散点(x_i, y_i, z_i)($i = 1, 2, \cdots, n$)，需要合理求出球心坐标

和半径。

（1）最小二乘拟合球面

将球面方程(4.5.8)展开为

$$x^2 + y^2 + z^2 = 2xa + 2yb + 2zc + R^2 - a^2 - b^2 - c^2 \qquad (4.5.9)$$

令：$d = R^2 - a^2 - b^2 - c^2$。将 n 个观测点带入上式得到 n 个误差方程式，用矩阵形式表示为

$$V = AX - L$$

式中 $\quad A = \begin{bmatrix} 2x_1 & 2y_1 & 2z_1 & 1 \\ 2x_2 & 2y_2 & 2z_2 & 1 \\ \vdots & \vdots & \vdots & \vdots \\ 2x_n & 2y_n & 2z_n & 1 \end{bmatrix}, \quad X = \begin{bmatrix} a \\ b \\ c \\ d \end{bmatrix}, \quad L = \begin{bmatrix} x_1^2 + y_1^2 + z_1^2 \\ x_2^2 + y_2^2 + z_2^2 \\ \vdots \\ x_n^2 + y_n^2 + z_n^2 \end{bmatrix}$$

在 $V^\mathrm{T}V = \min$ 的约束下，可以解得：$X = (A^\mathrm{T}A)^{-1}A^\mathrm{T}L$，进而有 $R = \sqrt{d + a^2 + b^2 + c^2}$。

（2）整体最小二乘拟合球面

将三个坐标分量看成是相互独立的含有误差的观测值。亦即令：

$$\hat{x}_i = x_i + v_{x_i}, \quad \hat{y}_i = y_i + v_{y_i}, \quad \hat{z}_i = z_i + v_{z_i}$$

$$a = a_0 + \delta a, \quad b = b_0 + \delta b, \quad c = c_0 + \delta c, \quad R = R_0 + \delta R$$

带入式(4.5.9)，并略去改正数的二次项，简单整理后有

$$(x_i - a_0)v_{x_i} + (y_i - b_0)v_{y_i} + (z_i - c_0)v_{z_i} - (x_i - a_0)\delta a -$$

$$(y_i - b_0)\delta b - (z_i - c_0)\delta c - R_0 \delta R + \frac{l_i}{2} = 0$$

$$l_i = x_i^2 + y_i^2 + z_i^2 - 2x_i a_0 - 2y_i b_0 - 2z_i c_0 - R_0^2 + a_0^2 + b_0^2 + c_0^2$$

n 个测量点坐标带入上式，形成 n 个方程式

$$\begin{pmatrix} x_1 - a_0 & y_1 - b_0 & z_1 - c_0 & \cdots & 0 & 0 & 0 \\ \vdots & \vdots & \vdots & & \vdots & \vdots & \vdots \\ 0 & 0 & 0 & \cdots & x_n - a_0 & y_n - b_0 & z_n - c_0 \end{pmatrix} \cdot \begin{pmatrix} v_{x_1} \\ v_{y_1} \\ v_{z_1} \\ \vdots \\ v_{x_n} \\ v_{y_n} \\ v_{z_n} \end{pmatrix} -$$

$$\begin{pmatrix} x_1 - a_0 & y_1 - b_0 & z_1 - c_0 & 1 \\ \vdots & \vdots & \vdots & \\ x_n - a_0 & y_n - b_0 & z_n - c_0 & 1 \end{pmatrix} \cdot \begin{pmatrix} \delta a \\ \delta b \\ \delta c \\ \delta R \end{pmatrix} + \begin{pmatrix} l_1/2 \\ \vdots \\ l_n/2 \end{pmatrix} = 0$$

用矩阵形式表示为

$$AV + B\delta X + L = 0$$

这是一个附有未知数的条件平差模型，由式(4.2.4)得到未知数的解为
$$\delta X = (B^{\mathrm{T}}(AA^{\mathrm{T}})^{-1}B)^{-1}B^{\mathrm{T}}(AA^{\mathrm{T}})^{-1}L$$
这需要迭代。参数 a，b，c，R 的近似值可以由代数距离准则的拟合结果获得。

4.6 坐标变换

在工业测量中，一个测站往往是不能完成测量任务的，需要多次搬站。为了解决坐标统一的问题，一是建立统一的控制网；二是采用公共点连接。后者在实际中非常灵活，应用广泛。只要有 3 个公共点，就可以唯一解算出 7 个转换参数，多于 3 个公共点时，就要进行平差计算。由于三维直角坐标之间的转换是一个非线性关系，转换参数的初值（特别是旋转角）的大小，直接影响平差系统的稳定性和计算速度。另外在工业测量中，测量坐标系与物体坐标系是不一致的。因此，仅仅通过测量点无法评价物体的几何性能指标。因此也需进行坐标转换，将测量坐标系转换到物体坐标系。因此，大角度转换是工业测量数据处理中经常遇到的问题。这里也只讨论大角度坐标转换问题。

4.6.1 空间直角坐标系的变换模型

如图 4.6.1 所示的两个坐标系 O—XYZ 和 o—xyz：将原坐标系 O—XYZ 分别依次沿三个坐标轴逆时针旋转：绕 Z 轴旋转 θ 角得到旋转矩阵 R_1，绕 X 轴旋转 ϕ 角得到旋转矩阵 R_2，绕 Y 轴旋转 φ 角得到旋转矩阵 R_3，再进行平移（X_0，Y_0，Z_0）。假定两坐标系的尺度比为 λ。则两坐标系的变换公式为

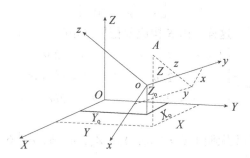

图 4.6.1 直角坐标系变换参数

$$\begin{bmatrix} x \\ y \\ z \end{bmatrix}_i = \begin{bmatrix} X_0 \\ Y_0 \\ Z_0 \end{bmatrix} + \lambda \cdot R_3 \cdot R_2 \cdot R_1 \cdot \begin{bmatrix} X \\ Y \\ Z \end{bmatrix}_i = \begin{bmatrix} X_0 \\ Y_0 \\ Z_0 \end{bmatrix} + \lambda \cdot R \cdot \begin{bmatrix} X \\ Y \\ Z \end{bmatrix}_i \qquad (4.6.1)$$

式中 R 是旋转角（θ，ϕ，φ）的函数。

$$R_1 = \begin{bmatrix} \cos\theta & \sin\theta & 0 \\ -\sin\theta & \cos\theta & 0 \\ 0 & 0 & 1 \end{bmatrix}, \quad R_2 = \begin{bmatrix} 1 & 0 & 0 \\ 0 & \cos\phi & \sin\phi \\ 0 & -\sin\phi & \cos\phi \end{bmatrix}, \quad R_3 = \begin{bmatrix} \cos\varphi & 0 & \sin\varphi \\ 0 & 0 & 1 & 0 \\ -\sin\varphi & 0 & \cos\varphi \end{bmatrix}$$

$$R = \begin{bmatrix} \cos\varphi\cos\theta - \sin\varphi\sin\theta & \cos\varphi\sin\theta + \sin\varphi\sin\phi\sin\theta & -\sin\varphi\cos\phi \\ -\cos\phi\sin\theta & \cos\phi\cos\theta & \sin\phi \\ \sin\varphi\cos\theta + \cos\varphi\sin\phi\sin\theta & \sin\varphi\sin\theta - \cos\varphi\sin\phi\cos\theta & \cos\varphi\cos\phi \end{bmatrix}$$

$$(4.6.2)$$

$$= \begin{bmatrix} a_1 & a_2 & a_3 \\ b_1 & b_2 & b_3 \\ c_1 & c_2 & c_3 \end{bmatrix}$$

习惯上称 $(X_0, Y_0, Z_0)^{\mathrm{T}}$ 为平移参数, θ, ϕ, φ 为旋转参数, λ 为尺度参数, 共 7 个参数。所以空间直角坐标变换也称为 7 参数转换。但在工业测量中, 许多情况都是一个测量系统的测量值之间的转换, 因此很少考虑坐标系之间的尺度参数, 故一般只考虑 6 个参数。

4.6.2 基于反对称矩阵的坐标变换

1. 模型参数的确定

由转换公式(4.6.1)可以看出, 平移参数只有在旋转矩阵 R 确定后方能确定, 所以旋转矩阵的确定是参数直接解算的核心。由式(4.6.2)可知, 3 个角度参数用下式计算

$$\theta = -\arctan\left(\frac{b_1}{b_2}\right), \qquad \varphi = -\arctan\left(\frac{a_3}{c_3}\right), \qquad \phi = \arctan(\sin(b_3))$$

在任意条件下, 3 个角度的取值范围在 $0° \sim 360°$, 具体大小无法判断, 还需要结合单个旋转矩阵才能分辨。但在实际应用中, 角度的具体值不重要, 关键是要解算出转换矩阵即可。由于旋转矩阵是一个正交矩阵, 其中有三个独立参数。设反对称矩阵

$$S = \begin{bmatrix} 0 & -c & -b \\ c & 0 & -a \\ b & a & 0 \end{bmatrix},$$

其元素 a, b, c 是独立的。这样, 由 S 构成罗德里格矩阵 R, 即

$$R = \frac{1}{1+a^2+b^2+c^2} \begin{bmatrix} 1+a^2-b^2-c^2 & -2c-2ab & -2b+2ac \\ 2c-2ab & 1-a^2+b^2-c^2 & -2a-2bc \\ 2b+2ac & 2a-2bc & 1-a^2-b^2+c^2 \end{bmatrix}$$

$$(4.6.3)$$

带入式(4.6.1), 可以得到由 $X = (X_0, Y_0, Z_0, a, b, c)^{\mathrm{T}}$ 6 个参数组成的坐标转换关系式。将其线性化, 得

$$\begin{bmatrix} x \\ y \\ z \end{bmatrix} = M \cdot \Delta X + N$$

$$(4.6.4)$$

式中

$$M = \begin{bmatrix} \dfrac{\partial x}{\partial X_0} & \dfrac{\partial x}{\partial Y_0} & \dfrac{\partial x}{\partial Z_0} & \dfrac{\partial x}{\partial a} & \dfrac{\partial x}{\partial b} & \dfrac{\partial x}{\partial c} \\ \dfrac{\partial y}{\partial X_0} & \dfrac{\partial y}{\partial Y_0} & \dfrac{\partial y}{\partial Z_0} & \dfrac{\partial y}{\partial a} & \dfrac{\partial y}{\partial b} & \dfrac{\partial y}{\partial c} \\ \dfrac{\partial z}{\partial X_0} & \dfrac{\partial z}{\partial Y_0} & \dfrac{\partial z}{\partial Z_0} & \dfrac{\partial z}{\partial a} & \dfrac{\partial z}{\partial b} & \dfrac{\partial z}{\partial c} \end{bmatrix} = \begin{bmatrix} 1 & 0 & 0 \\ 0 & 1 & 0 & A & B & C \\ 0 & 0 & 1 \end{bmatrix}$$

$$A = \frac{2a}{\Omega}\begin{bmatrix} X_0 - x \\ Y_0 - y \\ Z_0 - z \end{bmatrix} + \frac{2}{\Omega}\begin{bmatrix} a & -b & c \\ -b & -a & -1 \\ -c & -1 & a \end{bmatrix}\begin{bmatrix} X \\ Y \\ Z \end{bmatrix}$$

$$B = \frac{2b}{\Omega}\begin{bmatrix} X_0 - x \\ Y_0 - y \\ Z_0 - z \end{bmatrix} + \frac{2}{\Omega}\begin{bmatrix} -b & -a & -1 \\ -a & b & -c \\ 1 & -c & -b \end{bmatrix}\begin{bmatrix} X \\ Y \\ Z \end{bmatrix}$$

$$C = \frac{2c}{\Omega}\begin{bmatrix} X_0 - x \\ Y_0 - y \\ Z_0 - z \end{bmatrix} + \frac{2}{\Omega}\begin{bmatrix} -c & -1 & a \\ 1 & -c & b \\ a & -b & c \end{bmatrix}\begin{bmatrix} X \\ Y \\ Z \end{bmatrix}$$

$$N = \begin{bmatrix} X_0 \\ Y_0 \\ Z_0 \end{bmatrix} + R \cdot \begin{bmatrix} X \\ Y \\ Z \end{bmatrix}, \quad \Omega = 1 + a^2 + b^2 + c^2$$

在已知 6 个参数的近似值以后,对每一个公共点都可以计算上述各矩阵的元数,组成三个误差方程式。有了 n 个公共点,将 $3n$ 个误差方程式按照最小二乘原理就可以得到式 (4.6.4)中的 6 个未知数改正数。通过给定的迭代条件结束计算。

2. 近似值的计算

上述迭代需要参数具有比较准确的近似值。为此可以从公共点中选择出构型比较理想的 4 个公共点,带入式(4.6.1),可以得到这 4 个点的坐标变换方程式。然后分别用第 2、3、4 个点的坐标变换方程减去第 1 点的坐标变换方程,消除掉三个平移参数,进而得

$$R \cdot \begin{bmatrix} X_2 - X_1 & Y_2 - Y_1 & Z_2 - Z_1 \\ X_3 - X_1 & Y_3 - Y_1 & Z_3 - Z_1 \\ X_4 - X_1 & Y_4 - Y_1 & Z_4 - Z_1 \end{bmatrix} = \begin{bmatrix} x_2 - x_1 & y_2 - y_1 & z_2 - z_1 \\ x_3 - x_1 & y_3 - y_1 & z_3 - z_1 \\ x_4 - x_1 & y_4 - y_1 & z_4 - z_1 \end{bmatrix} \quad (4.6.5)$$

由上式解算出 R,进而计算三个平移量。通过关系式 $S = 2(I + R^{\mathrm{T}})^{-1} - I$ 可以计算三个参数 a, b, c。I 为三阶单位方阵。

4.6.3 基于重心平移的坐标变换

设有 n 个公共点,第 i 个公共点 P_i 在图 4.6.1 中的空间直角坐标系 O—XYZ 中的坐标为 (X_i, Y_i, Z_i),在坐标系 o—xyz 中的坐标为 (x_i, y_i, z_i)

首先,计算这 n 个点在各自的坐标系中的重心坐标,并在各自坐标系下,将坐标重心化,得到重心化后的坐标 (X_i', Y_i', Z_i') 和 (x_i', y_i', z_i')。重心化后两坐标系的原点是重合的,这样就只存在旋转,即

$$\begin{bmatrix} x' \\ y' \\ z' \end{bmatrix}_i = R \cdot \begin{bmatrix} X' \\ Y' \\ Z' \end{bmatrix}_i$$

对于 n 个公共点,可以写成矩阵形式

$$\begin{bmatrix} x_1' & x_2' & \cdots & x_n' \\ y_1' & y_2' & \cdots & y_n' \\ z_1' & z_2' & \cdots & z_n' \end{bmatrix} = R \cdot \begin{bmatrix} X_1' & X_2' & \cdots & X_n' \\ Y_1' & Y_2' & \cdots & Y_n' \\ Z_1' & Z_2' & \cdots & Z_n' \end{bmatrix} \quad (4.6.6)$$

用矩阵表示为

$$A = R \cdot B$$

在 $\sum_{i=1}^{n} [(\hat{x}_i' - x_i')^2 + (\hat{y}_i' - y_i')^2 + (\hat{z}_i' - z_i')^2] = \min$ 的条件下,可以得到旋转矩阵解

$$R = (A \cdot B^{\mathrm{T}}) \cdot (B \cdot B^{\mathrm{T}})^{-1}$$

有了 R,就可以方便地求解出三个旋转角以及坐标的三个平移量。

4.6.4 基于四元数法的坐标变换

四元数的数学概念是 1843 年首先由 Hamilton 提出的。1833 年起 Hamilton 开始研究他所建立的四元数理论,目的是为研究空间矢量找到类似解决平面问题中使用的复数方法。但是,长期以来四元数只是在刚体定位问题中得到某些简单应用,未能解决任何工程技术中的实际问题,因而在整整一个世纪中基本上没有得到发展。20 世纪中叶以来,由于现代科学技术的进步,如现代控制理论、计算机科学、高速车辆、运载工具、复杂机械等工业技术,尤其是航天技术和机器人工业的飞速发展,作为研究刚体和多刚体系统运动最有效的工具,四元数才重新被人们所重视。

四元数既代表一个转动,又可以作为变换算子,这种特性使四元数理论不仅具有其他定位参数的综合优点,比如方程无奇性,线性程度高,计算时间省,计算误差小,乘法可交换等许多优点,而且由于其表达形式的多样性,四元数理论还具有其他变换算法的综合功能,比如矢量算法、复数算法、指数算法、矩阵算法、对偶数算法等。因而四元数理论在陀螺实用理论、捷联式惯性导航、机器与机构、机器人技术、多体系统力学、人造卫星姿态控制等领域中的应用越来越广。

与确定一个刚体的空间姿态的其他方法相比较,方向余弦需用 9 个参数,有 6 个约束方程,四元数理论所用参数是 4 个,它们之间只有 1 个约束方程;欧拉角只有 3 个独立参数,但会出现三角函数项且存在奇点。四元数理论不论刚体处于任何状态都不会退化,所得到的方程组线性化程度高。

四元数是由 1 个实数单位 I 和 3 个虚数单位 i_1, i_2, i_3 组成的包含 4 个实元的超复数,其表达形式多种多样,基本形式是解析式

$$\Lambda = q_0 I + q_x i_1 + q_y i_2 + q_z i_3$$

这里,I, i_1, i_2, i_3 统称四元数的单位数,其中,I 具有普通标量的性质,可以省去不写;i_1, i_2, i_3 既具有复数的性质,又具有矢量的性质。用单位四元数表示的旋转矩阵为

$$R = \begin{bmatrix} q_0^2 + q_x^2 - q_y^2 - q_z^2 & 2(q_x q_y - q_0 q_z) & 2(q_x q_z + q_0 q_y) \\ 2(q_x q_y + q_0 q_z) & q_0^2 - q_x^2 + q_y^2 - q_z^2 & 2(q_z q_y - q_0 q_x) \\ 2(q_x q_z - q_0 q_y) & 2(q_z q_y + q_0 q_z) & q_0^2 - q_x^2 - q_y^2 + q_z^2 \end{bmatrix} \quad (4.6.7)$$

式中,$q_0^2 + q_x^2 + q_y^2 + q_z^2 = 1$。对于给定的 n 个公共点的两套坐标点集 $S = \{X_i\}$ 和 $T = \{x_i\}$,具体算法为:

(1)分别计算两个点集的重心:

$$G^S = \frac{1}{n} \sum_{i=1}^{n} X_i, \ G^{\mathrm{T}} = \frac{1}{n} \sum_{i=1}^{n} x_i。$$

(2)构造协方差矩阵:

$$R_C = \frac{1}{n} \sum_{i=1}^{n} \left[(X_i - G^S) \cdot (x_i - G^T)^T \right]$$

（3）构造 4×4 矩阵：

$$R_q = \begin{bmatrix} \mathrm{tr}(R_c) & \Delta^T \\ \Delta & R_c + R_c^T - \mathrm{tr}(R_c)I_{3\times 3} \end{bmatrix}, \quad \Delta = [A_{23}, A_{31}, A_{12}],$$

$$A_{ij} = (R_c - R_c^T)_{ij} \circ$$

（4）计算 R_q 的特征值和特征向量。其中最大特征值对应的特征向量即为四元数 $q_0, q_x,$ q_y, q_z。

（5）先带入式（4.6.7）计算旋转矩阵，后带入式（4.6.1）计算平移参数。

4.6.5 直接坐标变换

直接坐标变换法的主要思想是：将式（4.6.1）的旋转矩阵中的 9 个方向余弦、3 个平移参数、1 个尺度参数都设为未知量，共有 13 个未知数。由于旋转矩阵中仅有 3 个独立的参数，根据旋转矩阵的正交特性，可以列出 6 个条件式。若有 n 个公共点，则可以列出 3n 个观测方程，加上旋转矩阵中 9 个参数中列出的 6 个条件方程，按附有条件的间接平差方法解算，就可以获得 13 个未知数的最小二乘解。

如果不考虑尺度参数，则有误差方程式

$$\begin{pmatrix} x \\ y \\ z \end{pmatrix}_i = \begin{pmatrix} \delta X_0 \\ \delta Y_0 \\ \delta Z_0 \end{pmatrix} + \begin{pmatrix} X & Y & Z & 0 & 0 & 0 & 0 & 0 & 0 \\ 0 & 0 & 0 & X & Y & Z & 0 & 0 & 0 \\ 0 & 0 & 0 & 0 & 0 & 0 & X & Y & Z \end{pmatrix}_i \cdot \begin{pmatrix} \delta a_1 \\ \delta a_2 \\ \delta a_3 \\ \delta b_1 \\ \delta b_2 \\ \delta b_3 \\ \delta c_1 \\ \delta c_2 \\ \delta c_3 \end{pmatrix} + \begin{pmatrix} X_0 \\ Y_0 \\ Z_0 \end{pmatrix} + \begin{pmatrix} a_1 & a_2 & a_3 \\ b_1 & b_2 & b_3 \\ c_1 & c_2 & c_3 \end{pmatrix} \cdot \begin{pmatrix} X \\ Y \\ Z \end{pmatrix}_i$$

$$(4.6.8)$$

条件方程式

$$\begin{cases} a_1^2 + a_2^2 + a_3^2 = 1 \\ b_1^2 + b_2^2 + b_3^2 = 1 \\ c_1^2 + c_2^2 + c_3^2 = 1 \end{cases}, \quad \begin{cases} a_1 a_2 + b_1 b_2 + c_1 c_2 = 0 \\ a_1 a_3 + b_1 b_3 + c_1 c_3 = 0 \\ a_2 a_3 + b_2 b_3 + c_2 c_3 = 0 \end{cases} \quad (4.6.9)$$

将 6 个条件线性化，与式（4.6.8）一起构成附有条件的间接平差模型。近似值可以按照 4.6.2 节中所提出的方法获取。

4.6.6 平面间三维坐标系的转换

实际工程中有许多工件的平面或平面曲线需要检测和标定。由于工件坐标系与测量坐标系不平行，这些位于工件某平面上的测点就不能直接用来进行平面参数或平面曲线参数的拟合与分析。为此，需将测量仪器的三维坐标系转换到基于测量工件的某个面或测量工件上某条特征线的三维坐标系中。这种情况下，一种方法就是在工件上选取并测量三个特征点(如棱线、角点等)，用这三个特征点定义一个工件坐标系，利用上述各种方法求解测量坐标系和平面坐标系之间的坐标变换参数后，可以将其他点的测量坐标转换到该平面坐标系中。这种方法比较适合于规则的长方体或正方体。另外一种方法就是不专门指定特征点，而直接利用所有测量点。通过适当的数据处理，同样可以将测量点变换到其所在的平面上。

在测量坐标系 $O—XYZ$ 中，用位于一个平面上的一系列测量点拟合一个平面 P，这些测量点的重心点必然在该拟合平面上。可以定义测量点的重心 O' 为平面坐标系原点，定义通过点 O' 的平面法向量为 Y' 轴，过点 O' 且平行于平面 P 与 $O - XY$ 平面的交线为 X' 轴，经过右手法则确定 Z' 轴，如图 4.6.2 所示。为此，两坐标系之间的平移量是重心 O' 的坐标，这样只要求得两个坐标系之间的旋转关系即可。通过变换后，测量点都位于 $O'—X'Z'$ 平面上，而且变换后测点的 y' 坐标几乎相等。一方面，可以利用变换后的 x'，z' 坐标在 $O'—X'Z'$ 平面上进行平面曲线拟合和特征分析；另一方面，可以通过 y' 坐标来评价工件的平整度或点的测量精度。

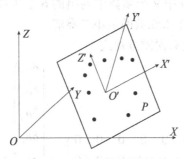

图 4.6.2　平面间坐标系变换关系

假定拟合的平面 P 的方向向量为 $(A, B, 1)^{\mathrm{T}}$，如图 4.6.2 所示，则变换矩阵为

$$\boldsymbol{R} = \begin{bmatrix} \dfrac{-B}{\sqrt{A^2+B^2}} & \dfrac{A}{\sqrt{A^2+B^2+1}} & \dfrac{A}{\sqrt{A^2+B^2}\cdot\sqrt{A^2+B^2+1}} \\[3mm] \dfrac{A}{\sqrt{A^2+B^2}} & \dfrac{B}{\sqrt{A^2+B^2+1}} & \dfrac{B}{\sqrt{A^2+B^2}\cdot\sqrt{A^2+B^2+1}} \\[3mm] 0 & 0 & \dfrac{-\sqrt{A^2+B^2}}{\cdot\sqrt{A^2+B^2+1}} \end{bmatrix} \qquad (4.6.10)$$

例如要确定一个平面抛物线的几何参数，先用全站仪测量抛物线上点的三维坐标，直接用三维坐标不能进行抛物线拟合。这种情况下，可以先将测量坐标系通过以上变换方法转换到抛物线所在的平面上。然后在平面上对抛物线进行拟合求取其几何参数，从而大大减少了数据处理的难度。

主要参考文献

[1]昌学年等.位移传感器的发展及研究.计量与测试技术[J].2009,36(9):42-44.

[2]陈登海.基于室内GPS的飞机数字化水平测量技术研究[D].南京:南京航空航天大学,2010.

[3]陈义,沈云中,刘大杰.适用于大旋转角的三维基准转换的一种简便模型[J].武汉大学学报.信息科学版,2004,29(12):1101-1105.

[4]陈育荣等.一种高精度非接触式位移传感器及其应用[J].计量技术,2007,(7):7-11.

[5]陈基伟.工业测量数据拟合研究[D].上海:同济大学,2005.

[6]崔红霞,孙杰等.非量测数码相机的畸变差检测研究[J].测绘科学,2005,30(1):105-107.

[7]戴仁慈等.电解液式倾斜传感器及其数据处理系统[J].应用科学学报.1989,7(4):341-344.

[8]戴静兰.海量点云预处理算法研究[D].杭州:浙江大学,2006.

[9]戴立铭,江潼君.激光三角测量传感器的精密位移测量[J].仪器仪表学报.1994,15(4):400-404.

[10]戴贵爽,徐进军.流体静力水准测量系统精度分析与应用[J].地理空间信息.2010,8(6):142-145.

[11]丁克良,欧吉坤,赵春梅.正交最小二乘曲线拟合法[J].测绘科学,2007,32(3):17-19.

[12]范生宏.工业数字摄影测量中人工标志的研究与应用[D].郑州:信息工程大学,2006.

[13]范会敏,李晋惠.数字水准仪的测量算法概述[J].西安工业学院学报,2002,22(4):318-321.

[14]冯文灏.工业测量[M].武汉:武汉大学出版社,2004.

[15]冯文灏编著.近景摄影测量[M].武汉:武汉大学出版社,2002.

[16]冯文灏.V-STARS型工业摄像测量系统介绍[J].测绘信息与工程,2000,(4):42-47.

[17]冯文灏.测量方法及其选用的基本原则[J].武汉大学学报.信息科学版.2001,26(4):331-336.

[18]冯文灏.回光反射标志的性能与使用[J].测绘通报,1993,(4):12-14.

[19]冯斌等.一种非接触型位移传感器的研究[J].传感器与微系统.2007,26(8):12-13.

[20]付中正等.新型关节式三坐标量测机的研究[J].工具技术.1997,31(1):38-40.

[21] 傅成昌. 形位公差讲座[J]. 机械工人. 1980, (7): 43-51.

[22] 高国伟. 倾角传感器. [J] 传感器世界, 1995, (8): 29-36.

[23] 高飞. 波带板激光准直的应用及误差分析[J]. 合肥工业大学学报(自然科学版). 1989, 12(3): 68-73.

[24] 高宏. 非正交坐标系测量系统原理检定与应用研究[D]. 郑州: 信息工程大学, 2003.

[25] 甘霖, 李晓星. 激光跟踪仪现场测量精度检查[J]. 北京航空航天大学学报. 2009, 35(5): 612-614.

[26] 龚循强等. 总体最小二乘法在曲线拟合中的应用[J]. 地矿测绘, 2012, 28(3): 4-6.

[27] 黄桂平. 数字近景工业摄影测量关键技术研究与应用[D]. 天津: 天津大学, 2005.

[28] 康海东等. iGPS 测量原理及其精度分析[J]. 测绘通报. 2012, (3): 12-15.

[29] 李广云, 李宗春. 工业测量系统原理与应用[M]. 北京: 测绘出版社, 2011.

[30] 李广云, 倪涵等. 工业测量系统[M]. 北京: 解放军出版社, 1992.

[31] 李广云. 非正交系坐标测量系统原理及进展[J]. 测绘信息与工程. 2003, 28(1): 4-10.

[32] 李广云. LTD500 激光跟踪测量系统原理及应用[J]. 测绘工程. 2001, 10(4): 3-8.

[33] 李广云. 工业测量系统最新进展及应用[J]. 测绘工程. 2001, 10(2): 36-40.

[34] 李华等. 一种新的线性摄像机自标定方法[J]. 计算机学报. 2000, 23(11): 1121-1129.

[35] 刘克非等. 光栅位移传感器在凸轮廓线测量中的运用[J]. 传感器技术. 2002, 21(1): 48-53.

[36] 刘永辉, 魏木生. TLS 和 LS 问题的比较[J]. 计算数学. 2003, 25(4): 479-492.

[37] 刘尚国. 积木式三维工业测量系统的研究与开发[D]. 青岛: 山东科技大学, 2005.

[38] 刘焱, 王烨. 位移传感器的技术发展现状与发展趋势[J]. 自动化技术与应用, 2013, 32(6): 76-80.

[39] 卢成静, 黄桂平, 李广云. V-STARS 工业摄影三坐标测量系统精度测试及应用[J]. 红外与激光工程. 2007, 36, 增刊: 245-249.

[40] 吕志清. 倾斜传感器及其技术动向[J]. 压电与声光. 1992, 14(2): 24-28.

[41] 马浩裴, 智惠. SICK—LMS 291 激光扫描仪单机检校方法研究[J]. 测绘科学. 2012, 37(6): 104-106.

[42] 孟晓桥, 胡占义. 摄像机自标定方法的研究与进展[J]. 自动化学报. 2003, 29(1): 110-124.

[43] 邱泽阳等. 离散数据中的孔洞修补[J]. 工程图学学报. 2004, (4): 85-88.

[44] 邵健等. 一种新的结构光定标方法[J]. 计算机与数字工程. 2002, 30(2): 22-26.

[45] 数学手册编写组. 数学手册[M]. 北京: 高等教育出版社, 1979.

[46] 王解先, 季凯敏著. 工业测量拟合[M]. 北京: 测绘出版社, 2008.

[47] 王贵甫. 基于激光干涉仪的角度测量技术[J]. 传感器技术. 2001, 20(1): 37-39.

[48] 王磊. 平行光管的基本原理及使用方法[J]. 仪器仪表学报. 2006, 27(6), 增刊: 980-982.

[49] 王学影等. 关节臂式柔性三坐标测量系统的数学模型及误差分析. 纳米技术与精密

工程．2005，3（4）：262-267．

[50]王晓立．电容式位移传感器研究[D]．湘潭：湘潭大学．2010．

[51]王伟．室内GPS的原理与应用[J]．测绘与空间地理信息．2010，33（6）：116-119．

[52]王伟锋，温耐．空间直线拟合研究[J]．许昌学院学报．2010，29（5）：37-39．

[53]王启平．机械制造工艺学[M]．哈尔滨：哈尔滨工业大学出版社，1997．

[54]武汉测绘科技大学测量平差教研室编著．测量平差基础[M]．北京：测绘出版社，1996．

[55]吴翼麟，孔祥元．特种精密工程测量[M]．北京：测绘出版社，1993．

[56]吴晓峰，张国雄．室内GPS测量系统及其在飞机装配中的应用[J]．2006，42（5）：1-5．

[57]羡一民．双频激光干涉仪的原理与应用（一）[J]．工具技术．1996，30（4）：44-46．

[58]羡一民．双频激光干涉仪的原理与应用（二）[J]．工具技术．1996，30（5）：43-45．

[59]羡一民．双频激光干涉仪的原理与应用（三）[J]．工具技术．1996，30（6）：43-45．

[60]羡一民．双频激光干涉仪的原理与应用（四）[J]．工具技术．1996，30（7）：41-44．

[61]徐昌杰等．长度测量中违背阿贝原则产生误差的平行尺补偿[J]．光学技术．2002，28（1）：80-82．

[62]徐进军等．工业测量基线确定的形状探讨[J]．四川测绘，2005，28（1）：27-29．

[63]杨凡，李广云，王力．三维坐标转换方法研究[J]．测绘通报．2010，（6）：5-7．

[64]于来发等．实时经纬仪工业测量系统[M]．北京：测绘出版社，1995．

[65]于成浩等．激光跟踪仪测量精度的评定[J]．测绘工程，2006，15（6）：39-42．

[66]于成浩等．提高激光跟踪仪测量精度的措施[J]．测绘科学，2007，32（2）：54-56．

[67]翟新涛．基于双目线结构光的大型工件测量[D]．哈尔滨：哈尔滨工程大学，2008．

[68]郑德华．三维激光扫描数据处理的理论与方法[D]．上海：同济大学，2005．

[69]张建雄等．高线性非接触式电容位移传感器[J]．仪表技术与传感器．2006，（1）：6-7．

[70]张正禄主编．工程测量学[M]．武汉：武汉大学出版社，2005．

[71]张正禄，吴栋材等．精密工程测量[M]．北京：测绘出版社，1992．

[72]张国雄．三坐标量测机[M]．天津：天津大学出版社，1999．

[73]张维胜．倾角传感器原理和发展[J]．传感器世界．2002，（8）：18-20．

[74]张广军等．结构光三维视觉系统研究[J]．航空学报．1999，20（4）：365-367．

[75]张勇斌等．线结构光视觉测量系统的标定方法[J]．传感器世界．2003，8：10-13．

[76]张祖勋，张剑清．数字摄影测量[M]．武汉：武汉大学出版社，1997．

[77]赵士华．工业安装与检测技术研究与应用[D]．南京：河海大学，2006．

[78]周秀云．0.6328He-Ne激光器小数重合法大尺寸绝对距离测量方法的研究[J]．中国测试技术．2003，（6）：16-17．

[79]周小珊，李岩．相位激光测距与外差干涉相结合的绝对距离测量研究[J]．应用光学．2010，31（6）：1013-1017．

[80]邹峥嵘，曾卓乔．电子经纬仪工业测量系统的光束平差法数据处理[J]．工程勘察，2000，（2）：53-54．

[81]詹总谦．于纯平液晶显示器的相机标定方法与应用研究[D]．武汉：武汉大学．2006．

[82]曾文宪，陶本藻．三维坐标转换的非线性模型[J]．武汉大学学报．信息科学版．2003，28(5)：566-568.

[83] Schwarz W. Vermessungsverfahren im Maschinen-und Anlagenbau[M]．Verlag Konrad Wittwer，1995.

[84] Löffler F.，u. a.，Handbuch Ingenieurgeodäsie. Maschinen-und Anlagenbau[M]，Verlag Wichmann，2002.

[85] http：//www. leica-geosystems. com. cn/

[86] http：//www. riegl. com/

[87] http：//www. topcon. co. jp/en/positioning/sokkia/

[88] http：//www. trimble. com/